AF378183

Cómo funciona
la comida

Cómo funciona la comida

La historia y el futuro de los alimentos

Vaclav Smil

Traducción de
Francesc Pedrosa Martín

Papel certificado por el Forest Stewardship Council®

Penguin
Random House
Grupo Editorial

Título original: *How to Feed the World. A Factful Guide*

Primera edición: febrero de 2026

© 2024, Vaclav Smil
Publicado por primera vez como HOW TO FEED THE WORLD en 2024
por VIKING, sello de PENGUIN GENERAL.
PENGUIN GENERAL forma parte del grupo de empresas de Penguin Random House
© 2026, Penguin Random House Grupo Editorial, S. A. U.
Travessera de Gràcia, 47-49. 08021 Barcelona
© 2026, Francesc Pedrosa Martín, por la traducción

Créditos de las ilustraciones: p. 18, Ronan Donovan; pp. 23, 68, 96, 109, colección privada;
p. 45 (arriba), Shutterstock; p. 45 (abajo a la izquierda), Wikipedia; p. 45 (abajo a la derecha), Pixabay;
pp. 49, 82, 192, 194, Alamy; p. 106, 2014 Poultry Science Association Inc.

Printed in Spain – Impreso en España

ISBN: 978-84-10214-92-7
Depósito legal: B-21.530-2025

Compuesto en M. I. Maquetación, S. L.

Impreso en Liberdúplex
Sant Llorenç d'Hortons (Barcelona)

C 2 1 4 9 2 7

Índice

Agradecimientos

Como en cualquier libro interdisciplinar, esta revisión y este análisis de la alimentación y el sistema alimentario mundial no se podrían haber escrito sin contar con cientos de científicos cuyas publicaciones —tanto las más recientes como las clásicas— me ayudaron a comprender el alcance de nuestros logros y nuestras limitaciones. Quiero agradecer especialmente a Connor Brown, mi editor londinense, quien satisface mi gusto por escribir libros sobre temas muy diferentes; a Gemma Wain, por otra cuidadosa revisión; a Kenneth Cassman, profesor emérito de la cátedra Robert B. Daugherty de Agronomía en la Universidad de Nebraska, por su lectura crítica del original y por sus correcciones y sugerencias; y a Bill Gates, que ha sido mi lector habitual y revisor crítico durante más de quince años y que me sugirió, en algún momento del segundo año de pandemia, que volviera a ocuparme del tema de la alimentación.

Introducción

El catastrofismo tiene un prolongado pedigrí histórico. La inquietud sobre la alimentación del mundo lleva con nosotros desde que Thomas Robert Malthus publicase en 1798 su *Ensayo sobre el principio de la población*, con su advertencia de que «el poder de la población es infinitamente mayor que el poder de la tierra para producir la subsistencia del hombre».

Así nació la idea de que la población humana crece más deprisa que el suministro de alimentos, hasta que los frenos a ese crecimiento —hambrunas, guerras o enfermedades— reducen la población; por tanto, con el tiempo, esta permanece estancada.

Sin embargo, el alcance de las verdades no bien fijadas en la historia y la ciencia de la producción de alimentos revela que, si se mira más de cerca, ni siquiera Malthus era, después de todo, tan «maltusiano». En la segunda edición (1803) se muestra más optimista: «Aunque quizá nuestras perspectivas futuras […] no sean tan brillantes como podríamos desear, están lejos de ser totalmente descorazonadoras, y de ninguna manera excluyen esa mejora gradual y progresiva de la saciedad humana». Lamentablemente, los hechos preocupan poco a quienes venden sus propios planes.

A medida que la población mundial sigue creciendo y aumentan los problemas medioambientales, persiste la inquietud —funesta, en algunos casos— sobre la alimentación del mundo. Por ejemplo, en *The Guardian*, en mayo de 2022, el escritor y activista político británico George Monbiot afirmaba que «el sistema alimentario mundial está empezando a parecerse al sistema financiero en el periodo previo a 2008. Mientras que el colapso financiero habría sido devastador para el bienestar humano, no merece la pena ni pensar lo que supondría el colapso del sistema alimentario. Sin embargo, las pruebas de que algo va muy mal han aumentado rápidamente».

Este es solo un ejemplo sacado de un mar de afirmaciones dudosas y de simple desinformación. A lo largo de la última década, a menudo me he sentido exasperado por la escasa comprensión y la pura ignorancia de muchas realidades básicas de la vida, ya se refieran a organismos o máquinas, cultivos o motores, alimentos o combustibles.

Así pues, ¿debería preocuparte el sistema alimentario mundial? ¿Vives en un lugar que se vaya a ver asolado por la hambruna en las próximas décadas? ¿Colapsará la sociedad? La respuesta breve es que probablemente no. Una respuesta más completa, basada en la historia de la producción de alimentos y en los estudios científicos más recientes, que explique algunos factores biofísicos clave como la eficiencia fotosintética y las necesidades de nutrientes, es más larga y tiene más o menos la extensión de este libro.

Si lo que buscas es un texto sobre asombrosas y disruptivas innovaciones que pronto revolucionarán el sistema alimentario, este no es esa clase de libro. Todo lo contrario: defiende el poder de los cambios graduales, el tipo de cuestiones que a menudo ignoran los medios de comunicación y los escritores de no ficción más populares, que se centran en lo irreal. Además, no entiendo esa necesidad de hacer afirmaciones hiperbólicas e incorrectas cuando las cifras reales ya son por sí mismas noticia y llaman la atención.

Por ejemplo, la producción mundial de alimentos alcanza actualmente una media de 3.000 kcal por persona; el desperdicio diario de alimentos en el mundo es de unas 1.000 kcal por persona. Y, sin embargo, no hay ninguna urgencia por cambiar esta situación. Si estuvieras perdiendo constantemente un tercio de tus ingresos, intentarías hacer algo al respecto. Este libro analiza esas realidades.

¿Por qué hemos domesticado un número tan reducido de plantas y animales para producir alimentos? Si nuestros antepasados tuvieran a mano los datos actuales, ¿habrían optado por algo diferente? ¿Qué dicen los mejores estudios disponibles sobre las últimas modas dietéticas, desde la dieta keto hasta evitar los alimentos ultraprocesados? Si miramos hacia 2050, ¿habrá liberado el mundo a su ganado y viviremos en una utopía tecnovegana, alimentando nuestra inocente existencia con sustitutos cárnicos de origen vegetal o cultivados en laboratorio? Soy partidario de reducir la ingesta de carne —un tercio de la producción mundial de cereales y dos tercios de la cosecha estadounidense de grano se destinan a la alimentación animal—, pero, si para ello hay que comer más fruta y frutos secos, por ejemplo, quizá eso no sea lo mejor para el medio ambiente.

¿Y la agricultura ecológica? ¿Es la panacea? En siglos anteriores, cuando la tecnología disponible implicaba que toda agricultura fuera «orgánica», lo normal era que el 80 por ciento de las personas trabajasen en el campo haciendo tareas no muy glamurosas, como recoger estiércol para utilizarlo como fertilizante. Hoy en día, en los países ricos, no más del 2 al 4 por ciento de la población produce alimentos. ¿Te gustaría recoger estiércol?

Y lo que es más importante: la propia idea de agricultura como labor fundamental para nuestra existencia ha sido objeto de ataques. ¿Permitió su aparición la prosperidad del ser humano o, como sostienen muchos escritores populares de no ficción, fue la mayor catástrofe de la historia? En este libro evaluaremos de manera crítica las alternativas.

Cómo funciona la comida marca el inicio de la quinta década de mi trabajo sobre la alimentación, que comenzó a finales de los años setenta con la investigación para un libro más especializado —el primer análisis energético del maíz, el principal cultivo de Estados Unidos (publicado en 1982), en forma de libro—. Además, cinco de mis libros aparecidos en los ochenta tenían segmentos o capítulos dedicados a los cultivos y la alimentación.

En el año 2000 publiqué mi primer estudio dedicado exclusivamente a diversos aspectos de la alimentación: *Alimentar al mundo. Un reto del siglo XXI*, que abarcaba temas que iban desde la fotosíntesis y el rendimiento de los cultivos hasta la cría de animales y las dietas. Le siguió inmediatamente, en 2001, *Enriching the Earth*, un detallado relato sobre la sustancia más fundamental para la agricultura moderna, el amoniaco, utilizado —como veremos más adelante— en la producción de todos los fertilizantes nitrogenados. Tres de mis libros publicados durante la primera década del siglo XXI volvieron a la alimentación: *Japan's Dietary Transition and Its Impacts* (con Kazuhiko Kobayashi), *Harvesting the Biosphere* y *Should We Eat Meat?*

Desde 2014 me he dedicado a otros temas, publicando libros sobre acero, petróleo, gas natural, transiciones energéticas, energía y civilización, crecimiento y tamaño, aunque *Cómo funciona el mundo* (2022) tiene un capítulo sobre cómo entender la producción de alimentos. En pocas palabras, la alimentación no ha sido un interés pasajero para mí.

Dicho esto, la alimentación y la agricultura son temas de gran alcance intelectual y empírico, por lo que toda revisión amplia se debe llevar a cabo dentro de unos límites autoimpuestos. Por tanto, este libro explica las propiedades básicas del sistema alimentario mundial. Adopto para ello un enfoque cuantitativo, porque cuando se trata de alimentos las cifras son mucho más importantes que las opiniones y los sentimientos. Examinaremos desde la agronomía y la ciencia de los cultivos hasta la contabilidad energética, la nutrición y la salud, y lo haremos siguiendo una secuencia lógica de ocho temas esenciales.

La primera mitad del libro está dedicada a los aspectos biofísicos fundamentales del cultivo de alimentos. En la segunda parte se cuantifica el alcance real del sistema alimentario mundial, se explican las necesidades dietéticas y se critican algunas propuestas recientes de transformación radical de ese sistema. Los lectores que esperen una amplia cobertura o crítica de dos temas de moda —agricultura y cambio climático, y agricultura sostenible— deberían buscar en otra parte. Este no es un libro más sobre la alimentación y el calentamiento global: se han publicado tantos acerca de este tema tan extenso que ya se podría armar una pequeña biblioteca solo con este tipo de escritos.

De forma deliberada, este libro no pretende ser una revisión exhaustiva de la producción alimentaria y la nutrición modernas, sino más bien una evaluación, sobre todo cuantitativa, centrada en sus aspectos básicos. Muchos de los libros sobre agricultura y alimentación contienen pocos números, pero este está repleto de ellos, y no me disculpo por ello. Los números son el antídoto contra las ilusiones y la única forma de conocer a fondo las modalidades y los límites de los cultivos, la alimentación y la nutrición modernas. Sobre esta base, resulta bastante menos probable realizar interpretaciones incorrectas o malinterpretar las realidades básicas de la alimentación, o aceptar de forma acrítica las afirmaciones exageradas y promesas poco realistas sobre el futuro de la agricultura mundial.

1

¿Qué ha hecho la agricultura por nosotros?

¿Por qué necesitamos la agricultura? ¿Por qué tenemos que cultivar plantas anuales y perennes? ¿Por qué las tierras de cultivo cubren casi el 40 por ciento de la tierra libre de hielo del planeta? ¿Por qué mantenemos miles de millones de animales domésticos? La respuesta a todas estas preguntas es la siguiente: porque somos muchos. Y, como suele ocurrir con el aumento de las cantidades, el resultado es un cambio fundamental en la calidad.

Nuestra especie se separó de los primates hace más de 6 millones de años, y la evolución condujo, hace unos 300.000 años, a la aparición del *Homo sapiens*: nosotros. Mientras nuestros antepasados vivían en grupos pequeños y muy dispersos, podían sobrevivir del mismo modo que sus predecesores primates: como recolectores y cazadores. Aunque las dietas de estas especies de homínidos no pueden reconstruirse en términos cuantitativos detallados (las mejores herramientas de que disponemos, como los análisis de isótopos estables en huesos y dientes conservados, no dan respuestas tan minuciosas), la búsqueda de alimentos de los chimpancés proporciona un modelo realista para su recreación cualitativa. De ello podemos deducir que los homínidos se alimentaban de una gran variedad de plantas y pequeños animales mediante la búsqueda oportunista de carroña, la caza deliberada de presas pequeñas y, ocasionalmente, incluso el canibalismo.[1]

LA DIETA DEL CHIMPANCÉ

Numerosos estudios documentan los hábitos omnívoros de los grupos de chimpancés del África tropical: la gran variedad de especies que comen, la preferencia por la materia vegetal de fácil digestión, el consumo de insectos y la caza de pequeños mamíferos.[2] Los chimpancés de la selva suelen consumir más de 100 especies diferentes de plantas, pero los frutos dominan su dieta (los higos son sus favoritos), complementados por flores, hojas y tallos frescos, médula, raíces, semillas y frutos secos, algunos de los cuales rompen utilizando pequeños martillos de piedra. Numerosas observaciones de campo han descrito que también buscan insectos (sobre todo termitas, a las que a menudo «pescan» con briznas de hierba) y otros invertebrados, huevos de aves y polluelos.

Nuestros predecesores omnívoros: chimpancés matando
y comiendo monos.

Los chimpancés también cazan pequeños mamíferos (principalmente monos colobos, pero también crías de cerdo salvaje, antílopes *bosbok*, gálagos, duikers azules y babuinos) y comparten su carne con otros miembros del grupo. En Gombe, Tanzania, se han registrado chimpancés machos adultos que cazan hasta 25 kilos de este tipo de carne al año, una cantidad muy superior a la que se consume en la mayoría de las sociedades agrícolas tradicionales, donde el consumo anual de carne per cápita es inferior a 10 kilos. La caza de animales pequeños la suelen llevar a cabo dos o más machos, con alentadoras tasas de éxito del 50-60 por ciento, pero las hembras también cazan, incluso cuando están preñadas. En el estudio efectuado en Fongoli, Senegal, se observó que los chimpancés utilizaban muchos tipos de arpones para matar gálagos, pequeños prosimios nocturnos que duermen en las cavidades de los árboles durante el día.[3] Los riesgos de la caza (lesiones derivadas de las rápidas persecuciones por las copas de los árboles, resistencia de las presas) se ven bien recompensados: al fin y al cabo, un pequeño bocado de carne aporta más nutrientes (sobre todo más proteínas) que cientos de termitas, cuya captura exige mucho tiempo.

En las selvas tropicales, con abundancia de especies vegetales y animales, sobrevivir no es algo excesivamente duro. Los chimpancés de la selva pasan aproximadamente la mitad de las horas diurnas buscando comida y comiendo —entre un 60 y un 80 por ciento de su tiempo de alimentación está dedicado a buscar e ingerir fruta—. Esto les deja mucho tiempo para descansar, explorar, socializar y asearse. Pero una dieta omnívora rica en frutas limita el número de individuos de un grupo (y, por tanto, su densidad máxima dentro de una zona explotada), pues hay un número limitado de árboles frutales de los que recolectar. Además, la mayoría de ellos solo producen una o dos cosechas al año y otras especies también compiten por esta producción limitada. Algunos entornos selváticos pueden albergar una media de 1,5 chimpancés por kilómetro cuadrado, o hasta dos o incluso cuatro individuos en las zonas proveedoras más dotadas de frutos, mientras que en los entornos abiertos de sabana, a menudo degradados y áridos, las densidades típicas son de menos de un individuo por cada 2 kilómetros cuadrados.[4] Vivir de los frutos silvestres y de los pequeños animales que una persona y su familia capturen y maten es a todas luces imposible en el actual entorno urbano densamente poblado.

LA DIETA DE LOS HOMÍNIDOS Y DE LOS PRIMEROS HUMANOS

La dieta de los homínidos que divergieron de los chimpancés hace más de 6 millones de años siguió pareciéndose al patrón omnívoro que acabo de describir. La ingesta de alimentos estaba dominada por el consumo de tejidos vegetales (frutas, tubérculos, frutos secos, hojas), que son fácilmente digeribles y pueden proporcionar la nutrición necesaria. Esto se complementaba con el consumo moderado de invertebrados y pequeños vertebrados, y con el carroñeo oportunista de carne y tuétano de las presas de los grandes carnívoros.[5] Los posteriores avances en la fabricación de herramientas, desde pequeñas herramientas de piedra hasta lanzas, arcos y flechas, hicieron posible cazar y trocear animales más grandes.

Las pruebas antropológicas modernas demuestran de forma abrumadora que la posición del ser humano en la cadena alimentaria evolucionó desde el nivel comparativamente inferior de ingesta de carne de los chimpancés hasta un nivel alto de consumo de carne que alcanzó su punto álgido en *Homo erectus* (especie que sobrevivió hasta hace unos 250.000 años), y empezó a invertirse en el Paleolítico Superior (o finales de la Edad de Piedra), hace unos 50.000-12.000 años.[6] Entre las pruebas, que pueden observarse en restos humanos hallados por todo el mundo, hay unas reservas de grasa y una acidez estomacal cada vez mayores, un cambio en la forma y el volumen del intestino (que limitó la capacidad de extraer energía de las fibras vegetales), la reducción de los músculos masticadores (con mejores dietas se requería menos masticación) y un destete más temprano (al complementarse y después sustituirse la leche por alimentos más nutritivos).

En los climas más fríos, el cambio de dieta se vio afectado por la extinción de los mamíferos terrestres más grandes —los megaherbívoros, como los mamuts—, que tuvo lugar durante el Neolítico (o Nueva Edad de Piedra), entre el 9000 y el 3000 a. e. c. Las dos hipótesis que compiten entre sí para explicar esa desaparición son el cambio climático, que provocó la expansión de los bosques y el retroceso de las praderas, donde vivían aquellos enormes animales, y el exceso de caza (una explicación mucho menos probable pero persistente y enormemente popular), la extinción causada por la matanza masiva de grandes herbívoros a manos de grupos de cazadores prehistóricos.[7]

Aunque con el tiempo *Homo sapiens* amplió su ámbito de búsqueda de alimentos a la matanza de megaherbívoros y a la pesca en aguas dulces y costeras (y, por tanto, su capacidad de sobrevivir en entornos que iban desde los trópicos hasta el Ártico), las densidades de población de los grupos de cazadores-recolectores siguieron siendo limitadas. Los registros arqueológicos son fragmentarios, por lo que es imposible hacer reconstrucciones precisas de las densidades prehistóricas reales, pero disponemos de una gran cantidad de información cuantitativa fiable acerca del número y de los métodos de obtención de alimentos de los recolectores que sobrevivieron hasta el siglo XX y que los antropólogos pueden estudiar.[8] Como señaló el antropólogo estadounidense Frank Marlowe, que estudió a los cazadores y recolectores hadza de Tanzania, «aunque estos recolectores pueden ser análogos problemáticos de los humanos del pasado, sin duda son los ejemplos más útiles de los humanos del presente». Es probable que la amplia gama de tamaños de grupo y densidades de población hallados en África meridional y central, en la Amazonia y en Australia abarque la mayor parte de las experiencias de los grupos anteriores que dependían de una gama limitada de herramientas sencillas.[9]

De estos estudios se desprende que el grupo más pequeño de recolectores necesario para sobrevivir parece ser de unas 25 a 30 personas, mientras que los grupos sedentarios de pescadores, cazadores y recolectores de mayor tamaño rondan las 500 personas. En las 300 sociedades de recolectores estudiadas que persistieron hasta los siglos XIX y XX, la densidad media de población era de 0,25 personas por kilómetro cuadrado. Las más pequeñas eran inferiores a 0,1, siendo las más grandes —más de una persona por kilómetro cuadrado— excepciones formadas por sociedades sedentarias con acceso a alimentos marinos altamente nutritivos (y grasos), como el pescado y las focas. Por ejemplo, los grandes grupos de unas 500 personas en el noroeste del Pacífico dependían del salmón, fácil de capturar durante la migración anual (algunos incluso cazaban pequeñas ballenas en aguas costeras).[10] Eran escasos los entornos que ofrecían un suministro de alimentos tan abundante como para sustentar grandes comunidades sedentarias.

Si se tiene en cuenta el peso corporal medio (una mujer humana adulta pesa 55 kilogramos, y una hembra chimpancé adulta, 35 kilogramos), el rango de densidad de población de los forrajeadores humanos muestra una superposición notable (aunque no sorprendente) con el de los chimpancés: en promedio, los diversos entornos habrían podido alimentar entre 5 y 50 kilogramos de masa corporal viva por kilómetro cuadrado. Las densidades más bajas de forrajeadores terrestres se daban en grupos subárticos y de otras latitudes altas, así como en entornos secos de sabana, pero había un rango relativamente amplio en circunstancias más acogedoras, como climas mediterráneos estacionalmente secos y selvas tropicales. No obstante, estos rangos muestran claros límites a la recolección y la caza en términos de la energía que se podía obtener, ya fuera por parte de primates cuadrúpedos o de humanos bípedos; por tanto, incluso cuando empezamos a consumir la carne de animales más grandes, la caza y la recolección nunca pudieron sustentar grupos muy grandes (en este contexto significa miles de personas, por no hablar de las decenas de millones de las mayores ciudades de hoy en día), ni densidades relativamente altas que superasen las 10 personas por kilómetro cuadrado (hoy en día, Manila, en Filipinas, tiene una densidad de población tres órdenes de magnitud mayor, con más de 70.000 personas por kilómetro cuadrado).

Nuestra población en crecimiento

Gracias a recientes estudios genéticos y modelos demográficos, estamos más seguros que nunca de los totales de población prehistóricos.[11] Es posible que el número de antepasados humanos que vivieron hace más de 1,2 millones de años no superara los 20.000 homínidos, cifra muy inferior a los recuentos actuales de chimpancés y gorilas. Las poblaciones de homínidos (como *Homo erectus* y *Homo heidelbergensis*) posteriores probablemente pasaron de solo 50.000 individuos de *Homo sapiens* hace un cuarto de millón de años a 100.000 hace unos 100.000. Las pruebas genéticas indican que el posterior crecimiento de la población, relativamente importante, fue seguido de un súbito retroceso provocado por el grave enfriamiento planetario y por la expansión de las capas de hielo hace entre 29.000 y 17.000 años.

En 2015, un grupo de científicos finlandeses llegó a la conclusión de que la población europea de *Homo sapiens* disminuyó de más de 300.000 individuos hace 30.000 años a unos 130.000 hace 23.000 años, y luego creció hasta unos 400.000 al final de la última glaciación, hace unos 10.000 años.[12] A principios del Neolítico, unos 12.000 años atrás, los humanos vivían en entornos que iban desde las selvas tropicales hasta el Ártico. En las selvas, donde los animales grandes son poco comunes y los pequeños viven sobre todo en los árboles, suelen ser nocturnos y resultan siempre difíciles de matar, la dieta tenía que estar basada en las plantas.[13] En las latitudes templadas, la carne de los grandes herbívoros aportaba una parte sustancial de la energía total; en el Ártico, la supervivencia era imposible sin matar a grandes mamíferos marinos provistos de mucha grasa.[14]

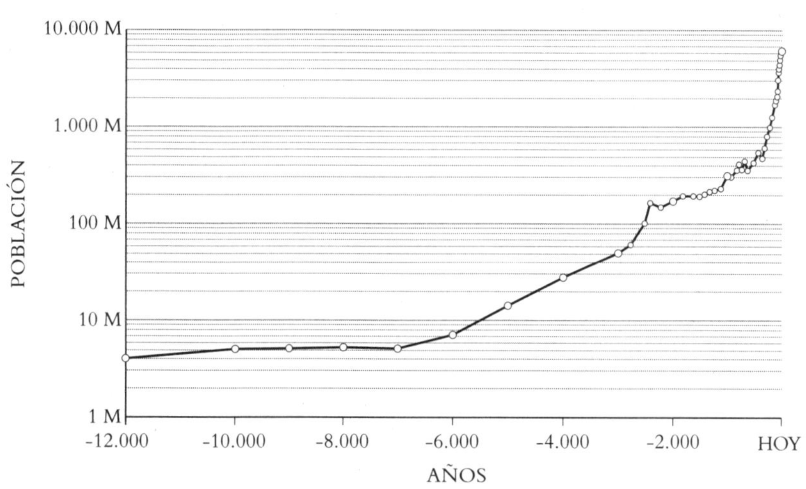

Crecimiento de la población mundial: estancamiento prehistórico
seguido de un lento despegue.

Por supuesto, el lector sabe que *algo* debió de ocurrir para posibilitar el crecimiento de la población. No es difícil adivinar —sobre todo teniendo en cuenta el título de este capítulo— que la causa fue la posterior domesticación de cultivos y animales, lo cual permitió mantener densidades de población mucho mayores. Pero, al contrario de la afirmación muy repetida de Gordon Childe, arqueólogo australiano que trabajaba en el Reino Unido, en su influyente libro *Man Makes Himself* (1936), de que esto equivalía a una denominada revolución neolítica, se trató de un desarrollo gradual, un proceso que duró milenios durante el cual la creciente dependencia de los cultivos se vio acentuada por la recolección de especies de plantas silvestres y la matanza de animales salvajes; de hecho, en muchos lugares, estas actividades de forrajeo suministraban una parte no desdeñable de la energía alimentaria en sociedades agrícolas establecidas desde hacía mucho tiempo, y aún hoy las poblaciones asentadas de muchos países africanos y asiáticos recolectan decenas de alimentos silvestres.[15] Antes de la llegada de la domesticación (que comenzó hace unos 12.000 años en varias regiones de Oriente Próximo), el rango más probable de la población mundial era de 2 a 4 millones de personas; a principios de la Era Común (es decir, cuando Augusto fue el primer emperador romano, hace unos 2.000 años), el rango más probable de la población mundial era aproximadamente cien veces mayor, entre 150 y 300 millones de personas.[16]

¿POR QUÉ EMPEZAMOS A CULTIVAR?

No pretendo que se entienda que el origen de la domesticación de los cultivos y los animales pueda explicarse simplemente como una innovación inducida, es decir, como una respuesta inevitable y gradual al aumento de los niveles de población, y que el éxito inicial de este proceso permitiera y reforzara de un modo directo su posterior expansión e intensificación. Este libro prefiere los hechos a las narrativas cómodas.

En la ciencia moderna hay pocas incertidumbres tan profundas (y tan difíciles de resolver) como las relativas a los orígenes de la domesticación de las plantas y los animales. Se han reunido pruebas y se han ofrecido argumentos para explicarlos en términos muy distintos, con énfasis que van desde las causas puramente físicas hasta las motivaciones solo conductuales. Incluso se ha llegado a sugerir que lo cierto es justamente lo contrario: que las plantas nos domesticaron a nosotros.[17]

Un mundo más cálido, con mayores concentraciones atmosféricas de CO_2, esto es, un cambio climático, se ha considerado decisivo, hasta el punto de que tres destacados antropólogos estadounidenses formularon la siguiente hipótesis: «Una vez que sea posible un sistema de subsistencia más productivo [como ocurrió tras la última glaciación], este sustituirá, a largo plazo, al sistema de subsistencia menos productivo que lo precedió».[18]

¿Fue una reacción inevitable a las sucesivas crisis alimentarias lo que forzó este cambio? ¿O quizá resultado de la escasez de alimentos posterior al crecimiento relativamente rápido de la población y la inadecuada energía alimentaria proporcionada por el forrajeo? El arqueólogo estadounidense Lewis Binford llegó a establecer una tasa improbablemente precisa como catalizador de este cambio: una densidad de población superior a 9,098 personas por kilómetro cuadrado desencadenó el paso del forrajeo a los cultivos.[19]

En total contraste con estas razones físicas se encuentran las teorías que atribuyen la domesticación a un deseo de mayor socialización y de adquisición de bienes materiales (es decir, queríamos redes interconectadas o más cosas, así que empezamos a cultivar), y a las oportunidades de competencia social y a la mejor organización de la defensa y la ofensiva. Un argumento de peso en favor de estos componentes sociales es el hecho de que los rendimientos energéticos netos de la agricultura primitiva (calculados como la relación entre la energía cosechada y la energía invertida en el cultivo) eran a menudo inferiores a los rendimientos de las actividades de forrajeo; en tales casos, eran más importantes otras ventajas aparte de las ganancias energéticas netas.

No es necesario tomar partido en cuanto a los orígenes de la domesticación. Casi con toda seguridad, el proceso fue una combinación e interacción de factores físicos y culturales, en el que las antiguas formas de producir alimentos coexistieron con las nuevas. Pero no cabe duda de que solo la adopción y la difusión graduales del cuidado de la tierra en un mismo lugar (el llamado «cultivo sedentario») pudo sustentar sociedades más pobladas y jerarquizadas, con el poder centrado en las ciudades. El forrajeo al estilo de los chimpancés o la combinación de las actividades de recolección y caza como las humanas durante la fase final de la última glaciación no podían sustentar ni siquiera a decenas de millones de personas en todo el mundo, por no hablar de esa cifra en una ciudad. La domesticación y el cultivo de cereales, leguminosas, oleaginosas y fibras, así como el cuidado de animales domesticados para la alimentación y el trabajo (tirar de arados, transportar cargas más pesadas en los medios de transporte), no eliminaron la variabilidad estacional y anual del suministro de alimentos, pero la redujeron significativamente gracias a una producción más predecible y mucho más concentrada.

Además, esta nueva forma de obtener alimentos suponía excedentes en determinadas épocas del año y la posibilidad de almacenarlos para el futuro. Por ejemplo, el grano de las regiones secas tenía un contenido de agua naturalmente bajo y podía conservarse en recipientes adecuados hasta la siguiente cosecha. Esto facilitó aún más que las poblaciones agrícolas alcanzaran tamaños muy superiores a los grupos aislados de forrajeo. Los cultivos podían mantener a un número de personas cien veces superior por unidad de terreno, incluso en algunas de las primeras sociedades de este tipo. Durante el Imperio Antiguo de Egipto (2700-2200 a. e. c.), la tasa era de aproximadamente 1,3 personas por hectárea de tierra cultivada (es decir, 130 personas por kilómetro cuadrado), y se duplicaría —como mínimo— en la época romana.[20]

Con el tiempo, las versiones más intensivas de los cultivos tradicionales en Asia, sobre todo en el sur de China a finales de la dinastía Qing (1644-1912), se basaron en el regadío, el reciclaje intensivo de residuos orgánicos (principalmente estiércol animal y residuos de cultivos como fertilizante orgánico), la plantación de más de un cultivo al año (uso de la tierra disponible de forma más intensiva) y las complejas rotaciones de cultivos (lo que garantizaba que la calidad del suelo no se degradara). Esta evolución permitió sustentar a más de 3 —y se llegó incluso a más de 5— personas por hectárea de tierra agrícola, es decir, más de 500 personas por kilómetro cuadrado.[21] A principios del siglo XIX, combinaciones similares de estas mejoras permitieron a ingleses y holandeses mantener a más de 3 personas por hectárea.[22]

MÁS COMIDA QUE NUNCA

En algún momento de la primera década del siglo XIX, justo antes de que las crecientes industrialización y urbanización (y el consiguiente aumento de la calidad de vida permitido por el incremento de la producción económica) empezaran a acelerar las tasas de crecimiento de la población, la humanidad alcanzó el hito de los 1.000 millones de personas. En 2020, ese total se había multiplicado casi por ocho. Si observamos la población mundial y la superficie total de tierra cultivable, vemos que en 2020 una hectárea media de tierra cultivable podía alimentar a cinco personas.[23]

Pero es importante señalar que, aunque esa es la cifra media, el suministro mundial de alimentos varía mucho. Abarca desde grandes ingestas de carne y productos lácteos en los países ricos hasta dietas abrumadoramente vegetarianas en India y gran parte de África. El suministro medio oscila entre el derroche de excedentes y la malnutrición generalizada en las naciones más pobres del África subsahariana.[24] En la mayoría de los países de la Unión Europea y en Norteamérica, el suministro de energía alimentaria está muy por encima de las necesidades reales, y es imposible de consumir a menos que poblaciones enteras se vuelvan extremadamente obesas. El resultado de tales excedentes es, en efecto, la sobrealimentación —con una elevada proporción de la población con sobrepeso u obesidad—, pero también un enorme despilfarro de alimentos. Al mismo tiempo, muchos países africanos apenas cuentan con una reserva de suministro, y algunos (Etiopía es el ejemplo más deprimente) siguen encontrándose una y otra vez cerca de la hambruna regional o nacional, o amenazados por ella.

¿Qué podríamos haber hecho?

Pero ¿fue la domesticación de los cultivos, dominada por los cereales y acompañada por la domesticación de varias especies animales, la única opción posible para aumentar tanto las densidades medias de población como el total de la población mundial en más de 1.000 veces, de unos pocos millones a 8.000 millones, y hacerlo en la brevísima escala de tiempo evolutiva de tan solo 12 milenios? ¿O podrían otras estrategias de adquisición de alimentos haber dado lugar a un aumento de la población, una existencia sedentaria, estratificación social, sociedades complejas y, finalmente, una civilización global? Analicemos estas alternativas por improbables que parezcan. Pero, para ello, antes debo explicar nuestras necesidades alimentarias esenciales.

¿Qué necesitamos comer?

Desde las últimas décadas del siglo XIX hemos acumulado pruebas sustanciales sobre las necesidades humanas de energía alimentaria y los tres macronutrientes: hidratos de carbono, grasas y proteínas.[25] Los hidratos de carbono, complementados con grasas, son la principal fuente de energía alimentaria, mientras que las proteínas permiten el crecimiento de nuevos tejidos corporales (músculos, huesos, órganos internos, piel) y la reparación de los viejos, y solo se metabolizan en energía cuando escasean los dos primeros macronutrientes. Los adultos con un nivel moderado de actividad no deberían ingerir, de media, más de 2.500 kilocalorías (kcal, la unidad utilizada tradicionalmente por los nutricionistas y a menudo denominada de forma incorrecta «calorías», una unidad que es solo 1/1.000 de 1 kcal) o 10,5 megajulios (MJ, en unidades científicas internacionales) al día —este cálculo es generoso—. Las recomendaciones dietéticas modernas, elaboradas por comités de expertos internacionales y nacionales, especifican tres intervalos óptimos de ingesta: entre el 45 y el 65 por ciento de la energía alimentaria de un adulto debe proceder de los hidratos de carbono, entre el

20 y el 35 por ciento de las grasas y entre el 10 y el 35 por ciento de las proteínas.[26]

Los hidratos de carbono y las proteínas que podemos digerir aportan unas 400 kcal/100 g, y las grasas más del doble, unas 880 kcal/100 g. Además de su contenido en hidratos de carbono, grasas y proteínas, las plantas recién recolectadas o las carnes de animales y pescados recién sacrificados son, en su mayoría, agua. Las frutas no suelen aportar más de 70 kcal/100g (y apenas trazas de proteínas o grasas; el aguacate es la notable excepción grasa); los tubérculos (órganos subterráneos de almacenamiento de almidón, dominados por las patatas) hasta unas 1.115 kcal/100 g; y los frutos secos (por su alto contenido en grasa) hasta 650 kcal/100 g. La carne de animales pequeños y silvestres contiene muy poca grasa: su peso en fresco es casi pura proteína (alrededor del 20 por ciento) y agua, con una densidad energética inferior a 150 kcal/100 g. Con esta información básica, podemos calcular si existe otra alternativa práctica y a largo plazo a la agricultura que no se haya intentado. ¿Existen entornos en los que una población humana a gran escala podría prosperar sin necesidad de cultivar?

UN MUNDO SIN AGRICULTURA

Comer como un chimpancé

¿Podríamos recurrir a una versión intensificada de las dietas típicas de los chimpancés, basadas en la fruta, y complementarlas con otros tejidos vegetales, la captura de insectos y la ingesta de algunas porciones de carne de caza? Las frutas y verduras son valiosas fuentes de vitaminas y minerales, y aportan proporciones nada desdeñables de hidratos de carbono fácilmente digeribles en algunas regiones tropicales, pero un hombre estadounidense adulto que intentara alimentarse como un chimpancé (con el 80 por ciento de su energía alimentaria procedente de higos y otras frutas y bayas) tendría que consumir entre 4 y 5 kilos de esas frutas frescas al día.[27]

Incluso si se viviese en entornos ricos en higos, eso requeriría pasar horas buscando fruta madura, trepando árboles y deshojando arbustos. Comer tantos higos al día sumaría entre 1,5 y 1,8 toneladas de fruta fresca al año y, aun así, no se obtendría nada de grasa y apenas unas trazas de proteínas. Además, los higos no crecen en latitudes altas, donde otras frutas silvestres (desde cerezas a ciruelas) dan una única cosecha al año con un rendimiento relativamente bajo y no pueden almacenarse sin un proceso previo. En entornos adecuados, una dieta a base de higos podría ser concebible para grupos de decenas o centenares de personas (del mismo modo que los dátiles, aunque de una variedad domesticada, proporcionan importantes cuotas de energía en algunos oasis africanos), pero suministrar energía alimentaria, aparte de grasas o proteínas, solo para la población actual de la Unión Europea requeriría más de 500 millones de toneladas de higos al año, es decir, más de 400 veces la cosecha mundial de esta fruta en 2020.[28] Es obvio que cualquier modelo intensificado de alimentación como el de los chimpancés es una opción imposible para las grandes poblaciones diseminadas desde los trópicos hasta el Ártico. Además, es difícil imaginar cómo una existencia centrada en la recolección de higos podría desembocar finalmente en la escritura, el Partenón y los antibióticos.

Comer como un gorila

¿Y si comiésemos solo tallos y hojas verdes, las partes de plantas que son mucho más abundantes y están disponibles durante periodos bastante más prolongados y en una gama amplia de entornos que los higos u otras frutas dulces? ¿Habríamos podido multiplicar nuestro número reproduciendo a gran escala la dieta de los gorilas de montaña que habitan las laderas de los volcanes Virunga, en el Congo? Estos son los que practican con mayor fama una alimentación a base de verdura. La ingesta total de alimentos de estos gorilas se compone de alrededor del 68 por ciento de hojas de hierbas y arbustos, y los tallos herbáceos suponen un 25 por ciento adicional.[29] ¿Podríamos tumbarnos en medio de un trozo de terreno verde, de tallos altos y hojas grandes, y tan solo empezar a masticar?

Incluso en aquellos lugares donde pudiéramos hacer tal cosa durante todo el año —y estos no incluirían vastas regiones del planeta, desde las praderas semiáridas hasta los bosques boreales, cubiertos de nieve durante meses—, los adultos tendrían que pasar la mayor parte del día mordiendo, masticando y tragando para consumir unos 10 kilogramos de tejidos vegetales al día, solo para cubrir sus necesidades energéticas alimentarias. Y eso si fuesen capaces de metabolizar tales cantidades de fibra vegetal. Pero, para ello, los humanos tendrían que ser capaces de digerirla tan bien como los gorilas, una capacidad que *Homo sapiens* nunca ha tenido. Nuestro colon (donde se produce la digestión de la masa vegetal fibrosa) supone solo una quinta parte del volumen total de nuestro tubo digestivo (en los primates es aproximadamente la mitad), y es incluso mucho más corto que el de los chimpancés, que tienen dietas más diversas y digeribles que los gorilas.[30]

Los gorilas digieren en el intestino posterior y son capaces de procesar grandes volúmenes de materia vegetal fibrosa, principalmente hierbas y hojas de árboles. Como ocurre con todos los demás digestores de intestino posterior (incluidos caballos, rinocerontes, conejos y koalas), su largo colon alberga grandes cantidades de microorganismos fermentadores (bacterias y hongos anaerobios), lo que facilita la digestión de una dieta fibrosa y la extracción de energía en forma de ácidos grasos de cadena corta. En cambio, nuestro sistema digestivo no podría extraer más de un 10 por ciento de la energía presente en ese follaje fibroso (es probable que menos de la mitad de esa proporción), e incluso después de comer 10 kilogramos de ese tipo de verdura al día seguiríamos muriéndonos de hambre. Además, si nuestro colon se pareciese más al del gorila, esta estrategia de alimentación dependería de la producción continua de nueva y jugosa masa vegetal, y estaría limitada a climas húmedos y sin heladas. De nuevo, no es una opción que conduciría a la generalización de asentamientos, altas densidades de población y la aparición de ciudades y una civilización global.

Comer como un cazador de la Edad de Hielo

¿Y si tomáramos el camino inverso, pasando a un nivel trófico superior (posición en una red alimentaria) y recurriésemos a una mayor alimentación cárnica? La mejor forma (aunque todavía limitada) de recorrer ese camino se hizo imposible una vez que se extinguieron los mamuts lanudos de la Edad de Hielo y otros megaherbívoros grasos, como el rinoceronte lanudo, los elefantes de colmillos rectos, los uros, los bisontes esteparios y los ciervos gigantes, que podían proporcionar dietas muy nutritivas a amplios grupos de cazadores. La densidad energética alimentaria de los cadáveres de los megaherbívoros más grandes era de 190-240 kcal/100 g, pero solo de 120-140 kcal/100 g en el caso de los herbívoros más pequeños, como ciervos o antílopes. El mamut lanudo y el mastodonte americano pesaban entre 4 y 9 toneladas, y los mayores mamuts imperiales más de 10 toneladas.

Suponiendo una necesidad media diaria per cápita de unas 2.200 kilocalorías, un mamut de 7 toneladas (con un 20 por ciento de proteínas y un 15 por ciento de grasa en la parte comestible de su cadáver, cuyo peso habría sido aproximadamente el 60 por ciento de su peso vivo) podría proporcionar a un grupo de cincuenta personas nutrición suficiente para casi ochenta días, es decir, más de dos meses y medio. Además, durante gran parte del año no habría problemas para almacenar la carne y la grasa a las bajas temperaturas reinantes en aquella época. Sin embargo, esa opción ha desaparecido por completo: los últimos mamuts, atrapados por la subida del nivel del mar, sobrevivieron en la isla de Wrangel (en el océano Ártico) y, sufriendo los efectos fatales de la endogamia, se extinguieron hace unos 4.000 años, es decir, medio milenio después de la construcción de las pirámides de Guiza.[31] Como veremos más adelante, con la superabundancia de herbívoros más pequeños no se podría lograr el mismo resultado, lo que significa que la única posibilidad de igualar o incluso superar esos niveles concentrados de nutrientes sería la matanza frecuente de grandes mamíferos marinos.

Vilhjalmur Stefansson, el explorador y etnógrafo islandés del Ártico que a principios del siglo xx vivió entre los cazadores del norte, en Alaska y Canadá, describió la diferencia con claridad.[32] Los grupos que dependían de lo que él llamaba «animales de tocino» (focas, morsas, ballenas) eran los más afortunados, porque nunca sufrían la falta de grasa. En cambio, muchos cazadores del bosque que no conseguían matar castores o alces, y se veían reducidos a comer conejos, desarrollaban la necesidad de grasa conocida como «inanición del conejo», que acababa en diarrea, dolor de cabeza, un vago malestar y debilidad general del cuerpo. Puede que sus estómagos estuvieran llenos de conejo, pero sentían hambre.

Los grandes animales cazados por los inuit o los chukchi (focas, morsas, belugas, narvales, ballenas pequeñas) son los mejores ejemplos de la estrategia del tocino. Por ejemplo, un solo narval de 1,3 toneladas (25 por ciento de grasa, 18 por ciento de proteínas) alimentaría a un grupo de 50 personas durante un mes, incluso contando con las mayores necesidades energéticas de los habitantes del Ártico.[33] Vemos resultados proporcionalmente similares en varias especies de focas, morsas y belugas. Pero el número limitado de estos grandes mamíferos marinos, las dificultades para localizarlos y matarlos, y su distribución restringida a las regiones polares, impedirían cualquier adopción generalizada. Como señaló un biólogo que estudiaba a los mamíferos marinos, «los narvales son irremediablemente difíciles de ver, nunca aparecen cuando uno quiere, nadan lejos de la costa y están bajo el agua todo el tiempo... En temporadas enteras de observación de campo, no ves ni un solo narval».[34]

En cambio, matar a los herbívoros más grandes que quedaban en tierra, como el bisonte, los caballos salvajes y el caribú, podía proporcionar una excelente fuente de proteínas (22-24 por ciento de su peso vivo), pero muy poca grasa (solo el 2 por ciento del peso vivo en el caso del bisonte) y ningún hidrato de carbono. Ni siquiera los grandes rebaños de bisontes que sobrevivieron en Norteamérica hasta el siglo XIX bastaron para alimentar a decenas de millones de personas de forma sostenible. Supongamos que la caza de la manada continental anterior a 1800, de 60 millones de bisontes —con un peso vivo medio (siendo generosos) de 400 kilogramos, un peso comestible sin huesos del 35 por ciento del peso vivo y una tasa de matanza anual no superior al 15 por ciento (para mantener la manada)—, produjese 1,26 millones de toneladas de carne. A unas 140 kcal/100 g, eso podría cubrir (suponiendo —algo improbable— que todas las proteínas se metabolizaran en hidratos de carbono) las necesidades anuales de energía alimentaria de unos 2,1 millones de personas, o sea, casi exactamente la población de Estados Unidos en 1770. Salvo que la mayoría de esas personas vivían al este de los montes Apalaches, mientras que la mayoría de los bisontes vagaban al oeste del Mississippi. Además, en 1850 la población estadounidense era más de diez veces mayor que en 1770.[35]

Las perspectivas de alimentarse a un nivel trófico superior serían mucho peores incluso con un suministro aparentemente ilimitado de ciervos, hecho que parece prevalecer ahora en algunas partes de Norteamérica, donde el número de ciervos ha crecido en dos órdenes de magnitud durante las últimas ocho décadas, pasando de unos 300.000 animales en 1930 a más de 30 millones en la actualidad.[36] Durante el invierno, un grupo de 50 forrajeadores necesitaría matar entre 15 y 20 ciervos cada semana para obtener suficiente energía alimentaria. Incluso una matanza masiva de esos 30 millones de ciervos solo proporcionaría suficiente energía alimentaria para unos 2,3 millones de personas —lo que equivale a menos del 1 por ciento de la población estadounidense— durante un año (dando por supuesto un rendimiento medio de 50 kilogramos de carne con un contenido energético de 120 kcal/100 g y, de nuevo, que todas las proteínas se metabolizaran en hidratos de carbono).

Pero sin apenas grasa (la carne de ciervo no suele tener más de un 2 por ciento) y sin hidratos de carbono, comer ciervos sería una dieta de hambre. La caza de animales más pequeños (capturados con lazos o a tiros) resultaría un completo fracaso: un grupo de 50 personas necesitaría matar casi 600 conejos o liebres a la semana (considerando un rendimiento medio de carne de 1 kilogramo por animal, con una densidad energética de unas 120 kcal/100 g) y, una vez más, una dieta esencialmente proteica, con ausencia casi total de grasas y de carbohidratos, supondría una grave desnutrición. Por supuesto, la caza de roedores más abundantes pero más pequeños (ratas, ardillas, ratones) haría que —dejando de lado las preferencias gustativas— el álgebra de la caza/alimentación fuera aún menos atractiva.

Comer como el ganado y las termitas

Si buscamos una adaptación metabólica para organismos de nuestro tamaño y movilidad que permita multiplicar el número y alcanzar poblaciones y densidades elevadas, todo ello sin recurrir a la domesticación de cultivos y animales, solo nos queda una última opción teórica. Tendríamos que digerir aún mejor que los gorilas y ser capaces de metabolizar abundante masa vegetal, como hacen los rumiantes (vacas, ovejas y cabras) y las termitas. Si nuestro objetivo es aumentar el tamaño de la población humana, la capacidad de digerir los compuestos orgánicos más abundantes de la biosfera supondría una enorme ventaja. Estos son la celulosa, la hemicelulosa y la lignina, cuyas moléculas se combinan para formar el compuesto complejo más común de la naturaleza, pues constituyen las paredes celulares de todas las plantas.[37]

En 2022, la población humana mundial se acercaba mucho a los 8.000 millones, y, teniendo en cuenta la composición por edades y la distribución de pesos, la masa corporal media era de unos 50 kilogramos, es decir, un total de 400 millones de toneladas.[38] Para que este total sea comparable con el de otros organismos, podemos expresarlo en términos de peso seco (los cuerpos humanos son aproximadamente un 60 por ciento de agua; es decir, unos 160 millones de toneladas) o de carbono (este elemento clave de la vida representa el 45 por ciento de la masa seca, de ahí unos 70 millones de toneladas). Es importante destacar que este total es apreciablemente mayor que el de todos los vertebrados que quedan en libertad y que solo uno tiene una biomasa mayor en su conjunto: el ganado vacuno.[39]

El ganado vacuno (al igual que otros rumiantes, como búfalos de agua, ovejas, cabras, ciervos, camellos y jirafas) puede alimentarse de materia vegetal porque las bacterias de su rumen (una parte de su estómago de cuatro cámaras) producen las enzimas necesarias para descomponer el alimento masticado (y vuelto a masticar).[40] La domesticación del ganado —sobre todo para la leche, el trabajo en el campo y el transporte (durante milenios fueron los bueyes, no los caballos, los que desempeñaron esas funciones en la mayoría de las sociedades), pero no para la carne— aumentó aún más esta ventaja, y con el tiempo lo convirtió en el mayor depósito de biomasa animal del mundo. Debo subrayar que el hecho de que haya más masa viva en forma de ganado que de humanos no es nada nuevo; no es producto del crecimiento a gran escala de la alimentación intensiva para producir carne de vacuno, basada en mezclas de piensos ricos en carbohidratos y proteínas (maíz y soja) consumidos por un gran número de animales confinados en granjas de engorde. Casi tres cuartas partes de los bovinos del mundo (que viven en Asia, África y Latinoamérica) no reciben esos piensos concentrados, e incluso en 1900, mucho antes de que existieran instalaciones centralizadas para la alimentación animal, la biomasa del ganado era mayor que el peso de todos los seres humanos. Con unos 450 millones de cabezas de ganado, la suma equivale a casi 25 millones de toneladas de carbono, aproximadamente un 75 por ciento más que la masa de toda la humanidad (1.650 millones de personas) en 1900.

Mientras que las termitas que se alimentan del suelo metabolizan la materia orgánica presente en él (sin restos vegetales visibles), las que se alimentan de la madera (al igual que los rumiantes) pueden consumirla tanto viva como muerta gracias a la presencia de microbios (arqueas, bacterias, protistas) en su intestino posterior que les proporcionan las enzimas necesarias.[41] No podemos afirmar con un nivel aceptable de certeza cuál es la biomasa mundial de las termitas que se alimentan de madera, pero algunos indicadores muestran lo abundantes que llegan a ser. En los trópicos, las termitas representan más del 10 por ciento del total de la biomasa animal de ese entorno (y eso en paisajes habitados por elefantes, rinocerontes y ñus); pueden sumar hasta el 95 por ciento de toda la biomasa de insectos del suelo; y sus densidades alcanzar hasta

1.000 individuos por metro cuadrado de terreno, ya que descomponen cada año más materia orgánica que todos los grandes mamíferos herbívoros.[42]

Con densidades máximas de unos 11 gramos por metro cuadrado, la biomasa de las termitas en algunas regiones tropicales sería de 110 kilogramos por hectárea, casi idéntica a la masa media de estadounidenses por hectárea de tierra de cultivo en 2020 (330 millones de personas, 55 kilogramos por persona, 160,5 millones de hectáreas). De esto no se sigue que una superficie comparable a la de Estados Unidos pudiera sostener tal densidad de termitas, sino que sirve para indicar la impresionante biomasa acumulada resultante de poder digerir la lignina y la celulosa que componen la materia vegetal seca. Pero incluso si los homínidos hubieran adquirido, de algún modo, una digestión similar a la de las termitas, la población global de estos organismos sería limitada e incomparable en términos de socialización, comportamiento y logros. Unos organismos así de tamaño humano no podrían parecerse a nosotros en cuanto a conducta o conocimientos; tendrían importantes desventajas. El ganado pasa de diez a doce horas al día pastando, y los humanos que se alimentasen sobre todo de materia lignocelulósica tendrían que dedicar bastante más tiempo a alimentarse que los chimpancés (si no, dada la disparidad de tamaños, tanto como los bóvidos o las termitas).

Aunque tuviéramos estómagos complejos llenos de enzimas celulolíticas, si sobreviviéramos alimentándonos de madera nueva o descompuesta mediante el forrajeo, obviamente tendríamos que buscar zonas ricas en estos compuestos, es decir, principalmente bosques y praderas altas. Estas adaptaciones podrían producir grandes poblaciones de organismos —superiores a las de los chimpancés—, pero sería improbable que sus individuos poseyeran cerebros extraordinariamente grandes como el nuestro; cerebros que pudiesen reproducir nuestra forma de vida actual e introducir la recolección mecánica generalizada de madera y hierba y su transporte a las ciudades. Esto significa que sería imposible que estos hipotéticos organismos que se alimentan de madera y hierba se urbanizaran, y, aunque tales criaturas fueran capaces de alcanzar densidades de población relativamente altas, su estilo de vida se asemejaría más al de los rebaños de ganado que al de los constructores de civilizaciones.

Comer como humanos

Ninguna de las distintas estrategias de forrajeo intensivo, desde higos y hojas hasta tocino y herbívoros, proporcionaría suficiente nutrición para hacer crecer la población humana ni nos permitiría expandirnos a nuevos hábitats. Del mismo modo, la opción de consumir los compuestos lignocelulósicos disponibles nunca fue tal: debido a la evolución de nuestro sistema digestivo, carecemos de las enzimas adecuadas. Así pues, la forma de obtener alimentos a gran escala que podía dar lugar a poblaciones más numerosas y capaces de nuevos avances tecnológicos e intelectuales, y a nuestra expansión a nuevas zonas, era… la agricultura. La única alternativa de los humanos —entonces y ahora— fue recurrir a la domesticación de cultivos y animales. Por supuesto, algunas sociedades domesticaron animales sin hacer también lo propio con plantas, y tuvieron éxito como sociedades migratorias de pastoreo. Pero, aunque esta estrategia proporcionaba un suministro de alimentos nutritivo, predecible y gestionable, no podía conducir ni a altas densidades de población ni a asentamientos permanentes sustanciales. Frente a otros grupos que sí se asentaron, y que cosecharon los beneficios de hacerlo (en términos de tamaño de la población y de innovación técnica y social), hubo una enorme presión para que los grupos migratorios siguieran su ejemplo. Para empezar, es difícil migrar cuando unos colonos reclaman la tierra como propia.

NO SE TRATA DE COMER TODA LA ENERGÍA POSIBLE

Como hemos visto, solo se lograron altas densidades de población y asentamientos permanentes importantes mediante la domesticación de cultivos y animales, y el uso de los más grandes y fuertes de estos últimos tanto para el trabajo como para la alimentación. Este capítulo ha demostrado que la energía impulsa el crecimiento de la civilización —la energía impulsa el crecimiento de *todo*—, por lo que se podría pensar que los alimentos básicos —los que dominan la dieta humana y que comemos todos los días, o al menos varias veces por semana, por su composición nutricional y su digestibilidad— se seleccionaron en función de su riqueza energética. Según tal criterio, la caña de azúcar sería el mejor: este cultivo supera a todas las demás plantas domesticadas en términos de rendimiento energético (carbohidratos). Sin embargo, ninguna sociedad se basa en ella como alimento básico. ¿Por qué?

Incluso las variedades tradicionales, no mejoradas, de caña de azúcar podrían producir la enorme cantidad de 40 toneladas de tallos de caña por hectárea, lo que bastaría para generar al menos 4 toneladas de azúcar, con energía suficiente para alimentar a unas 20 personas durante todo el año.[43] Es un rendimiento asombroso, unas 200 veces superior incluso a los métodos de forrajeo más productivos. Pero esta opción es tan teórica como la de comer únicamente conejos, salvo que la caña de azúcar no aportaría absolutamente ninguna proteína ni grasa y muy pocos de los minerales esenciales. Todo lo que obtendríamos sería un hidrato de carbono de rápida digestión: la sacarosa.

La caña de azúcar fue uno de los primeros cultivos domesticados (en Nueva Guinea, hace unos 10.000 años), pero solo se convirtió en un cultivo importante a escala mundial a principios de la era moderna (1500-1800), cuando el comercio de azúcar —cultivado principalmente en las islas del Caribe y en Latinoamérica— surgió como un componente importante del comercio intercontinental europeo, la colonización y la trata de esclavos.[44] Tras siglos de expansión, la caña de azúcar se cultiva hoy por todo el mundo en unos 27 millones de hectáreas (una superficie unas dos veces mayor que la de Grecia); en 2020, los cereales —como el maíz, el trigo y la cebada— se cosechaban en unos 740 millones de hectáreas (una superficie casi 30 veces mayor), y su producción mundial era de unos 3.000 millones de toneladas, frente a menos de 200 millones de toneladas de azúcar.[45]

ALIMENTAR A LAS MASAS: NUESTRA ÚNICA OPCIÓN

La aparición de las primeras sociedades asentadas y complejas, la lenta expansión de la población mundial, la transición a las economías industriales (y ahora postindustriales), la supervivencia de las actuales 8.000 millones de personas: todo ello ha dependido y sigue dependiendo sobre todo de las cosechas de cereales y leguminosas domesticadas. Comemos estos cultivos tanto directa como indirectamente: una gran parte del maíz, el trigo, la cebada y la soja que cultivamos se utiliza para alimentar animales y producir carne, leche y huevos. Es posible que el debate sobre el origen de la agricultura como estrategia de supervivencia nunca llegue a resolverse. ¿Se debió al lento aumento de la población, que no podía mantenerse con la caza y la recolección? ¿Fue causado por el cambio climático, que facilitó los cultivos, o motivado por el deseo de enriquecimiento material y de posesiones que solo podían obtenerse en las sociedades sedentarias? ¿O por un afán de dominación y estratificación social? En última instancia, lo que haya impulsado el auge de la agricultura dejó de tener importancia: una vez que los cereales y las leguminosas domesticadas se convirtieron en la fuente dominante de energía alimentaria capaz de sustentar a una población en expansión y una organización social más compleja, ya no había vuelta atrás.

Ninguna otra alternativa ofrecía mayores posibilidades para un uso tan generalizado —desde el arroz en los trópicos asiáticos y el centeno en la Escandinavia subártica hasta la soja en el Japón insular y el maíz y las judías en la mayor parte de América— y para garantizar una forma más predecible, almacenable y nutritiva de alimentar a unas cifras de población sin precedentes que la agricultura basada en el grano. En algunas regiones se apoyaba en tubérculos y oleaginosas, y las hortalizas y frutas aportaban grasas, vitaminas y minerales, pero es indiscutible que la agricultura basada en el grano impulsó el crecimiento de los asentamientos, la aparición y expansión de las ciudades, el desarrollo de la escritura y las artes, los avances en la exploración y los inventos técnicos. Muchas innovaciones posteriores contribuyeron a crear la civilización global actual, pero su principal base energética descansa, sin duda, en los granos comestibles. Su cultivo era —y sigue siendo— nuestra única opción.

2

¿Por qué comemos tanto de algunas plantas y nada de otras?

Se dice que la variedad es la sal de la vida, pero, cuando se trata de escalas masivas, la mayor parte de las necesidades humanas suelen estar cubiertas por fuentes limitadas. Por ejemplo, tres empresas (Apple, Samsung, Xiaomi) poseen dos tercios del mercado mundial de *smartphones*, y otras tres empresas (CFM International, Pratt & Whitney, Rolls Royce) suministran más del 80 por ciento de todos los motores de los aviones comerciales. Las plantas domesticadas no son una excepción a esta regla común. Los botánicos han clasificado cerca de 400.000 especies de plantas vasculares, unas 12.000 de ellas herbáceas productoras de semillas pequeñas y nutritivas; pero solamente una ínfima parte ha sido domesticada. Solo 20 especies representan el 75 por ciento de las cosechas anuales y, hoy en día, dos herbáceas domesticadas —el arroz y el trigo— proporcionan el 35 por ciento de toda la energía alimentaria mundial.[1]

La domesticación es una selección deliberada y una modificación gradual de las especies salvajes con el fin de producir plantas o animales que se adapten mejor a las necesidades humanas. Este proceso ha sido estudiado (empezando por la descripción de Charles Darwin de los cambios que afectan a las plantas cultivadas) mediante una combinación de métodos científicos. La genética y la genómica modernas han sido especialmente reveladoras.[2] El resultado final de este proceso son plantas y animales modificados cuya supervivencia y prosperidad dependen de nuestros cuidados.

Casi todos los cultivos importantes se domesticaron hace entre 10.000 y 5.000 años en al menos siete regiones diferentes, empezando por el trigo, el sorgo, el mijo, el arroz, la patata, el garbanzo y el cacahuete (más de 9.000 años), seguidos de la cebada, el maíz, las judías, la mandioca y la caña de azúcar (más de 6.000 años) y la soja, la colza, el caupí y la quinoa (más de 3.000 años).[3]

Los arqueólogos, genetistas y fitólogos que han estudiado la domesticación de estas especies identificaron varios rasgos comunes notables. Las que se domesticaron hace más tiempo presentan un mayor número de estos rasgos que las variedades más jóvenes. Esto se debe a que algunos de ellos pueden adquirirse en cuestión de décadas, si bien otros han tardado un milenio en establecerse.[4] En el trigo, el arroz, la cebada y la soja, el cambio más importante ha sido la retención del grano (lo que se denomina «no-desgranado»: cuando los granos maduros no se caen), y el trigo, uno de los dos principales cereales básicos del mundo, presenta granos significativamente más grandes, mientras que el maíz y el girasol domesticados tienen un número más reducido de hojas. Pero los rasgos más habituales son los cambios en el sabor (en general para ser menos amargos, más dulces) y el aumento del tamaño de las partes comestibles (semillas, frutos o tubérculos).

Las frutas domesticadas ofrecen contrastes memorables con sus progenitoras, ya sea la grosella china silvestre (pequeña, coriácea y ácida en comparación con el kiwi cultivado, más grande, dulzón y de piel blanda) o cualquier especie de fruta de hueso: los albaricoques, las cerezas, los melocotones y las ciruelas son todos de menor tamaño, duros y menos dulces en estado silvestre. Los plátanos silvestres están llenos de semillas pequeñas y duras, pero en las variedades cultivadas apenas son visibles, una suerte de motas oscuras en el centro de la fruta. Entretanto, las naranjas sin semillas (navels, valencianas, satsumas) copan una amplia cuota del mercado mundial de cítricos. La consecuencia más común de todos estos cambios es la reducción de la variación genética.

Entre las plantas domesticadas hay realmente pocas coníferas. La corteza resinosa y las hojas punzantes y en forma de aguja no son aptas para el consumo (aunque se puede preparar una infusión con ellas). Las semillas que quedan expuestas en la superficie de los conos femeninos se desprenden con facilidad y son difíciles de recolectar. El precio de los piñones —semillas de pino esenciales para hacer un auténtico *pesto alla genovese*— en una tienda de comestibles da fe del esfuerzo que supone su recolección.

Unas 2.000 especies (la mitad de todas las plantas vasculares) han sido total o parcialmente domesticadas, y solo 200 alcanzan una distribución regional o mundial significativa.[5] Por ejemplo, ¿cuántas de estas conoces, y qué colores y sabores puedes atribuir al ackee, el biribá, la dika, el huauzontle, el azufaifo, el noni o el pepino?[6] Luego están los cultivos para fibras (algodón, lino, cáñamo, yute, sisal); los embriagantes (coca, khat, marihuana, tabaco); y dos grandes grupos, las hierbas aromáticas (de la albahaca al tomillo) y las especias (de la pimienta de Jamaica a la cúrcuma) cultivadas para dar sabor, olor y color, no para nutrir.

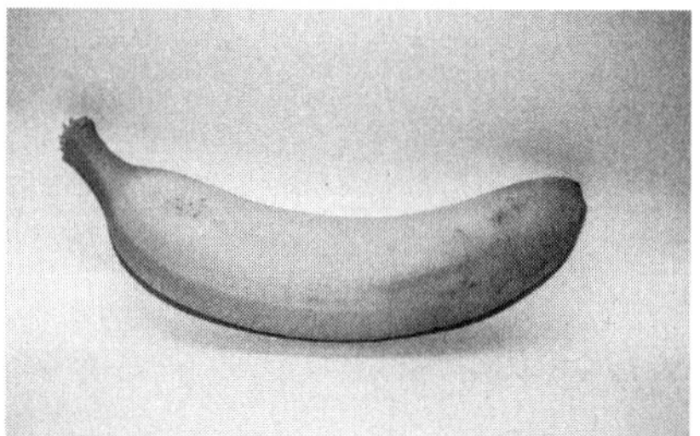

Silvestres y domesticados: plátanos llenos de semillas duras frente a una fruta sin semillas.

Alimentos básicos: alimentar a las masas

Hace unos 10.000 años, sin las bondades del análisis químico moderno ni datos que compararan los atributos de las distintas especies, la selección de los alimentos básicos se hacía desconociendo los macronutrientes que proporcionaban. La domesticación fue más bien el resultado de ensayos, errores y, casi con toda seguridad, algunas casualidades.

Es posible que se hayan seleccionado semillas o tubérculos debido a su tamaño inusual o su agradable sabor. La observación minuciosa de la germinación y la maduración de las plantas silvestres habría determinado las mejores épocas para la siembra y la cosecha. Se probarían diferentes métodos de cocción para producir alimentos más sabrosos y digeribles, sobre todo en el caso de aquellos de los que había que eliminar compuestos venenosos (en particular, el remojo y la cocción de la mandioca para diluir el cianuro). Nuestros alimentos básicos acabaron sobresaliendo debido a su combinación de buen rendimiento, sabor aceptable, buena digestibilidad y la capacidad de ser almacenados durante periodos prolongados.

Las complejas investigaciones modernas no podrían haber dado lugar a mejores elecciones que las que surgieron de este largo proceso de selección experimental, que se extendió durante cientos o miles de años, e hizo de los cereales, complementados por las leguminosas (legumbres) y las semillas oleaginosas, la base de la supervivencia humana. Milenios después, este patrón de provisión sigue siendo la base de la alimentación de nuestro mundo, con algunas modificaciones notables que explicaré más adelante. Como ya he mencionado en este capítulo, menos de 20 especies representan más del 75 por ciento de los cultivos cosechados anualmente, entre los que dominan los cereales, que están ahora cerca de los 3.000 millones de toneladas anuales.[7]

Pero la cantidad cosechada no es la misma que la que se consume. La mayor divergencia se debe a que una parte significativa de la producción de caña de azúcar brasileña y de maíz estadounidense se desvía a la fabricación de etanol, empleado como combustible para automóviles.[8] Las otras dos grandes divergencias se deben al bagazo (el residuo fibroso que queda tras triturar los tallos de la caña para obtener azúcar), que se utiliza sobre todo como combustible, y a las llamadas «tortas de prensado», que quedan tras prensar las semillas oleaginosas y que se suelen dar como alimento a los animales.[9] Tras estos ajustes, los cereales y las leguminosas representan casi la mitad de los cultivos comestibles del mundo. Si se añaden los tubérculos básicos (patatas blancas y boniatos, ñames y mandioca) y los aceites vegetales (girasol, colza, oliva y soja), la proporción se eleva a casi dos tercios.

Con nuestra predilección moderna por la elección y la variedad, esta gama tan restringida de cultivos básicos puede parecer un indeseable y lamentable estrechamiento de unas dietas históricamente más ricas y variadas. ¿Por qué tan pocas especies han llegado a representar una parte tan grande de los cultivos comestibles? ¿Por qué no comemos partes de más de cien plantas diferentes, como algunos chimpancés o como muchos grupos forrajeros, ya sea en entornos semiáridos o en selvas tropicales? Esto es así porque necesitábamos alimentos densos en energía, que contuvieran los tres macronutrientes y pudieran alimentar a un número creciente de personas: el trigo, el arroz y el maíz pueden hacerlo. Este imperativo se aplicó en el pasado, cuando las poblaciones neolíticas evolucionaron de pequeños grupos de forrajeo a habitantes de las primeras ciudades construidas con barro, y se aplica hoy a la hora de alimentar a la población mundial, mayoritariamente urbana, de más de 8.000 millones de personas. Pero, tanto para nutrir a esa creciente población en el pasado como para garantizar comida suficiente para las cifras récord actuales, no basta con que un alimento sea comestible y digerible para que se convierta en básico, ni tampoco bastan su rápido crecimiento o su fácil recolección. Unas 20.000 plantas son comestibles, las fresas y los mangos no son difíciles de digerir y las hojas de espinaca están listas para cosechar en menos de ocho semanas; pero ninguno de esos factores es decisivo.

Antes bien, hay que pagar un alto precio para acceder al estatus de alimento básico y se deben cumplir todos los criterios: madurar relativamente rápido, tener un rendimiento bastante alto, poder almacenarse durante largos periodos y que su digestión y sabor se combinen con su atributo crítico, la capacidad para suministrar proporciones relativamente grandes de los nutrientes necesarios. Los primeros granos que se domesticaron eran capaces de satisfacer estos requisitos, aunque no en el mismo grado en todos los casos. En el sudoeste de Asia, en el grupo más antiguo de estos cultivos domesticados —los llamados «cultivos fundadores»— estaban el trigo farro y la escanda menor, la cebada, las lentejas, los guisantes, los garbanzos, las habas y el lino.[10]

El trigo duro (*Triticum dicoccon*), con una resistente cáscara que envuelve los granos, acabó siendo desplazado en la mayoría de las regiones por variedades sin cáscara, más fáciles de trillar. Ahora es un cultivo menor que se encuentra sobre todo en India y Etiopía. En Occidente, es más probable situarlo en Italia, donde se denomina farro (o *farro medio*).[11] La escanda menor (*Triticum monococcum*, o *farro piccolo* en italiano) también tiene cáscaras duras. Su consumidor más famoso es tal vez el hombre cuyo cuerpo momificado hace más de 5.000 años fue descubierto en 1991 en el hielo de los Alpes de Ötztal. El análisis del contenido de su estómago indica que su última comida fue carne y pan de escanda.[12] Las habas (*Vicia faba*) se cultivaban en Galilea desde 10.200 años antes de nuestra era, y el *ful medames* (un guiso de habas) sigue siendo un alimento básico de la cocina egipcia actual.[13] La soja, hoy la principal leguminosa del mundo, fue una novedad relativamente tardía; se domesticó hace entre 4.000 y 7.000 años en Asia oriental.[14]

El maíz domesticado tuvo su origen en las altas y frondosas plantas silvestres de teosinte de México hace unos 9.000 años, antes de extenderse por Sudamérica y más allá del Río Grande del Norte.[15] Los primeros indicios del hoy dominante trigo panificable (*Triticum aestivum*) —cuyo genoma procede de tres ancestros silvestres— se remontan a unos 6.400 años a. e. c. en el sur de Turquía, pero el primer trigo documentado con un contenido de gluten lo bastante alto como para hacer pan con levadura es mucho más reciente, ya que data de unos 1.350 años a. e. c. en Macedonia.[16] El gluten es una proteína vegetal cuya elasticidad hace posible el pan con levadura: las harinas sin gluten o con bajo contenido solo sirven para elaborar tortas de pan ácimo (el pan sin gluten con levadura utiliza cáscara de *psyllium* como sustituto).[17]

Los cultivos del antiguo Egipto, regados por las inundaciones estacionales del Nilo, se basaban principalmente en el trigo farro y las lentejas; la alimentación de los romanos se basaba en el trigo,[18] la cebada, la avena, el centeno y varias especies de legumbres (guisantes, lentejas, judías, garbanzos); la población original de América tenía una combinación de maíz y judías; los alimentos básicos subsaharianos eran los mijos, el arroz, las judías, los caupís y los garbanzos.[19]

Pero la identificación más significativa de la antigüedad de los granos domesticados como fundamento de la nutrición la encontramos en el mítico emperador Shennong (el Granjero Divino) de China, a quien se le atribuye la introducción de *wugu*, o «cinco

El trabajo del campo en Egipto: arar con bueyes, esparcir semillas, cosechar con hoces.

granos» (trigo, arroz, soja y dos tipos de mijo —el mijo común y el *Setaria*—) a los habitantes del norte de China, lo que dio pie a la creación de la civilización china.[20] La historiografía de la China antigua sitúa su reinado en el 2700 a. e. c., un par de siglos antes de la construcción de las grandes pirámides de Egipto, pero los hallazgos arqueológicos dejan claro que para entonces todos estos cultivos (salvo la soja) llevaban milenios practicándose en ese país.

Granos gloriosos: por qué son los mejores

¿Cómo pudo esta combinación de cereales y leguminosas satisfacer las necesidades energéticas típicas de la alimentación y, al mismo tiempo, proporcionar las cantidades adecuadas de los tres macronutrientes en semillas fácilmente digeribles? ¿Cómo pudo este cómodo paquete natural evitar la ingesta de grandes cantidades de masa vegetal y frutal, perecedera y de baja densidad energética? Para responder a estas preguntas tenemos que comprender las necesidades nutricionales del ser humano y la composición de estos alimentos.

Las necesidades energéticas están estrechamente relacionadas con la edad, la masa corporal y el nivel general de actividad física. Un crecimiento sano en la infancia y la adolescencia, y el posterior mantenimiento del peso corporal y de las funciones esenciales (termorregulación, metabolismo, reparación de tejidos), exigen que los macronutrientes vayan acompañados de una ingesta adecuada de micronutrientes (vitaminas y minerales). Como muestra el prefijo griego «micro», esas necesidades pueden satisfacerse con pequeñas ingestas diarias, la mayoría del orden de miligramos o microgramos. Una dieta normal, compuesta por cierta variedad de alimentos, suele ser suficiente (por lo que, en general, los suplementos vitamínicos son innecesarios).

Como ya señalé en el primer capítulo, las exigencias de los tres macronutrientes, establecidas por varias generaciones de estudios nutricionales, tienen unos intervalos bien definidos y también varían con la edad; por supuesto, el crecimiento o el embarazo requerirán ingestas mayores por unidad de masa corporal. La energía digerible de los cereales procede en su mayor parte de los carbohidratos, si bien el trigo duro (de primavera) tiene un contenido relativamente alto de proteínas, y tanto los primeros como el segundo proporcionan también una pequeña cantidad de grasas. Esta combinación confiere a los cereales densidades energéticas relativamente altas: el trigo (con unas 350 kcal/100 g) es unas 18 veces más denso energéticamente que una hortaliza media (tanto los tomates como las coles contienen menos de 20 kcal/100 g) y siete veces más que la fruta común (las manzanas y las naranjas, menos de 50 kcal/100 g).[21]

Para realizar algunos cálculos explicativos, supongamos una necesidad energética diaria media de 2.200 kcal para toda la población y de 2.500 kcal para un varón adulto que trabaja (los varones suelen ser más grandes y tener algo más de masa muscular, lo que aumenta sus necesidades calóricas).[22] Por consiguiente, aunque pudiésemos alimentarnos únicamente de verduras y frutas, una persona media tendría que comer (dependiendo de la especie) entre 5 y 8 kilos de verduras al día, y los hombres adultos unos 18 kilos de lechuga, casi 10 kilos de coliflor o casi 4,5 kilos de manzanas al día. ¡Eso implicaría masticar unas veinte coliflores pequeñas o comer unas cincuenta manzanas al día! En cambio, esa necesidad energética puede cubrirse con no más de 640 gramos de cereales integrales, es decir, unas 3,5 tazas de medida de arroz o algo más de 5 tazas de harina de trigo.

Pero esa cantidad de grano no aportaría suficientes proteínas (solo alrededor del 40 por ciento) y menos de la mitad de las grasas necesarias.[23] Recordemos que las recomendaciones dietéticas actuales especifican que entre el 45 y el 65 por ciento de la energía alimentaria de los adultos debe proceder de los hidratos de carbono, entre el 20 y el 35 por ciento de las grasas y entre el 10 y el 35 por ciento de las proteínas. Comer solo trigo o arroz no se acercaría a estas dos últimas necesidades. Aquí es donde las leguminosas marcan la diferencia: la combinación universal de cereales y legumbres ha sido siempre la característica más notable de la domesticación de cultivos, compartida por todas las grandes civilizaciones de la Antigüedad europea, la mayor parte de las de Asia y amplias zonas de África y América. Este patrón se ha conservado a lo largo de los milenios posteriores. Pero no fue hasta el siglo XIX cuando comprendimos su fundamento bioquímico.

UNA COMBINACIÓN GANADORA

Las proteínas alimentarias, compuestas por veinte aminoácidos, son necesarias para el crecimiento y la reparación de todos los tejidos corporales, así como para compensar las pérdidas de nitrógeno en las heces y la orina.[24] Durante la infancia y los periodos posteriores de crecimiento rápido necesitamos una cantidad relativamente mayor de este macronutriente. Nueve aminoácidos se consideran esenciales, ya que no podemos sintetizarlos (es decir, fabricarlos nosotros mismos en nuestro cuerpo) y debemos consumirlos a través de los alimentos en las proporciones correctas. No es de extrañar que todos los aminoácidos esenciales estén presentes en la leche humana (y también en la de vaca); de hecho, los alimentos de origen animal (huevos, carne, pescado) tienen cantidades más que suficientes de estos aminoácidos. Además, son fácilmente digeribles y la alergia a las proteínas de la leche es poco frecuente (no más del 3 por ciento de la población mundial).

Sin embargo, la incompatibilidad alimentaria más común se debe a la intolerancia a la lactosa por la falta de lactasa, la enzima que digiere la lactosa (un azúcar). Alrededor de dos tercios de la humanidad se ven afectados por esta dolencia en uno u otro grado, desde un leve malestar tras consumir un vaso de leche hasta diarrea e hinchazón. Pero, como demuestra la experiencia japonesa o surcoreana, el consumo moderado de leche y productos lácteos no produce molestias ni siquiera entre las poblaciones con deficiencia de lactasa generalizada: esas poblaciones consumen actualmente cada año unos 30 litros de leche per cápita, frente a los poco más de 50 litros de la Unión Europea.

A diferencia de las proteínas animales, todas las vegetales son deficitarias en uno o varios aminoácidos esenciales: a las proteínas de los cereales les falta lisina, mientras que las de las leguminosas son relativamente deficitarias en metionina y cistina, y algunas son más difíciles de digerir. Así, no es lo bastante preciso referirse únicamente a la ingesta proteica global de una persona: hay que tener en cuenta el aminoácido que menos se consume, y en especial en los niños. Medimos la calidad de las proteínas alimentarias mediante un sistema de puntuación de aminoácidos indispensables que se pueden digerir: las puntuaciones de los alimentos de origen animal son superiores a 1,0 (leche de vaca: 1,16; carne de cerdo: 1,14; huevos: 1,13; pechuga de pollo: 1,08); las de los alimentos de origen vegetal alcanzan 0,89 (harina de soja) y 0,83 (garbanzos), y pueden ser tan bajas como 0,29 (sorgo).[25]

En consecuencia, las dietas mixtas con una proporción significativa de alimentos de origen animal siempre proporcionan más de la cantidad necesaria de aminoácidos esenciales, pero las dietas vegetarianas que combinen plantas como el arroz y la soja, por ejemplo, también obtendrán una puntuación relativamente alta. La puntuación más baja (por deficiencia de lisina) se obtendría comiendo solo trigo o yuca; una dieta así proporcionaría muchos carbohidratos pero un suministro inadecuado de aminoácidos.

Esta mezcla nutricionalmente óptima de cereales y leguminosas se adoptó de forma independiente en distintas partes del mundo; en cada lugar, la combinación de especies era distinta, pero el deseable resultado final era el mismo: aumentaba el consumo de proteínas de calidad.

Sin saber nada sobre la composición química de los alimentos y las medidas relativas, las primeras sociedades agrícolas remediaron el desequilibrio de macronutrientes de los cereales domesticando las legumbres bastante pronto: las legumbres son ricas en proteínas y algunas también en aceites y, por tanto, en grasas. Todas tienen un contenido proteínico superior incluso al del cereal más proteínico (el trigo duro, con un máximo del 14 por ciento); en el caso de la soja, casi cinco veces superior a la proporción proteínica del arroz (normalmente de solo el 7 por ciento).

En China, una dieta compuesta en gran parte por granos integrales cocidos y *doufu* (o tofu, cuajada de soja molida y coagulada) les procuraba esta mezcla ganadora. La combinación de arroz y trigo (y, en la primera época de domesticación, también sorgo) con soja contiene hasta un 34 por ciento de energía digerible en forma de proteínas.[26] En India, el *dal chawal* (arroz con lentejas) es una combinación habitual. Las *dal* contienen aproximadamente un 25 por ciento de proteínas. En Europa, el trigo, el centeno, la cebada y la avena se combinaban con guisantes y judías (contenido proteínico del 21 al 24 por ciento). En el África subsahariana era una combinación de sorgo y arroz con judías y guisantes: los favoritos de África occidental son los guisantes de vaca (*Vigna unguiculata*, 24 por ciento de proteínas) y las judías de Bambara (*Vigna subterranea*, 25 por ciento). Y en América, además del maíz y las alubias (como los frijoles con elote mexicanos), estaba el cacahuete, originalmente domesticado en Sudamérica, que se cultivaba en parajes tan al norte como México en la época de la conquista española.[27]

En las sociedades agrícolas tradicionales, satisfacer las necesidades de hidratos de carbono y proteínas mediante una combinación de cereales y legumbres era más fácil porque se consumían menos proteínas y menos grasas de lo que se recomienda hoy en día. Así como los inuit podían sobrevivir a los inviernos sin apenas carbohidratos (en verano recolectaban bayas, hierbas y tallos, raíces y algas marinas), el suministro de proteínas se situaba a menudo cerca del rango inferior de los valores óptimos hoy recomendados, y las grasas podían ser incluso más escasas. La mejor documentación al respecto, y con diferencia la más precisa, procede de un estudio agrícola y nutricional incomparablemente detallado realizado bajo la dirección de John Lossing Buck, un economista estadounidense. Este estudio tomaba como objeto a la China de finales de la década de 1920 y principios de la de 1930.[28]

En aquella época, la agricultura y la dieta del país asiático seguían siendo muy parecidas a las que habían prevalecido en tiempos de la dinastía Qing, la última dinastía imperial (1644-1912). Las amplias encuestas realizadas en 136 localidades de las principales regiones de cultivo del país proporcionaron resultados representativos y precisos. La media nacional mostraba que los hombres adultos obtenían el 83 por ciento de toda la energía alimentaria de los cereales, casi el 7 por ciento de las legumbres y el 2 por ciento de los aceites vegetales, lo que convertía a las semillas en la fuente del 92 por ciento de toda la energía alimentaria; otros alimentos vegetales (por orden de importancia: patatas, hortalizas, azúcar de caña y frutas) aportaban el 6 por ciento, dejando un escaso 2 por ciento para los de origen animal. El hecho de que en la China de la dinastía Ming (1368–1644) el suministro anual per cápita previsto fuera de 3,6 *shi* de cereales básicos (arroz y trigo) ilustra hasta qué punto la proporción de cereales se había mantenido invariable.[29] Un *shi* equivale a 60 kilogramos, lo que supone 216 kilogramos al año o 590 gramos al día. Por tanto, unas 2.100 kcal/día, o casi el 85 por ciento de las necesidades energéticas diarias de un trabajador, un total prácticamente idéntico a la media de Buck en la década de 1930.

En India y en gran parte de Europa a principios de la era moderna (1500-1800), la dependencia de los cereales y las leguminosas (75 al 80 por ciento) era igualmente elevada o muy ligeramente inferior. E incluso en la Gran Bretaña rápidamente urbanizada e industrializada de la década de 1860, los carbohidratos suministraban casi el 70 por ciento de toda la energía alimentaria para una familia media.[30] En los años de buenas cosechas, la combinación de cereales y legumbres podía proporcionar no solo suficientes hidratos de carbono, sino también las necesidades mínimas de proteínas (unos 50 gramos al día para los adultos). Aunque, como explicaré más adelante, dada la escasa ingesta de carne y productos lácteos, la calidad de las proteínas era inferior a la óptima.

Los granos de cereales y leguminosas tienen otras ventajas además de su densidad energética alta y su deseable combinación de macronutrientes. Proporcionan un suministro adecuado de diversos micronutrientes —sobre todo vitaminas del grupo B, cobre, hierro, magnesio, fósforo y zinc—, y ahora es habitual que los nutrientes perdidos durante la molienda no solo se repongan, sino que se potencie su presencia mediante el enriquecimiento obligatorio a través de minerales y vitaminas.[31] Las semillas maduras tienen un bajo contenido de humedad (menos del 15 por ciento) y pueden almacenarse en contenedores pequeños o en grandes graneros durante meses y, en condiciones adecuadas, incluso durante varios años. Además, son fáciles de transportar, tradicionalmente en sacos y, desde el siglo XIX, en volúmenes cada vez mayores a escala intercontinental, como cargas a granel en grandes barcos. Todo ello se ilustra mejor con los porcentajes de cereales cosechados al año que se almacenan y se comercializan: a principios de la década de 2020, las existencias de cereales en el mundo equivalían a casi el 30 por ciento de la cosecha anual, y casi el 20 por ciento de esa cosecha (y alrededor de una cuarta parte de todo el trigo) se comercializaba internacionalmente.[32]

La transformación de los cereales produce una gran variedad de alimentos. Los más importantes, con diferencia, son las harinas (molidas a partir de trigo y centeno), el arroz y el maíz. Se utilizan para hacer pan (al principio el alimento preparado básico de Europa y partes de Asia, en la actualidad uno de los principales productos horneados del mundo), tortillas, bollería y fideos, desde la pasta italiana, ahora disponible en todo el mundo, hasta muchas variedades de trigo y arroz (y en Japón también trigo sarraceno) de Extremo Oriente. Las bebidas alcohólicas a base de cereales se remontan a las antiguas cervezas egipcias —fabricadas, como hoy, a partir de cebada fermentada— e incluyen el sake japonés, elaborado a partir de arroz. Los sustitutos tradicionales de la carne, muy consumidos en Asia oriental (el tofu tiene al menos dos milenios de antigüedad y se elabora a partir de soja molida coagulada; el seitán, con gluten de trigo), se han popularizado recientemente con la moda del veganismo en las sociedades más prósperas. Los condimentos a base de granos (vinagres, salsa de soja) se distribuyen ahora por todo el mundo, y el maíz (con solo un 3-6 por ciento de grasas en el grano entero, concentradas en el embrión) y dos leguminosas (soja, con un 18 por ciento, y cacahuetes, con un 48 por ciento de grasas) son fuentes de aceites de cocina.

ESCASEZ

Estas semillas oleaginosas son excepciones entre los cereales básicos. En la mayoría de las sociedades agrícolas premodernas, cuyas dietas estaban dominadas por los hidratos de carbono, la grasa era el macronutriente con menor aporte relativo. En lugar del mínimo recomendado actual del 20 por ciento de toda la energía, aportaba tan solo el 10 por ciento, lo que contribuía a la desnutrición y al retraso del crecimiento. No es de extrañar que todo tipo de grasas (mantequilla, carne rica en grasa, aceite) fueran tan apreciadas en las sociedades premodernas; de hecho, en algunos lugares su grave escasez no se eliminó hasta hace poco. En la década de 1970, la ración de aceite en la mayoría de las ciudades chinas era únicamente de 100 a 200 gramos al mes; para sofreír solo dos platos en una comida familiar frugal se necesitan unos 50 gramos (unas 4 cucharadas soperas).[33] Y en el Japón asolado por la guerra de los años cincuenta las grasas suministraban aún menos energía alimentaria que las verduras. Posteriormente, su ingesta se triplicó antes de volver a disminuir, ya que la población envejecida (menos activa) requiere menos energía alimentaria.[34]

Aunque la combinación de cereales y leguminosas era capaz de cubrir las necesidades mínimas de macronutrientes en todas las regiones de agricultura intensiva, se producían repetidas etapas de escasez e incluso hambrunas derivadas de guerras, epidemias y malas cosechas provocadas por el clima. Otros factores fueron agravando esta situación.

Primero surgió la necesidad de guardar una parte de la cosecha para usarse como las semillas del año siguiente. Esta parte dependía del rendimiento, y las malas cosechas de grano en las primeras etapas de la Europa medieval obligaban a guardar hasta el 50 por ciento como semilla del año siguiente; en caso de rendimientos altos, los porcentajes eran del 25 al 30 por ciento.[35] Los productores modernos no tienen por qué preocuparse; no plantan semillas reservadas del año anterior, sino que compran anualmente nuevas semillas a cultivadores especializados.

A esto se sumaban las pérdidas debidas a un almacenamiento inadecuado de los granos, que iban desde el deterioro debido a la elevada humedad hasta las plagas de insectos y roedores. Para minimizar las llamadas «pérdidas por desgranado en el campo» (esto es, para evitar que los granos secos se caigan), los granos básicos se cosechan cuando su contenido de humedad está entre el 22 y el 25 por ciento. Hoy en día, los agricultores de todo el mundo pueden medirla con precisión y saber exactamente cuándo deben iniciar la cosecha. Una vez que se han cosechado, el contenido de agua debe ser inferior al 15 por ciento, incluso cuando se almacene durante unos pocos meses, e inferior al 13 por ciento si se hace a largo plazo.[36] El secado previo al almacenamiento —en muchos países pobres sigue siendo en su mayor parte natural (esparciendo los granos sobre superficies soleadas, lo que provoca contaminación y plagas de insectos)— es por tanto esencial para evitar el moho, así como para reducir los costes de transporte (pues se mueve menos peso de agua). El secado mecánico es preferible pero más caro y, por tanto, aún fuera del alcance de los pequeños productores.

Las pérdidas de grano en las estructuras de almacenamiento tradicionales (hechas de barro, madera y hierbas) pueden ascender a la mitad de la masa inicial. Aunque el grano adecuadamente secado en silos y contenedores de acero ha reducido estas pérdidas a menos del 2 o incluso del 1 por ciento, en algunos países las pérdidas acumuladas en toda la cadena de suministro (desde la cosecha hasta el comercio minorista) siguen siendo elevadas. Por ejemplo, en el caso del arroz, las pérdidas medias se sitúan en torno al 15 por ciento en China (los cálculos oscilan entre el 8 y el 26 por ciento) y Tailandia, y alcanzan el 25 por ciento en Nigeria, mientras que los índices de pérdidas posteriores a la cosecha del trigo en India oscilan entre el 4 y el 12 por ciento, y llegan hasta el 15 por ciento en el África subsahariana.[37]

El consumo real de trigo y arroz cosechados se reduce aún más a causa de la molienda. Los granos integrales, tanto de trigo como de arroz, se pueden consumir después de cocerlos. El arroz pardo sin moler era un alimento básico común entre las poblaciones asiáticas más pobres (en Japón complementado con cebada integral, en China con mijo). Pero, aparte de algunas excepciones relativamente menores (sobre todo el bulgur y los granos de trigo agrietados y sancochados), el trigo siempre se ha molido para quitarle la cáscara exterior (salvado) y el germen (embrión), y luego se muele el endosperma (tejido que rodea al embrión) hasta distintos niveles de finura. Los granos molidos son más apetecibles, pero su bajo rendimiento impidió su adopción general: el arroz pardo (al que solo se le había quitado la cáscara) dominó la dieta rural japonesa hasta principios del siglo xx. Mientras que las pérdidas por almacenamiento son muy variables, las pérdidas por molturación se pueden prever. Las tasas de extracción (proporción de harina producida por unidad de grano entero) suelen oscilar entre casi el 100 por ciento en el caso de la harina de trigo integral y solo alrededor del 70 por ciento en el caso de la harina blanca americana para todo uso.[38]

El procesado del arroz suele acarrear pérdidas aún mayores. El endosperma constituye el 69 por ciento de los granos, pero solo una parte muy pequeña del arroz cultivado se muele para ser convertido en harina, utilizada a su vez para hacer fideos y papel de arroz. Los índices de extracción del arroz blanco molido suelen ser del 68 al 72 por ciento, pero, dependiendo de la variedad del grano, los rendimientos en los molinos pequeños suelen llegar a cifras tan bajas como del 50 al 60 por ciento.[39] En consecuencia (tras restar las pérdidas de cosecha, de semillas retiradas de la producción y de almacenamiento), menos de la mitad del grano cosechable estaría disponible para el consumo humano incluso cuando se consume arroz integral o pan de trigo integral y centeno, y la proporción sería inferior al 40 por ciento tras la molienda.

Fabulosos tubérculos

Solo hay un carbohidrato básico que puede cosecharse cuando se necesita para consumo inmediato o almacenamiento a corto plazo: la yuca (*Manihot esculenta*, también conocida como mandioca o casava), un tubérculo tropical perenne que ahora se cultiva como anual. La raíz tuberosa es muy rica en almidón (97 por ciento de hidratos de carbono), con apenas trazas de proteínas y grasas, y su producción anual (últimamente de unos 300 millones de toneladas al año) la sitúa justo después del arroz y el maíz como uno de los principales hidratos de carbono básicos en los trópicos, siendo Nigeria (aproximadamente una quinta parte del total mundial), Brasil, India, Angola y Ghana sus mayores productores.[40] La yuca se come hervida o se utiliza para hacer harina gruesa (*farinha*, *garri*; para ello se ralla, se exprime y se extrae la humedad, y por último se seca). Su principal ventaja es que no tiene un periodo concreto de recolección: las cosechas pueden retrasarse meses, almacenándolas de hecho *in situ*, aunque con el tiempo se vuelven fibrosas y leñosas.

La yuca está lista en cualquier momento entre seis meses y dos años después de la siembra. La cosecha para consumo humano se realiza habitualmente cuando las plantas tienen entre 8 y 10 meses, aunque los periodos de crecimiento más largos suelen producir un mayor rendimiento de raíces y almidón. La cosecha comercial se lleva a cabo mecánicamente, pero los pequeños agricultores pueden hacerlo según sus necesidades, planta por planta: basta con cortar el tallo a medio metro del suelo, aflojar la tierra circundante, arrancar la planta y cortar los tubérculos.

En cambio, las patatas, la principal fuente tuberosa de carbohidratos del mundo, deben cosecharse en un plazo más corto en su madurez, con el añadido de que en su almacenamiento prolongado suelen sufrir mayores pérdidas (se secan, brotan o estropean por enfermedades) que los granos.

Las poblaciones andinas, las primeras que domesticaron la patata (empezaron hace unos 8.000 años en torno al lago Titicaca, entre las actuales Bolivia y Perú), resolvieron el problema con una solución específica de la región, de clima frío y gran altitud. El *chuño* deshidratado se preparaba extendiendo las patatas sobre lechos de paja y congelándolas durante la noche; la expulsión de la humedad se realizaba pisando los tubérculos, y la secuencia se repetía hasta que las patatas quedaban deshidratadas y parecían pequeñas piedras que podían almacenarse durante años antes de rehidratarse.[41] Pero, por útil y práctico que fuera este método de almacenamiento en el frío clima andino, las patatas no eran el alimento básico dominante del gran Imperio inca —ni de ninguna gran civilización que dejara tras de sí monumentos notables—, sino una combinación de maíz y frijoles.

IMPACTO SOCIAL

Además de proporcionar la mayor parte de los macronutrientes a las poblaciones en expansión, los cereales influyeron en el desarrollo social, económico y técnico de civilizaciones complejas. La domesticación de los cultivos exigió una previsión y unas medidas de gestión sin precedentes. Dado que los tejidos de los alimentos básicos (semillas, tubérculos, frutos secos, frutas) tardan mucho tiempo en madurar y suelen dar una sola cosecha al año, los humanos tuvieron que convertirse en planificadores y gestores a largo plazo. Era necesario sembrar en el momento adecuado, cosechar en el punto de madurez más apropiado, producir lo suficiente para que durase hasta la siguiente cosecha, procesar la biomasa recolectada para hacerla más apetecible y almacenarla con pérdidas mínimas, además de reservar una parte para la siembra del año siguiente.

Ningún cereal básico madura tan rápidamente como algunas verduras y hortalizas (la lechuga está lista para la cosecha en solo 30-40 días; los pepinos, la remolacha, el brócoli y el calabacín en 40-60 días); los granos básicos son cultivos anuales, que se plantan y cosechan una vez al año y requieren entre 90 (el trigo de primavera en Canadá se planta en mayo y se cosecha en agosto) y 120 días (el arroz japonés, según la región, se planta en abril-mayo y se cosecha en agosto-octubre) para madurar, lo que significa que en climas adecuados para su cultivo se limitan a una sola cosecha al año, normalmente con siembra en primavera y cosecha a finales de verano o principios de otoño en el hemisferio norte.[42] En Europa, Norteamérica y China, el trigo de invierno, así como la cebada, la avena y el centeno de invierno, que se plantan en otoño y se cosechan el próximo verano, son las grandes excepciones: se trata de cultivos anuales cuya recolección se lleva a cabo en el año siguiente del calendario.

Las leguminosas tienen periodos de maduración similares: en Norteamérica, la soja se siembra entre mayo y junio, y se cosecha entre septiembre y noviembre; en China, el periodo empieza y termina un mes antes. En el Asia monzónica es habitual plantar un año y cosechar al siguiente: los cultivos *rabi* (sembrados en invierno) de trigo, arroz, sorgo y maíz de India se plantan entre octubre y diciembre, y se cosechan entre marzo y mayo. Los tubérculos también tienen calendarios de cultivo similares: tanto la patata blanca como el boniato están listos en 90-120 días. La demanda fluctuante de mano de obra (elevada para el trasplante y el deshierbe, y especialmente crítica para una recolección oportuna) impuso nuevos límites a la producción que solo se eliminaron mediante la mecanización de las tareas del campo (tractores que arrastran arados, sembradoras y aplicadoras de fertilizantes; cosechadoras y segadoras/trilladoras), que tuvo lugar gradualmente —a partir de principios del siglo xx en Norteamérica—.

Las labores posteriores a la cosecha —reservar semillas para la siembra; almacenar las semillas hasta la siguiente cosecha; moler el trigo, el centeno, el arroz y el maíz— requerían una planificación avanzada y, a medida que aumentaban la población y la demanda de alimentos, dieron lugar a importantes innovaciones y avances técnicos. Se construyeron graneros centralizados y bien administrados en lugares como el antiguo Egipto, el Imperio romano y la China imperial. A finales del siglo xviii, los graneros de la China de la dinastía Qing contenían entre 260 y 390 millones de toneladas de grano.[43] Teniendo en cuenta que la reciente cosecha de grano de China ha sido de casi 700 millones de toneladas, incluso el número más bajo suponía una cantidad enorme para finales de ese siglo. Esto ayuda a explicar por qué la China de la dinastía Qing era la mayor economía del mundo.

Continúa el crecimiento

Los orígenes de la necesidad de importar grano se ilustran sobre todo con las importaciones a gran escala de trigo a Roma, ciudad cuya población a principios de la era común necesitaba de unas 200.000 toneladas al año, gran parte de ellas distribuidas gratuitamente y la mayoría transportadas desde Egipto y el norte de África. Esta adquisición, procesamiento, almacenamiento y distribución requería una gran planificación y coordinación.[44] Veinte siglos después, movemos trigo en tales cantidades y utilizamos buques de tal capacidad que bastarían dos o tres graneleros modernos para transportar la importación anual de grano de Roma a su destino. La tradición china de almacenar grano alcanzó nuevas cotas en 2021, cuando el país, con cerca del 18 por ciento de la población mundial, acumuló más de la mitad de todas las reservas mundiales, incluidas unas reservas de trigo que podrían satisfacer la demanda interna durante un año y medio.[45]

La necesidad de moler cereales a mayor escala (y de prensar las semillas para obtener aceite, lo que al principio se hacía manualmente o con piedras de molino accionadas por animales) fue uno de los principales motivos para el desarrollo y la difusión de ruedas hidráulicas y molinos de viento, que siguieron mejorando, y el comercio de grano de ultramar estimuló el desarrollo del transporte marítimo de mercancías, hasta la llegada del ferrocarril, una opción más preferible para las importaciones de larga distancia que cualquier otro transporte terrestre. A medida que crecía la población, la capacidad de procesamiento y transporte siguió el mismo ritmo. En la actualidad, los mayores molinos del mundo pueden procesar varios miles de toneladas diarias de trigo, y los graneleros más grandes son capaces de transportar más de 50.000 toneladas de trigo de Rusia (ahora el mayor exportador mundial) o de soja de Estados Unidos y Brasil.[46]

LAS DESVENTAJAS

Dada la duración, escala e intensidad de esta transformación del sistema alimentario mundial, la evolución hacia una agricultura dominada por el grano ha tenido muchas consecuencias negativas e inevitables. Los principales problemas van desde la dependéncia de monocultivos (plantar el mismo cultivo año tras año), que reducen la biodiversidad, hasta una gama cada vez más restringida de alimentos básicos en las dietas modernas; y desde la degradación de los suelos (erosión, compactación por la maquinaria pesada, salinización inducida por el riego) hasta el daño medioambiental causado por los fertilizantes (pérdida de materia orgánica del terreno, contaminación por metales pesados); y, más recientemente, la contribución de la agricultura a las emisiones globales de gases de efecto invernadero. Algunas de estas consecuencias, como el cambio gradual hacia el cultivo de menos especies en mayores cantidades, han sido inevitables debido a la escala de la demanda y la tendencia universal hacia la urbanización, que requiere un cultivo más intensivo de alimentos básicos. Otras se pueden solucionar de forma significativa con mejores prácticas agrícolas o reducirse en gran medida modificando nuestras dietas o eliminando prácticas indudablemente cuestionables. Volveré sobre estas cuestiones más adelante.

Farmageddon: ¿nuestro mayor error?

Para ciertos antropólogos e historiadores, todo esto no es suficiente. Jared Diamond, autor de populares libros sobre historia global, calificó la agricultura del «peor error de la historia de la raza humana [...]. Obligados a elegir entre limitar la población o aumentar la producción de alimentos, optamos por lo segundo y acabamos padeciendo hambre, guerras y tiranía», y culpa a la agricultura de habernos traído malnutrición, epidemias, divisiones profundas de clase y desigualdad de género. La humanidad quedó atrapada en un pozo sin fondo de miseria agrícola, mientras que los cazadores y recolectores, según Diamond, «practicaban el estilo de vida más exitoso y duradero de la historia de la humanidad»; vivían mejor y estaban más sanos y eran más altos y felices que cualquier agricultor.[47]

Estos errores tan extremos y arrolladores en la apreciación histórica se basan en unos pocos y cuestionables estudios de algunas sociedades de cazadores y recolectores que sobrevivieron hasta la década de 1960. Los antropólogos estadounidenses los divulgaron por primera vez en la conferencia de 1966 «Man the Hunter» («El hombre cazador»), en la que los cazadores-recolectores fueron elevados a la categoría de la «sociedad próspera original».[48] Esta caprichosa moda encontró su nuevo ideal del buen salvaje (no corrompido por la civilización, desprovisto de todo vicio) en los cazadores-recolectores que quedaban en el Kalahari y en otros pequeños grupos supervivientes, retratándolos como sociedades supremamente satisfechas que vivían vidas ociosas y sin conflictos, manteniéndose con un esfuerzo mínimo y disfrutando de salud y plenitud.[49] Las críticas posteriores de otros antropólogos más perspicaces demostraron que estas conclusiones se basaban en grupos muy pequeños y en conjuntos de observaciones limitadas en el tiempo, pero también en definiciones problemáticas de términos clave como «trabajo», «ocio» y «prosperidad».[50]

Posteriormente, otros antropólogos más clarividentes han documentado cómo esas definiciones dejaban de lado la repetida experiencia de malnutrición, inseguridad alimentaria, muerte prematura, corta esperanza de vida e infanticidio de los grupos de recolectores, así como los índices de violencia extremadamente altos. Pero en vano, porque el engañoso mantra de los cazadores-recolectores inofensivos, generosos, satisfechos y bien alimentados fue ampliamente aceptado, lo que nos dice más sobre los proselitistas de este nirvana ficticio y su receptivo público (su anhelo subyacente de entornos prístinos; su desprecio de las sociedades modernas) que sobre el mundo real de los cazadores y recolectores.

Así y todo, idealizar acríticamente las sociedades de forrajeo y degradar la domesticación de los cultivos y los animales es una cosa, pero insinuar, como hizo Diamond, que la agricultura no fomentó el florecimiento del arte —porque «los gorilas han tenido mucho tiempo libre para construir su propio Partenón, si hubieran querido»— es otra muy distinta.[51] Diamond no explica cómo esos gorilas extraerían piedra, la moverían, le darían una forma precisa, planificarían estructuras de asombrosa simetría y las construirían: pasando por alto su insuficiente número de neuronas, ¿cómo podrían esos cuadrúpedos llevar a cabo tales tareas? Una cosa son las afirmaciones hiperbólicas y otra muy distinta los gorilas constructores de Partenones.

Como señaló Jean d'Ormesson, filósofo y escritor francés, «la Historia no puede avanzar sin personas, muchas personas».[52] Y que haya muchas personas depende claramente de la domesticación de cultivos y animales, y de la adopción, difusión e intensificación de la agricultura, sobre todo de su variante mayoritaria basada en los granos. Diamond habría preferido que no hubiese nacido la agricultura y, por tanto, que no hubiera historia y que solo existieran pequeños grupos dispersos y vulnerables de recolectores o, quizá aún mejor, gorilas que decidieran no desperdiciar su abundante tiempo libre en nada más complicado que comer hojas y procrear lentamente.

Por su parte, James C. Scott, politólogo y antropólogo estadounidense, en su libro *Against the Grain* responsabiliza al cultivo de los granos de todos los males de los estados primitivos. Según él, estos se caracterizaban por una nutrición deficiente, una fiscalidad empobrecedora, un control subyugante de la población, vulnerabilidad a las enfermedades y tendencia al colapso social, a diferencia de la vida «bastante buena» de los «bárbaros» preagrícolas.[53] Scott señala también que la domesticación de plantas y animales precedió a las verdaderas sociedades sedentarias, y que el relato de que la domesticación creó el sedentarismo es erróneo. Pero no es tan sencillo: los hallazgos arqueológicos han documentado que la protodomesticación y la domesticación coexistieron durante milenios con toda clase de forrajeo, que algunos asentamientos semipermanentes o permanentes aparecieron y crecieron incluso antes de la adopción del cultivo regular (el ejemplo más famoso es el turco Göbekli Tepe), y que ciertas sociedades de forrajeo llevaron a cabo incipientes prácticas de cultivo a pequeña escala. No cabía esperar otra cosa de un proceso prolongado y polifacético que se desarrolló en una gran variedad de entornos y climas cambiantes, y en multitud de sociedades tribales diferentes. Está claro que transformar la manera en que el mundo se alimenta ha sido un proceso enormemente complicado que no puede abarcarse con una narración tan simplista.

¿Muerte por trigo?

En las últimas décadas se ha visto otra faceta de la demonización de los granos: sobre todo, la elevación del trigo en general, y de la harina blanca muy molida en particular, para convertirse en la peor fuente imaginable de problemas de salud modernos, desde la enfermedad celíaca, relativamente rara, hasta la creciente incidencia de la diabetes. En 2015, William Davis, un cardiólogo estadounidense, llevó esto a otro nivel, afirmando (en un libro superventas nada menos que del *New York Times*) que el trigo ha matado a más personas que todas las guerras juntas (!) y que causa una gran variedad de problemas de salud, incluyendo no solo la obesidad y la diabetes, sino también enfermedades cardiacas, demencia, esquizofrenia y cáncer.[54] Quizá el trigo sea también responsable de todas las atrocidades y desastres naturales.

Pero, entonces, ¿cómo cuadrar esta letanía de perjuicios con el consumo real de trigo y la longevidad? ¿Cómo es posible que la ingesta diaria de este pernicioso alimento —supuestamente causante de tantas enfermedades graves— se asocie con las esperanzas de vida más envidiables del mundo? Los que conocen algo sobre comida italiana saben que los panaderos italianos insisten en utilizar la harina blanca más fina (de mayor extracción) —*farina 00*— para hacer su pasta y su pizza. Es fácil acudir a los balances de suministro de alimentos y los datos de esperanza de vida y comprobar que los italianos consumen anualmente un 55 por ciento más de trigo y harina muy molida que los alemanes (a quienes les gusta su *Bauernbrot* más oscuro, con un poco de centeno), y que su esperanza de vida media supera la alemana en dos años.[55] ¿Acaso el clima, el idioma o la gesticulación profusa contrarrestan los efectos perniciosos para la salud de la mejor harina italiana?

España proporciona otra prueba convincente de hasta qué punto es infundada la identificación que hace Davis del trigo con el asesino supremo. Durante la década de 1960, en la fase inicial de la demorada modernización de España, el consumo de este cereal per cápita disminuyó aproximadamente un tercio a medida que los españoles empezaron a adoptar una dieta más variada, pero después se ha mantenido alto y con pocos cambios, con una media anual de 101 kilogramos per cápita en 1970 y de 100 kilogramos en 2020; sin embargo, durante esas cinco décadas la esperanza de vida combinada del país aumentó en unos 12 años. Esa prolongación de la vida se acerca al incremento récord de Japón, consumidor de arroz (13 años), donde el suministro de trigo aumentó más de un 10 por ciento durante ese mismo periodo, y fue significativamente superior (alrededor de un 20 por ciento) a la de Canadá, donde el consumo reciente de trigo ha sido alrededor de un 10 por ciento inferior al de España. Además de Japón, Italia y España gozan de la mayor longevidad entre las naciones más pobladas (más de 10 millones de habitantes) del mundo.[56]

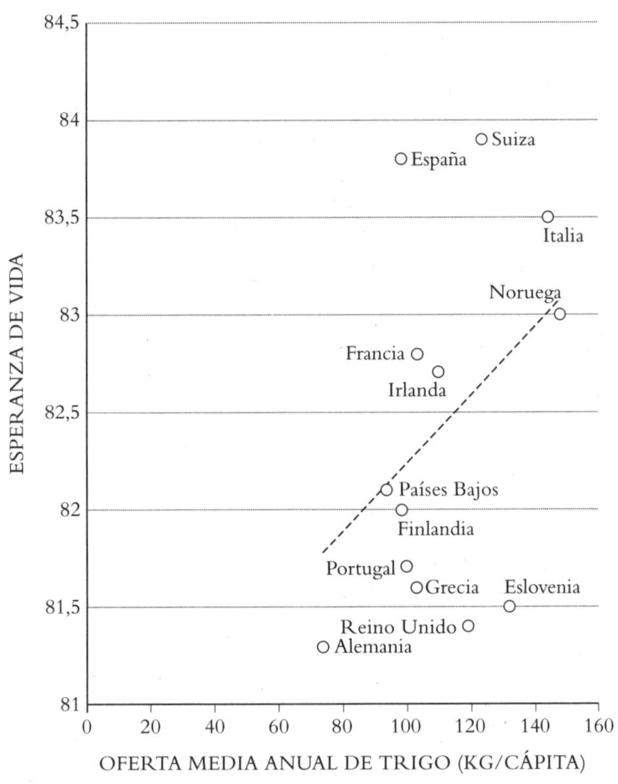

Esperanza de vida (en años) y oferta media anual de trigo per cápita (todos los datos corresponden a 2022).

Las comparaciones entre los países más sanos de Europa desmienten una vez más, y de forma muy convincente, la absurda afirmación de Davis de que el trigo es un asesino. Excepto Alemania, todos los países con una longevidad media superior a 81 años son grandes y cotidianos consumidores de trigo en forma de pan, pasta e innumerables productos salados y dulces, desde crujientes *grissini* y *pretzels* hasta cremosos *gâteaux* y tortas. Es más, tres de los cinco países del continente con mayor esperanza de vida (por encima de los 83 años) —Suiza, Italia y Noruega— son consumidores de alimentos a base de trigo; ¡Noruega e Italia (como ya se ha señalado) consumen el doble per cápita que Alemania!

CONTRASTAR LOS HECHOS CON LAS AFIRMACIONES EXTREMAS

Dejando a un lado todos los sesgos, la demonización y las afirmaciones infundadas, las pruebas cuantitativas y cualitativas sugieren algunos hechos indiscutibles. Solo los cultivos domesticados ofrecieron la base energética y nutricional para el crecimiento continuado (y constante) de las poblaciones humanas y para su desarrollo económico, social y cultural. La combinación de cereales y leguminosas, complementada con tubérculos y semillas oleaginosas, proporcionó la previsibilidad y fiabilidad (a pesar de los posibles riesgos) del suministro de alimentos básicos, el almacenamiento prolongado de los excedentes y la posibilidad de comerciar con alimentos básicos a larga distancia. Únicamente un suministro adecuado de alimentos (y la ausencia de hambrunas frecuentes y desnutrición generalizada) pudo sustentar (para bien o para mal) el crecimiento de los logros técnicos y artísticos humanos. Y las mejoras de la nutrición masiva a base de granos condujeron a incrementos sin precedentes en la longevidad y la calidad de vida. Negar todo esto es ignorar las más fundamentales realidades físicas y materiales de la humanidad.

Aunque a escala global la transformación tardó milenios en producirse, a escala evolutiva progresó rápidamente.[57] Transcurrieron al menos 56 millones de años entre la aparición de los primeros primates (hace 66 millones de años) y la separación de los antepasados gorilas (quizá hace ya 10 millones de años) y, poco después, de los chimpancés. Los primates bípedos aparecieron hace unos 5,8 millones de años, el primer miembro del género *Homo* hace unos 2 millones de años, y el *Homo sapiens* existe desde hace unos 300.000 años, mientras que solo transcurrieron unos 7.000 años desde el final de la última glaciación y los inicios de la domesticación de los cultivos hasta la aparición de los estados basados en el grano. Pero esta no es la historia de un ascenso fulgurante: aquella aceleración evolutiva tuvo que superar varias limitaciones naturales fundamentales, como veremos en los capítulos siguientes.

3

El límite de lo que podemos cultivar

Todos los alimentos comienzan con la fotosíntesis, la reacción más importante de la biosfera. La fotosíntesis produce nueva masa vegetal (fitomasa) que puede consumirse tal cual (lechuga, fresas), tras una sencilla preparación mecánica (pelar las hortalizas o cascar los frutos secos) o un procesamiento más elaborado (moler los granos; fermentar la leche para producir yogur o la soja y el trigo para hacer salsa de soja). Buena parte de la fitomasa que no es apta para el consumo (hojas, paja, residuos de la molienda) constituye un excelente pienso animal, con el que producir carne, lácteos, huevos y, ahora también, pescado de piscifactoría. Los hongos no son una excepción: por supuesto, no hacen la fotosíntesis, pero obtienen nutrientes utilizando sus micelios (filamentos delgados) y los extraen de las raíces de los árboles, de los troncos muertos y tocones, de los restos naturales, troncos, paja, serrín o estiércol de producción comercial. Al igual que la carne o los huevos, los hongos son resultado indirecto de la fotosíntesis. Solo los nutrientes minerales esenciales para una vida sana (del hierro al zinc) no son producto de la fotosíntesis, pero muchos alimentos contienen cantidades de estos macro y micronutrientes esenciales que han absorbido del suelo.

La fotosíntesis requiere de la radiación solar para activar la síntesis de nueva masa vegetal a partir de dióxido de carbono, agua y macronutrientes (nitrógeno, fósforo, potasio, calcio, magnesio y azufre) y micronutrientes (desde boro y manganeso hasta molibdeno y zinc) esenciales.[1] El dióxido de carbono es abundante y sus

71

concentraciones han ido aumentando, principalmente como resultado de la combustión de combustibles fósiles, pero siguen estando por debajo de los niveles que optimizarían la fotosíntesis; por eso los invernaderos tienen atmósferas con el doble o incluso el triple del nivel atmosférico actual de CO_2, ligeramente superior a las 420 ppm (partes por millón; es decir, 0,042 por ciento).[2] Pero el CO_2 no es la limitación más preocupante para la producción fotosintética, sino la escasez de agua y nutrientes.

Es excepcionalmente poco común que las plantas cuenten con un acceso a estos aportes fotosintéticos en cantidades óptimas; e incluso si tuvieran garantizado un suministro adecuado, seguirían sin poder producir nueva fitomasa con una gran eficiencia porque esta reacción, que sustenta la vida y ocurre en todas partes —salvo en entornos siempre helados o áridos en extremo— tiene un problema fundamental: es asombrosamente ineficiente. Esto es importante, porque la búsqueda de una mayor eficiencia ha sido uno de los marcadores esenciales del progreso técnico y económico. Cuando este esfuerzo se aplica, con exceso de celo, a la mano de obra, puede provocar la explotación desmedida de la capacidad de trabajo de los seres humanos. Y, si se dirige a mejorar el rendimiento, desde una simple máquina hasta los complejos sistemas de ingeniería, esta búsqueda —sobre todo cuando se sigue de forma persistente y metódica— es muy bienvenida, ya que conduce a generar menos residuos, menor impacto ambiental, mayores beneficios y un rendimiento más fiable.[3]

A lo largo de la historia nos hemos esforzado por aumentar la eficiencia de las conversiones energéticas: queremos maximizar la producción de energía útil a partir de un determinado aporte energético. Este proceso se acentuó durante la Revolución Industrial, con la invención y difusión de nuevas formas de conversión. Pero, por importantes que fueran, ninguna lo fue tanto como el aumento simultáneo de la eficiencia en la producción de alimentos.

ENERGÍA, MOTORES Y EFICIENCIA

Antes de 1720, las primeras máquinas de vapor por combustión de carbón de Thomas Newcomen (utilizadas para producir energía mecánica, principalmente para bombear agua de minas profundas) eran tan ineficaces —convertían menos de un 0,5 por ciento de la energía química del carbón en energía mecánica para accionar una bomba— que solo podían utilizarse en las minas, donde el combustible era barato porque la máquina estaba situada en la fuente misma del combustible, sin necesidad de transportarlo. En la década de 1780, las mejoras introducidas por James Watt (sobre todo, un condensador independiente que mantenía caliente el cilindro de vapor) solo aumentaron la eficiencia hasta alrededor del 2 por ciento; pero en 1900 algunas enormes máquinas de vapor estacionarias tenían eficiencias superiores al 15 por ciento, y las mejores locomotoras superaban el 6 por ciento.[4]

Los motores de combustión interna, propulsados por gasolina y diésel, superaban con creces esas prestaciones. El rendimiento de los de gasolina pasó de más del 10 por ciento en la década de 1890 a más del 20 por ciento en la de 1930, cuando el rendimiento de los motores diésel superaba el 30 por ciento. Recientemente, los mejores motores diésel (grandes máquinas que impulsan el transporte marítimo intercontinental) han alcanzado eficiencias superiores al 50 por ciento, y las mejores turbinas de gas natural de ciclo combinado (que utilizan máquinas de gas y vapor) se han convertido en los motores de combustión interna más eficientes, llegando a niveles de hasta el 65 por ciento. Las turbinas de gas alimentadas con queroseno, más ligeras, que propulsan todos los aviones de pasajeros modernos, tienen eficiencias superiores al 40 por ciento. Con un mantenimiento adecuado, pueden funcionar durante más de dos décadas.[5] Mientras que las primeras calderas de gasóleo para calefacción doméstica solo convertían en calor útil la mitad de la energía contenida en el combustible, las mejores calderas de gas natural tienen ahora una eficiencia del 97 por ciento, solo superada por los calefactores eléctricos de resistencia, que funcionan con una eficiencia del 100 por ciento.[6]

La eficiencia de la conversión de la electricidad ha seguido una tendencia similar. En 1882, las primeras bombillas de Thomas Edison con filamentos de carbono convertían solo el 0,2 por ciento de la electricidad en radiación visible. En 1900, la mejora de los filamentos elevó ese porcentaje al 0,5 por ciento. La introducción de las luces fluorescentes en la década de 1930 aumentó la eficacia hasta alrededor del 15 por ciento. Los actuales diodos led convierten el 80 o incluso el 90 por ciento.[7]

El equivalente antropogénico más cercano a la fotosíntesis es la conversión de la radiación solar en electricidad mediante células fotovoltaicas. La eficiencia máxima teórica de las células fotovoltaicas tradicionales de una sola unión (denominada «límite Shockley-Queisser») es del 33,16 por ciento.[8] La eficiencia de las células disponibles en el mercado a principios de la década de 2020 es de casi el 20 por ciento en el caso del silicio cristalino y de solo el 6 por ciento en el del silicio amorfo.[9]

Nuestro cuerpo es también un conversor de energía. Tomamos la energía química de los alimentos y la convertimos en calor para mantener una temperatura corporal constante, y en la energía mecánica de los latidos del corazón y el esfuerzo muscular. Pero nuestros músculos son conversores mucho menos eficientes que los mejores motores o que las células fotovoltaicas actuales. Gracias a los clásicos experimentos de Francis Benedict y Edward Cathcart en 1913, que midieron el trabajo durante un esfuerzo —al correr en una cinta o pedalear—, sabemos desde hace más de un siglo que, durante el ejercicio aeróbico, los músculos de los atletas bien entrenados convierten la energía química de los alimentos en energía mecánica con una eficiencia del 16-21 por ciento.[10]

FUNDAMENTOS DE LA FOTOSÍNTESIS

¿Cómo se compara la fotosíntesis con estos logros? Una introducción estándar a este fenómeno, como la que se imparte en las escuelas de todo el mundo, no nos cuenta nada sobre su baja eficiencia. Abre un libro de texto de biología o busca «fotosíntesis» en internet y obtendrás la ecuación del proceso escrita como:

$$6CO_2 + 6H_2O \rightarrow C_6H_{12}O_6 + 6O_2$$

Esto parece sencillo, ordenado, eficiente y beneficioso: las plantas toman seis moléculas de dióxido de carbono (CO_2), un gas presente en el aire, y seis moléculas de agua (H_2O), que sus raíces absorben y transportan a las hojas, y utilizan la radiación solar para sintetizar una molécula de glucosa ($C_6H_{12}O_6$) al tiempo que liberan seis moléculas de oxígeno (O_2). Pero esta ecuación, que se cita con frecuencia, ofrece una visión simplista de una realidad mucho más compleja. Como ya he señalado, la fotosíntesis es una intrincada secuencia de procesos que requiere otros aportes materiales además del CO_2 y el agua, produce una serie de compuestos orgánicos, y cuya eficiencia sorprendentemente baja a la hora de convertir la radiación solar en nueva masa vegetal es aún menor cuando la expresamos en términos de productos comestibles. Después de excluir todas las raíces que las plantas producen por razones estructurales y funcionales, solo una parte de la fitomasa aérea cosechada de los cultivos de cereales, leguminosas y oleaginosas termina como alimento. La eficiencia fotosintética —expresada como el porcentaje de radiación solar recibido durante la temporada de crecimiento que se convierte en energía química— se encuentra en la categoría de las máquinas de vapor del siglo XVIII de Newcomen o, en el mejor de los casos, de las de Watt, en lugar de parecerse a las turbinas modernas o incluso a los músculos entrenados.

TRES VÍAS

Las plantas siguen tres vías fotosintéticas o, más exactamente, una vía que en algunas especies va precedida de importantes modificaciones bioquímicas y estructurales.[11] La primera es la predominante y es la que tiene lugar en la mayoría de los granos básicos de cereales y leguminosas, así como en todos los tubérculos, oleaginosas, hortalizas y frutas. La segunda está representada, entre los principales cultivos alimentarios y forrajeros, por tres especies de cereales (maíz, sorgo y mijo) y por la caña de azúcar; y la tercera se limita a las plantas suculentas, lo que, en términos de nutrición o hidratación, implica solo a los frutos de varios cactus (sobre todo *Opuntia ficus-indica*, el higo chumbo), la piña y las hojas carnosas de *Agave tequilana*, que se cortan y fermentan para producir tequila.

La vía fotosintética más común del mundo, que encontramos en el trigo y el arroz —con mucho, los cereales básicos más importantes— comienza con la síntesis del ácido fosfoglicérico (PGA). Esta reacción es posible gracias a una enzima —ribulosa-1,5-bisfosfato carboxilasa/oxigenasa (Rubisco)— capaz de catalizar la reacción del CO_2 con un azúcar-fosfato, y esta función ubicua la convierte en la proteína más abundante de la biosfera.[12] Los pasos siguientes del ciclo fotosintético producen glucosa, pero este azúcar simple, fácilmente soluble en agua, no puede formar ningún tejido vegetal duradero, por lo que debe polimerizarse (las moléculas anilladas de glucosa se combinan en largas cadenas unidas por oxígeno) para producir celulosa, el compuesto orgánico más común de la biosfera.

La glucosa también debe combinarse con el nitrógeno, que se obtiene de los nitratos disueltos que absorben las raíces de las plantas y sintetizados en aminoácidos que forman las proteínas, componentes estructurales y funcionales insustituibles de todos los organismos vivos. Muchos cultivos necesitan aportes adicionales de energía y materiales para producir los lípidos almacenados en las semillas. Para comprender y apreciar del todo estas reacciones fundamentales es necesario entender la física y la bioquímica subyacentes. Por suerte, hay una forma sencilla de calcular la eficiencia de la fotosíntesis de los cultivos: cualquier persona que sepa realizar operaciones aritméticas básicas puede lograrlo con solo acceder a tres tipos de datos disponibles en internet.

La primera tarea consiste en encontrar las cosechas medias (o máximas) de un cultivo en una ubicación concreta. Por ejemplo, Manitoba, Canadá, donde vivo, produce uno de los mejores trigos duros de primavera del mundo, conocido por su alto contenido en proteínas y, por tanto, perfecto para elaborar pasta. El rendimiento típico reciente ha sido de unos 50 *bushels* por acre, o unos 3.300 kilogramos por hectárea (las medidas estadounidenses no métricas siguen arraigadas en los cultivos del continente).[13] La segunda tarea consiste en convertir esta masa en su equivalente energético (el contenido energético de todos los cereales básicos ronda los 16 megajulios por kilogramo) para obtener un rendimiento (producción de energía comestible) de unos 53.000 millones de julios (53 gigajulios) por hectárea. La última tarea consiste en hallar el aporte energético: la cantidad total de radiación solar recibida en una hectárea de ese campo de trigo durante su periodo de crecimiento.

En el caso del trigo de Manitoba, la temporada es corta: solo 90 días sin heladas en los tres meses de verano. En varios compendios se pueden consultar datos mensuales sobre la radiación solar global, pero quizá la fuente más conveniente sea el Atlas Solar Global, donde se pueden encontrar datos detallados de irradiación mensual (también diaria y horaria) de cualquier lugar, con la excepción del extremo sur de Argentina y Chile.[14] En el sur de Manitoba, un campo de trigo de 1 hectárea recibe unos 20 billones de julios (20 terajulios) de energía solar durante el periodo de crecimiento. El cociente de salida/entrada (53 gigajulios/20 terajulios) es de 0,00265; esto es, solo alrededor del 0,27 por ciento de la energía solar que recibió una hectárea de ese campo de trigo durante noventa días se convirtió en la energía química del grano cosechado. Es decir, dos órdenes de magnitud por debajo de la eficiencia de conversión de las mejores células fotovoltaicas disponibles en el mercado (que está en torno al 20 por ciento). ¿A qué se debe esta enorme disparidad?

¿POR QUÉ LA FOTOSÍNTESIS DERROCHA TANTA ENERGÍA?

Teóricamente, la eficiencia de la síntesis básica de formación de azúcares es de alrededor del 27 por ciento, similar a la de los músculos en funcionamiento o al rendimiento de las mejores células fotovoltaicas, pero la fotosíntesis no puede servirse de todo el espectro de la radiación solar, que va del ultravioleta al infrarrojo, pasando por el visible. La luz que absorben los pigmentos vegetales se limita únicamente al segmento visible del espectro, es decir, a las longitudes de onda comprendidas entre 400 y 740 nanómetros, desde la luz violeta hasta la roja.[15]

Esta radiación fotosintéticamente activa representa menos de la mitad (un 48,7 por ciento, para ser exactos) de toda la energía entrante. Es más, dado que el verde es el color dominante de la vegetación, se refleja una importante fracción de esa parte del espectro visible: esto supone alrededor del 10 por ciento de ese 48,7 por ciento (esto es, 4,9 por ciento de toda la radiación entrante), lo que nos deja casi un 44 por ciento (en las partes azul y roja del espectro) disponible para impulsar la conversión. Los fotones azules transportan un 75 por ciento más de energía que los rojos, pero, como esta energía no puede utilizarse rápidamente ni tampoco almacenarse, parte de ella se pierde, lo que reduce la cantidad disponible para impulsar la fotosíntesis en el equivalente de casi el 7 por ciento de toda la radiación entrante. En este punto de la secuencia, nos queda alrededor del 37 por ciento de la radiación solar total.

Ahora debemos restar la energía que hace falta para sintetizar y regenerar los compuestos necesarios para convertir el CO_2 en glucosa. Estas reacciones consumen cerca del 25 por ciento de la energía de la radiación solar entrante. Así pues, la mayor eficiencia teórica de la fotosíntesis de los carbohidratos es del 12,6 por ciento. Pero aún no hemos terminado. En la mayoría de los cultivos alimentarios y forrajeros tiene lugar la siguiente reducción debida a la fotorrespiración —el proceso inverso de la fotosíntesis—, durante la cual se consume una parte significativa de la fitomasa recién producida, lo que reduce en gran medida la eficiencia neta global del proceso fotosintético. Como ya he mencionado, la enzima Rubisco ayuda a convertir el CO_2 en azúcar (como carboxilasa), pero esta enzima (como oxigenasa) también puede actuar de forma contraria, permitiendo la oxidación de los nuevos fotosintatos y liberando CO_2.[16]

Esta pérdida depende de la temperatura y de la concentración de CO_2 y, dados los niveles atmosféricos actuales de O_2 y CO_2 (20,94 y 0,042 por ciento, respectivamente), reduce la eficiencia en un 50 por ciento adicional, hasta alrededor del 6,5 por ciento de la radiación entrante. En cualquier caso, sin ningún cambio en la bioquímica del ciclo, solo las concentraciones elevadas de CO_2 atmosférico o una presencia muy reducida de oxígeno (a niveles que harían imposible la vida animal) podrían eliminar esta pérdida respiratoria experimentada por la mayoría (pero, como pronto veremos, no por todos) de los cultivos de alimentos y piensos.

Y ahora la última deducción: la respiración, obligatoria e inevitable; un proceso muy distinto de la indeseable fotorrespiración. Este conjunto de reacciones es necesario para garantizar la estructura y el funcionamiento de los cultivos, es decir, para suministrar energía para la síntesis de biopolímeros a partir de compuestos más simples (celulosa a partir de glucosa, proteínas a partir de aminoácidos), para distribuir el producto de la fotosíntesis en el interior de las plantas y para reparar los tejidos dañados o enfermos.[17] Esto aumenta generalmente con la edad de la planta, reduciendo la fotosíntesis neta hasta un 75 o incluso un 85 por ciento en algunos ecosistemas envejecidos. Se mantiene moderada en los cultivos que solo tardan unos meses en madurar, pero sigue reclamando alrededor del 30 por ciento de lo que queda tras la síntesis de carbohidratos y las pérdidas por fotorrespiración, reduciendo la eficiencia fotosintética final teóricamente posible (máxima) —a la temperatura óptima de 30 °C y la concentración atmosférica actual de CO_2 (alrededor de 420 ppm)— a un mísero 4,6 por ciento.[18]

OTRA VÍA

La fotorrespiración reduce el ritmo fotosintético en los dos cultivos de grano dominantes, el trigo y el arroz, así como en granos menores como el centeno, la avena y la cebada, en todas las raíces y tubérculos y en las leguminosas y oleaginosas. Pero existen cuatro importantes cultivos alimentarios —maíz, sorgo, mijo y caña de azúcar— que no experimentan estas pérdidas porque su fotosíntesis sigue una vía diferente, identificada por primera vez por Melvin

Calvin y Andrew Benson a principios de la década de 1950. Su descubrimiento fue posible cuando se marcaron las moléculas de CO_2 con un isótopo de carbono (pesado) de larga vida (^{14}C) y dejando que la fotosíntesis prosiguiera durante un periodo que oscilaba entre una fracción de segundo y unos minutos, antes de detener su avance con alcohol e identificar los compuestos sintetizados.[19] Así fue como descubrieron el 3PG —un compuesto que contiene tres carbonos ($C_3H_7O_7P$)— como primer producto estable del proceso de la fotosíntesis. De ahí que las plantas que siguen lo que se conoce como «ciclo de Calvin-Benson» se denominen «especies C3» (entre ellas se incluyen casi todos los cultivos importantes, exceptuando unos pocos).

Pero cuando Hugo Kortschak, que en aquella época trabajaba para la Hawaiian Sugar Planters' Association en Honolulu, repitió el experimento unos años más tarde con caña de azúcar, descubrió que el primer producto estable no era el 3PG de tres carbonos, sino las moléculas de cuatro carbonos de malato y aspartato.[20] En 1966, Hal Hatch y Roger Slack, de la Colonial Sugar Refining Company de Queensland, describieron la secuencia completa de esta vía fotosintética alternativa.[21]

Las plantas C4 muestran dos tipos de células, una de ellas con menor concentración de oxígeno y mayor de CO_2, una adaptación que casi elimina la fotorrespiración. También tienen temperaturas de crecimiento óptimas entre 15-25 °C más altas que las de las plantas C3. En consecuencia, su mayor eficiencia teórica en la etapa de crecimiento es de alrededor del 6-30 por ciento por encima del máximo de las C3 (4,6 por ciento).

El rendimiento real, incluso en condiciones óptimas de cultivo, es algo inferior: medida a corto plazo (horas, un día), la eficiencia fotosintética alcanza el 3,5 por ciento para las plantas C3 y el 4,3 por ciento para las C4, aproximadamente el 30 por ciento de la cifra teórica. Como ya he demostrado con el ejemplo del trigo de Manitoba, las eficiencias a gran escala (regional, nacional) calculadas para toda una temporada de cultivo son aún mucho más bajas. Para empezar, la radiación entrante se desperdicia antes de que se haya desarrollado una superficie foliar suficiente para interceptar la mayor parte de ella. En el caso del trigo de primavera, transcurren unos 12 días desde la germinación hasta que las pequeñas plantas tienen dos hojas, y unas seis semanas hasta la aparición de la última hoja. Antes de que se cierre la cubierta vegetal, la radiación es absorbida por el suelo, y se sigue perdiendo una parte variable incluso después de que se forme la cubierta e intercepte la luz solar, debido a la reflexión por parte de las hojas y los tallos y a la transmisión de la luz a través de la cubierta.

Separar el grano de la paja

Otra desventaja obvia es el hecho de que, salvo en el caso de las hortalizas con abundante hoja verde, como las lechugas o las espinacas, solo comemos una parte de la fitomasa cosechada, bien porque el resto no es comestible, bien porque nos resulta menos sabrosa. En las variedades modernas de trigo y arroz, aproximadamente la mitad de la fitomasa es paja (tallos y hojas secas), compuesta sobre todo de celulosa y, por tanto, no digerible por el ser humano. Otras partes pueden ser comestibles (aunque menos fáciles de digerir), pero la mayoría de las personas prefiere no comerlas; por eso se muelen los cereales. Así pues, para calcular la eficiencia fotosintética por unidad de rendimiento *comestible* debemos ir un paso más allá.

En el caso de los cereales básicos, la relación entre la fitomasa comestible y la no comestible suele expresarse en términos de índice de cosecha. Este índice suele denominarse «relación paja-grano», y en las variedades tradicionales de trigo, centeno, avena y cebada sus valores eran mucho más bajos que en las variedades actuales de tallo corto.[22] En el caso del trigo, era de 0,25 y no pasaba de 0,3 (es decir, la masa de paja era de tres a cuatro veces la masa de grano); en el del arroz, solía ser inferior a 0,35. Estas variedades tradicionales más altas pueden verse en muchos cuadros famosos. *Descanso en la huida a Egipto* (*ca.* 1520), de Joachim Patinir; el cuadro de los cosechadores de Pieter Brueghel el Viejo, de 1565, y el grabado en madera *Verano* de Pieter van der Heyden, de 1570, muestran a hombres cosechando cultivos que les llegan hasta los hombros o incluso más.[23]

La xilografía de Pieter van der Heyden de 1570 (según el dibujo de Bruegel) muestra a hombres recogiendo cosechas que les llegan hasta los hombros o, incluso, por encima de ellos.

Esto significa que las plantas tenían alturas de 1,3-1,5 metros. Desde luego, la paja cosechada no se desperdiciaba; se utilizaba como pienso y lecho para los animales, para tejar, para hacer impermeables y sandalias… (la lista es extensa). En cambio, las variedades modernas de cereales de tallo corto, dominantes desde principios de la década de 1960, solo miden entre 50 y 70 centímetros de altura. Su índice de cosecha es de 0,45-0,5 para el trigo semienano (igual masa de grano cosechado que de paja) y de cerca del 0,6 para el arroz con cáscara. Esta redistribución de lo que la fotosíntesis alimenta —más que cualquier mejora en su eficiencia global—

ha sido, junto con la fertilización, una de las principales causas de la mejora de las cosechas.[24]

Además, como he explicado en el capítulo anterior, la mayoría de las personas prefiere no consumir los granos básicos enteros, es decir, utilizar harina de trigo integral para hornear o cocer al vapor arroz integral. El salvado constituye el 14,5 y el germen el 2,6 por ciento del grano entero, dejando el 83 por ciento en endosperma, pero la mayoría de las harinas molidas solo contienen entre el 72 y el 76 por ciento del grano entero. Expresando la eficiencia de la fotosíntesis del trigo de primavera de Manitoba en términos de harina de pan (75 por ciento de extracción), se reduciría el índice a solo alrededor del 0,2 por ciento. Entre los cultivos C3, ninguna tasa de eficiencia fotosintética —cuando se extiende a toda la temporada de crecimiento y sin importar si se encuentra en entornos templados o tropicales— supera el 1 por ciento, pero los cultivos oleaginosos, las patatas y el arroz son mejores que el trigo en este sentido.

EL MEJOR DE LOS CULTIVOS

La colza o canola es actualmente el principal cultivo oleaginoso, con una superficie en 2020 casi un 40 por ciento mayor que en el año 2000 y grandes extensiones de tierras en Norteamérica, Europa y China que se vuelven amarillas durante las semanas de floración.[25] La eficiencia de conversión fotosintética de la semilla de colza es del 0,33 por ciento, y, con un contenido oleoso del 45 por ciento, esto se traduce en una eficiencia máxima del 0,15 por ciento en términos de aceite comestible, pero la nutritiva torta oleaginosa resultante de la extracción del aceite se utiliza como pienso de alto contenido proteico para animales, contribuyendo así a la producción adicional de alimentos.

En el caso de las patatas de Manitoba, la eficiencia fotosintética es de cerca del 0,6 por ciento, considerablemente más alta que la del trigo o la colza; aunque su calidad nutricional es muy inferior: la patata es casi hidratos de carbono puros, con apenas trazas de proteínas y nada de grasa, mientras que el trigo duro es muy apreciado por su alto contenido en proteína, y la colza es hoy la principal fuente mundial de los muy demandados aceites comestibles poliinsaturados.

Debido a su alto rendimiento, las variedades de arroz chinas o japonesas (de regadío y muy fertilizadas) obtienen mejores resultados que el trigo de primavera canadiense. No menos del 0,4 por ciento de la radiación solar que llega a un campo húmedo de Jiangsu durante la temporada de crecimiento de 120 días se convierte en grano cosechado (6 toneladas por hectárea). Según la variedad de arroz y el proceso de molturación, el arroz blanco molido contiene solo entre el 60 y el 65 por ciento de la masa del grano entero, lo que reduce la eficiencia fotosintética a no más del 0,25 por ciento.[26]

Como era de esperar, los cultivos C4 —aquellos sin el derrochador proceso de fotorrespiración— obtienen resultados aún mejores. La cosecha mundial de maíz es ahora casi tan grande como la cosecha combinada de trigo y arroz, pero, mientras que estos dos granos se utilizan principalmente para la alimentación humana, existen diferentes variedades de maíz que se usan como alimento para animales en Estados Unidos (lo que representa el 99 por ciento de la cosecha —la más grande del mundo—, y el maíz de calidad alimentaria es el minúsculo 1 por ciento restante), así como en la Unión Europea y China. El maíz se utiliza como alimento en México, país en el que fue domesticado, y ampliamente en el África subsahariana, donde es un alimento básico para más de 300 millones de personas y proporciona alrededor de un tercio de la ingesta de energía en forma de harina de maíz (*ugali*).[27] En Estados Unidos, el grano de maíz también se usa para producir etanol para automóviles.[28]

Más de la mitad de la fitomasa aérea de una planta de maíz madura corresponde al rastrojo (con predominio de tallos y hojas, y que incluye mazorcas, vainas, cáscaras e inflorescencias). El rastrojo no es digerible para el ser humano, pero sí para los rumiantes. La producción de fitomasa cosechada (rastrojo más grano) tiene lugar con una eficiencia fotosintética mucho mayor que el crecimiento del grano de maíz solo, ya sea para alimentar a los animales, nixtamalizado (remojado y cocido en solución alcalina) para preparar tortillas, o molido y cocido para hacer *ugali*. Los rendimientos récord del maíz estadounidense se producen con la mayor eficiencia fotosintética.

En 2020, el maíz de Iowa fertilizado de forma óptima (178 *bushels* por acre u 11,1 toneladas por hectárea) alcanzó una eficiencia de conversión solar del 0,7 por ciento. No hay más sustracciones, ya que el grano se destina (directamente o tras molerlo y mezclarlo con otros piensos) a la alimentación animal. En cambio, el maíz dulce (maíz azucarero), cultivado para el consumo humano directo (y clasificado por el Departamento de Agricultura de Estados Unidos como hortaliza), rinde casi 2,5 veces (unas 25 toneladas por hectárea) más en Washington (el estado con mayor producción), pero su alto contenido en agua y su bajo contenido energético (3,6 MJ/kg, frente a unos 16 MJ/kg del maíz en grano) se traducen en una eficiencia de conversión fotosintética aproximadamente un 50 por ciento inferior (0,35 por ciento).[29]

Y EL GANADOR ES...

Todo lo dicho hasta ahora debería dejar a la caña de azúcar en un primer puesto indiscutible de eficiencia fotosintética. Sorprendentemente, esto solo es válido en lo que respecta a la producción total de fitomasa sobre el suelo. La caña de azúcar es una herbácea perenne que se deja rebrotar cuatro o cinco veces en un año antes de replantarla. Cultivado en un clima tropical y con un suministro de agua adecuado, este líder de los cultivos C4 también se beneficia de su asociación con bacterias fijadoras de nitrógeno (que viven dentro de sus tallos y hojas y proporcionan una parte significativa de las necesidades de macronutrientes). Sus rendimientos récord a pequeña escala pueden superar las 100 toneladas por hectárea.

Los tallos de caña de azúcar recién cortados son en su mayoría agua (63-73 por ciento). La fibra y el azúcar representan porcentajes similares (12-16 por ciento) de la fitomasa total. Con un contenido energético de unos 7,2 gigajulios por tonelada, y con una radiación solar que incide sobre una superficie horizontal durante los 12 meses de crecimiento de 62 terajulios (típica en São Paulo, el principal estado productor de caña de Brasil), esto implicaría una eficiencia del 1,2 por ciento. Los rendimientos medios son más bajos (en 2019-2020, la media en Brasil fue de 76,13 terajulios por hectárea). Para obtener el valor correspondiente a la producción de alimentos comestibles (es decir, el equivalente de la harina de trigo o del aceite de colza) debemos considerar solo el azúcar total recuperable. En 2019-2020, la media fue de 139,3 kilogramos por tonelada de tallos recién cortados, es decir, 10,6 toneladas de azúcar por hectárea y una eficiencia de conversión fotosintética (con 16,6 MJ/kg) no superior al 0,28 por ciento.[30]

Esto significa que, en términos de energía comestible, la eficiencia fotosintética de la caña de azúcar es solo ligeramente mayor que la del arroz molido del este de Asia e inferior a la de las patatas o el maíz dulce americano. Si comparamos las cualidades nutricionales de estos alimentos, el maíz dulce sale aún mejor parado. Por supuesto, en su mayor parte (73 por ciento) es agua, pero contiene pequeñas cantidades de proteínas y aceite, mientras que la caña solo produce azúcar puro. Del mismo modo, la eficiencia un poco inferior del arroz molido se compensa fácilmente con la calidad nutricional del grano (el arroz crudo tiene un 7,5 por ciento de proteínas y es relativamente rico en los micronutrientes fósforo y potasio).

Las prácticas agrícolas modernas y el perfeccionamiento de las variedades de cultivo han aumentado la eficiencia energética, pero nada de ello ha sido el resultado de ninguna mejora fundamental en el proceso de fotosíntesis. Por el contrario, es consecuencia de un mayor suministro de agua (irrigación; labranza de conservación para almacenar más agua de lluvia en el suelo) y nutrientes (fertilización), así como de la introducción de nuevas variedades capaces de aprovechar al máximo estos suministros optimizados y seleccionados para redistribuir parte de la fitomasa de las partes no comestibles de la planta a las que sí lo son.

Aun así, estos avances han sido relativamente limitados, y solo podrían lograrse progresos más sustanciales rediseñando el proceso fotosintético, lo que por fuerza supondría un enorme desafío. Ya se han dado los primeros pasos experimentales hacia este objetivo, pero dada su complejidad no podemos esperar ninguna asombrosa transformación a corto plazo; la producción de alimentos seguirá siendo durante mucho tiempo intrínsecamente ineficiente en su uso de la luz solar. Por suerte, la cantidad de esta luz que incide sobre la Tierra no limita la producción de alimentos.

AGUA Y NUTRIENTES

En comparación con la conversión de energía, otros aportes esenciales en el proceso fotosintético —el agua y los macro y micronutrientes de las plantas— se procesan con eficiencias significativamente más altas, pero en términos absolutos sus pérdidas siguen siendo demasiado grandes, lo que se suma tanto al coste de producción como al impacto medioambiental del cultivo. Así pues, vamos a cuantificar estas ineficiencias inherentes centrándonos en las pérdidas de agua y en el consumo de nitrógeno, el macronutriente más importante (tanto en términos del total de masa necesaria como de su impacto medioambiental), cuyo suministro suele ser decisivo para garantizar el mayor rendimiento posible. Solo entonces será posible explicar las expectativas en la práctica y enumerar formas eficaces de reducir las pérdidas en la producción, en lugar de aventurar especulaciones sin fundamento.

El uso ineficiente del agua en la fotosíntesis es fácil de apreciar una vez que se comprende lo que deben hacer las plantas para suministrar de agua y CO_2 a sus hojas. El agua del suelo se absorbe por las raíces y luego se transporta a las hojas, donde se requiere para la fotosíntesis de la nueva masa vegetal. Sin embargo, una parte mucho mayor se pierde a través de los estomas, unas diminutas aberturas situadas normalmente en el envés de las hojas. Sus dos células guarda abren o cierran los poros para permitir la entrada de CO_2 y la salida de agua y oxígeno (liberados por la fotosíntesis).[31] Este proceso de transpiración (que, en esencia, extrae agua del suelo) da lugar a un intercambio muy desigual de agua por carbono. Las hojas frescas contienen entre el 70 y más del 90 por ciento de agua, mientras que el contenido típico de agua en la atmósfera oscila entre el 1 y el 2 por ciento en las regiones templadas y alrededor del 4 por ciento en los trópicos. El CO_2 solo constituye el 0,04 por ciento del aire.

Esto significa que las células vivas de las hojas están saturadas de agua, mientras que el aire está considerablemente por debajo de la saturación. Esta diferencia produce un flujo unidireccional que transfiere el agua del suelo a las raíces, de estas a las hojas y luego al aire. Dado que la variación entre la presión del vapor de agua en el interior de las hojas y en la atmósfera es dos órdenes de magnitud superior a la que hay entre las presiones de vapor de CO_2 interna y externa, los cultivos C3 necesitan entre 400 y 1.600 gramos de agua para incorporar un gramo de carbono a la nueva fitomasa, mientras que las plantas C4, más eficientes, pueden arreglárselas con «solo» unos 160-250 gramos.[32] Debido a estos elevados índices, la escasez de agua, más que el suministro insuficiente de energía (a través de la luz), es el factor limitante más común en la producción (afecta a unas dos quintas partes de todas las tierras de cultivo). La producción de cultivos es, principalmente, el proceso humano más demandante de recursos de agua dulce, ya que supone alrededor del 80 por ciento de toda el agua utilizada.

CUANTIFICAR LAS PÉRDIDAS DE AGUA

El déficit de presión de vapor (DPV) mide la diferencia de presiones de vapor dentro y fuera de una hoja, y varía con la temperatura y la humedad.[33] Cuando el DPV es bajo, la transpiración se ralentiza o puede incluso cesar. En los climas muy secos, con un DPV muy alto, las plantas cierran los estomas para evitar que las hojas se sequen y mantener su humedad esencial. Eso reduce el flujo de nutrientes absorbidos por las raíces y corta la entrada de CO_2, lo que frena de forma inevitable la fotosíntesis e inhibe el crecimiento. La regulación de la transpiración es un proceso clave que determina el ritmo de crecimiento de la planta en condiciones de DPV alto. Los botánicos miden desde 1913 la eficiencia del uso del agua (WUE, por sus siglas en inglés) de un cultivo en términos de la nueva masa vegetal fotosintetizada por unidad de volumen de agua consumida por una planta.[34]

Como era de esperar, existen notables variaciones regionales. La WUE del trigo, definida a partir del intercambio gaseoso a corto plazo de CO_2 y H_2O, oscila entre 29 y 105 kilogramos por hectárea-milímetro para toda la biomasa aérea, y entre 5,4 y 24 kilogramos por hectárea-milímetro para el rendimiento en grano, con intervalos que van desde 9,9 en el sudeste de Australia y 9,8 en la meseta china de Loess hasta 7 en la cuenca mediterránea y solo 5,3 en las Grandes Llanuras del centro-sur de Estados Unidos, en comparación con los máximos teóricos de poco más de 20.[35] La mayor parte de esta variación se debe a la evaporación del agua en la época de floración del trigo, con otras contribuciones como la deficiencia de fósforo, la siembra tardía, la mala calidad del suelo (alcalino, salino), las enfermedades de los cultivos, las malas hierbas y el doblamiento (la flexión de los tallos cerca del suelo).

No obstante, admito que la hectárea-milímetro como denominador no es una unidad fácil de comprender, por lo que, para nuestros fines, quizá una forma más útil de comparar los índices de WUE sea un índice inverso que indique cuánta agua se necesita por unidad de masa de rendimiento del cultivo. Las personas que nunca se hayan topado con estos índices los encontrarán asombrosamente grandes.[36] La cantidad media de agua necesaria para producir cereales básicos es de unas 1.600 toneladas por tonelada, con el trigo en torno a las 1.800 y el maíz «solo» en las 1.200. En términos de volumen, una tonelada de agua cabe en un cubo de 1 metro de lado; 1.600 toneladas de agua caben en un cubo de unos 11,7 metros de lado, o la altura de una casa típica estadounidense de dos plantas. Las legumbres tienen una demanda de agua aún mayor, con una media de unas 4.000 t/t, tasa superada por los aceites vegetales —de soja, con 4.200; de cacahuete, con 7.500; y de oliva, con casi 15.000 t/t— y los frutos secos (9.000 t/t), y aún más por el café.

Con unas 18.000 t/t, el consumo de agua del café se prorratea a unos 130 litros (kilogramos) por taza (unos 250 mililitros), elaborada con ¡7 gramos de granos tostados! Los cultivos azucareros son los que menos agua consumen (menos de 200 t/t), y los índices de frutas y hortalizas oscilan entre menos de 300 (sandías, piñas, ciruelas) y 800-1.000 (plátanos, manzanas, peras, melocotones), y alcanzan picos superiores a 2.000 (uvas, dátiles, higos). La cerveza necesita unas 300 t/t, el vino casi el triple y los zumos de naranja y manzana aún más que el vino (1.000-1.100 t/t).[37]

En igualdad de condiciones, la eficacia del consumo de agua por parte de las plantas es casi directamente proporcional a la concentración atmosférica de CO_2. Por eso, durante la última glaciación, cuando los niveles de CO_2 eran de solo 180 ppm, las plantas tuvieron que transpirar el doble de agua que durante la última década del siglo xx, cuando el nivel subió a 360 ppm; y (de nuevo: en igualdad de condiciones) el aumento de las concentraciones atmosféricas de CO_2 debería mejorar la WUE.[38] Los resultados experimentales apoyan esta predicción: con unas 700 ppm de CO_2, la mayoría de las especies C3 deberían rendir casi un 30 por ciento más, y las tendencias globales a largo plazo sugieren que la WUE del cultivo de cereales está aumentando.[39]

El enriquecimiento deliberado del aire con CO_2 se utiliza desde hace décadas para alcanzar un mayor potencial fotosintético mediante la reducción del consumo de agua y el aumento del rendimiento de los cultivos en invernadero. Los productores de los Países Bajos han sido líderes en este campo, enriqueciendo sobre todo sus dos principales cultivos de hortalizas —pimientos y tomates—, así como el cultivo de flor cortada.[40] Recurren a la cogeneración, quemando gas natural para producir electricidad y calor para los invernaderos, y utilizando una parte del CO_2 generado para enriquecer los espacios cerrados hasta al menos 1.000 ppm, casi 2,5 veces más que el nivel atmosférico actual. Pero es importante señalar que, si bien el aumento de las concentraciones de CO_2 puede aliviar el estrés hídrico, no ayuda al estrés térmico. Como resultado, en un mundo más cálido algunas especies tolerantes al calor rendirían más incluso con precipitaciones reducidas, mientras que otras verían disminuido su rendimiento incluso con un suministro adecuado de agua. El calentamiento global tendrá algunos efectos positivos y muchos negativos, todos los cuales mostrarán importantes variaciones regionales, y su impacto global en los cultivos, como veremos, podría reducirse con mejores prácticas agronómicas.

NITRÓGENO: EL MACRONUTRIENTE MÁS IMPORTANTE

Todavía nos queda otro protagonista en la historia de las ineficiencias fotosintéticas. Como se recordará, los únicos reactivos en la versión más simple de este proceso, tal y como se repite en los libros de texto de biología, son el dióxido de carbono y el agua. Pero, como ya he explicado, ninguna reacción que produzca fitomasa puede llevarse a cabo en ausencia de los macro y micronutrientes adecuados. El nitrógeno es el macronutriente necesario en mayores cantidades y cuya deficiencia supone también el límite más común a un mayor rendimiento de las cosechas.[41] Tomando, una vez más, el trigo de primavera como ejemplo representativo, una buena cosecha de este cereal básico en Manitoba (3 toneladas por hectárea) necesita 87 kilogramos de nitrógeno, pero solo unos 11 kilogramos de fósforo y potasio.[42] Por desgracia, los compuestos del nitrógeno —aplicados como fertilizantes sintéticos, o presentes en (o convertidos a partir de) residuos de cultivos reciclados y estiércol— son especialmente propensos a procesos o reacciones a través de los cuales se pierden en el agua, el aire y el suelo antes de poder ser absorbidos por las raíces de los cultivos.[43]

Teniendo en cuenta que el nitrógeno es el macronutriente cuya carencia es más frecuente, que los fertilizantes nitrogenados suelen representar la mayor parte de los costes variables de los cultivos intensivos y que la pérdida de compuestos nitrogenados tiene efectos medioambientales muy indeseables, no es de extrañar que las mejores explotaciones intenten minimizar la pérdida de nitrógeno. Tampoco es una sorpresa que existan muchos estudios sobre la eficiencia del uso del nitrógeno (NUE, por sus siglas en inglés) en los cultivos: se trata, simplemente, del cociente entre la producción de nitrógeno en los cultivos cosechados y los aportes de nitrógeno en estos (o en los productos ganaderos específicos).[44]

La NUE también puede referirse a todo el nitrógeno disponible para un cultivo en crecimiento (en la materia orgánica del suelo, en los residuos de cultivos reciclados, en los abonos y fertilizantes animales añadidos), pero la mayor parte de las investigaciones se ha dedicado a rastrear la transferencia del aporte más cuantioso, y el más caro, es decir, la parte de los compuestos sintéticos nitrogenados aplicados (urea, amoniaco, nitratos) que acaba en las plantas cosechadas.

Estas aplicaciones varían enormemente, desde los más de 200 kilogramos por hectárea del arroz de doble cosecha de China hasta los pocos kilogramos de urea (fertilizante nitrogenado sólido a base de amoniaco) que esparcen a mano los agricultores africanos en sus pequeñas parcelas. Las tasas habituales en el cultivo de trigo en Europa se sitúan en torno a los 100 kg/ha, y entre 120 y 150 kg/ha en el caso del arroz indio.[45] El maíz suele tener la NUE más alta entre los granos básicos (en todo el mundo es del 33 por ciento; dos tercios del nitrógeno aplicado no llega a las plantas) y el arroz, la más baja (a menudo apenas por encima del 20 por ciento). Dado el tamaño de la superficie fertilizada en el planeta y las diferencias climáticas y de prácticas agrícolas, seguramente los estudios a gran escala sobre la NUE arrojen resultados muy diversos. Una evaluación mundial de gran precisión de los flujos de nitrógeno en las tierras de labor en el año 2000 concluyó que alrededor del 35 por ciento del macronutriente disponible era absorbido por los cultivos cosechados, y el 20 por ciento por sus residuos; el resto se perdía en lixiviación (16 por ciento), en la erosión del suelo (15 por ciento) y en las emisiones gaseosas (14 por ciento).[46]

En 2013, un estudio que rastreaba las tendencias mundiales y regionales en la eficiencia del nitrógeno entre la década de 1960 y 2007 halló que la recuperación general del nutriente por los cultivos cosechados era «más o menos la misma al principio de la serie temporal que al final», con un promedio de alrededor del 40 por ciento.[47] Como era de esperar, las eficiencias eran mayores en los países de renta alta y había una gran variación en las economías de renta baja. Mientras que Brasil, India y la URSS/Rusia habían registrado mayores recuperaciones, la media china descendió del 37 al 29 por ciento. En 2014, una evaluación de la NUE mundial arrojó valores diferentes, mostrando un descenso de hasta el 69 por ciento a principios de la década de 1960 a solo el 45 por ciento en 1980, seguido de un ligero aumento y una estabilización en torno al 47 por ciento.[48] Dentro de Europa, la evaluación de los rendimientos monetarios creados por unidad de nitrógeno mostró que Italia, España y Austria eran los países más eficientes, e Irlanda, Reino Unido y Noruega los menos eficientes; pero esta clasificación no es directamente comparable con la NUE estándar, ya que se ve muy afectada por el valor de los cultivos producidos (uvas frente a grano; frutas frente a legumbres).[49]

Este capítulo ha estado repleto de números y cálculos por una sencilla razón: no hay mejor manera de apreciar tanto la eficiencia sorprendentemente baja de la fotosíntesis como las elevadas demandas de sus principales aportes materiales, el agua y el nitrógeno. En el próximo capítulo utilizaré un enfoque similar para explicar por qué comemos unos animales y no otros.

4

¿Por qué comemos unos animales y no otros?

Las estadísticas son claras: una abrumadora mayoría de los lectores de este libro no son vegetarianos (en los países prósperos, no lo son más de un 5 por ciento). Esto significa que deben elegir una y otra vez qué tipo de carnes (y en qué cantidades) consumir.[1] Pero no importa si tus preferencias dietéticas son claras (pollo antes que ternera) o si eres omnicarnívoro. Lo más probable es que nunca te hayas planteado algunas preguntas fundamentales sobre el consumo de carne. ¿Por qué hemos domesticado un número tan reducido de animales para que produzcan carne (y leche, huevos y lana) y para que nos ayuden en el transporte y otras labores? Como veremos, elegimos precisamente este número debido a una variedad de factores que incluyen el tamaño, el metabolismo, la organización social, el comportamiento y los hábitos alimentarios (o, como dirían los ecologistas, los niveles tróficos).

Quizá el mejor punto de partida sea preguntarse: ¿qué especies de animales habrían domesticado nuestros antepasados si hubieran tenido los conocimientos científicos más avanzados sobre metabolismo y niveles tróficos? La respuesta es esta: exactamente los mismos que seleccionaron, empezando hace unos 11.000 años con (en una sucesión bastante rápida) cabras y ovejas, seguidas de cerdos (hace 10.500 años) y bovinos (hace 10.000 años), todo ello dentro de una zona en forma de media luna en lo que hoy es el sur y el este de Turquía, el norte de Irak y el noroeste de Irán.[2] La domesticación de otras especies se produjo bastante más tarde: los asnos y los yaks hace unos 7.000 años, los búfalos de agua y los camellos hace 6.000 años, las llamas y las alpacas hace 5.500 años, y los caballos solo hacia el 2500 a. e. c.[3] La larga historia de la producción de alimentos selecciona, de una forma u otra, los mejores métodos, y esto no debería sorprendernos: los largos periodos de observación, experiencia y ensayo estaban destinados a desembocar en los mismos resultados que los dictados por el conocimiento científico formal.

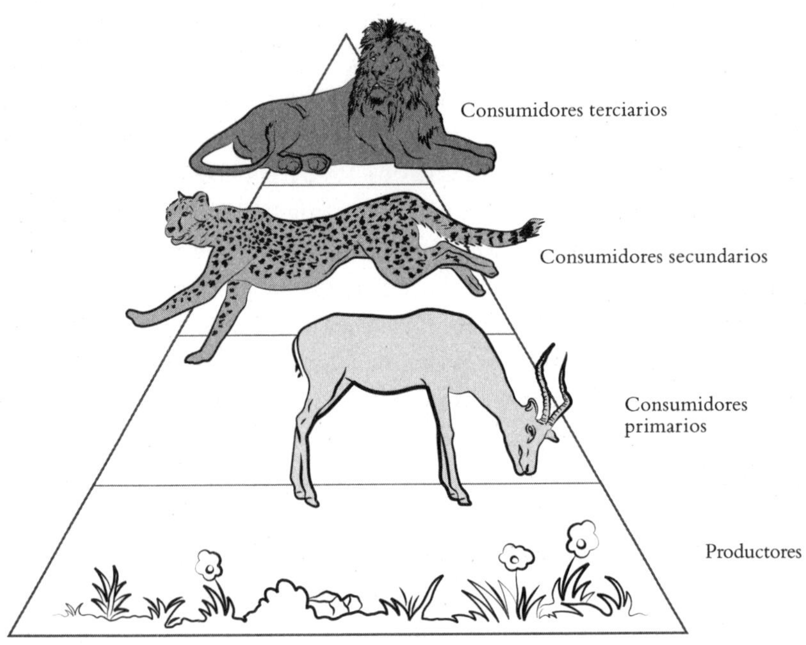

Niveles tróficos: la pirámide terrestre de la vida.

PISTAS CUANTITATIVAS

La biosfera contiene cerca de 6.500 especies de mamíferos y casi 10.000 de aves. Sin embargo, las estadísticas anuales de la Organización de las Naciones Unidas para la Agricultura y la Alimentación (FAO) solo contabilizan 16 categorías de animales domésticos.[4] La mayoría son especies únicas (con numerosas variedades); tres categorías combinan dos especies similares (camellos: dromedarios y bactrianos; y camélidos: llamas y alpacas); dos contienen un par de especies diferentes (conejos y liebres; ocas y pintadas). De estos 16 grupos, 12 son de mamíferos y 4 de aves, y su número total se distribuye de forma muy sesgada. Los grandes rumiantes dominan el recuento de mamíferos, con más de 4.000 millones de cabezas: unos 1.500 millones de bovinos, 1.250 millones de ovinos, 1.100 millones de caprinos, unos 200 millones de búfalos de agua y 40 millones de camellos.[5] Les siguen los cerdos, con casi mil millones; caballos, asnos, mulas y camellos suman solo unos 130 millones; y en 2020 había menos de 200.000 conejos (y liebres) enjaulados y menos de 20.000 roedores domesticados (en su mayoría cobayas andinas). Entre las aves, los pollos —tras una rápida difusión mundial— son mucho más numerosos que cualquier otra especie aviar domesticada: unos 33.000 millones en 2020, frente a unos 1.100 millones de patos y menos de 500 millones de pavos y gansos, respectivamente.[6]

Todos estos animales son herbívoros, aunque los cerdos, al igual que los patos y los gansos, son omnívoros oportunistas. Menos del 5 por ciento de la dieta de un cerdo salvaje consiste en insectos y pequeños animales. Los cerdos domesticados se alimentan de basura de cualquier tipo o de cadáveres de animales, mientras que los patos comen, si los encuentran, insectos, pequeños peces y crustáceos, y lo mismo hacen los gansos, pero ambas especies son abrumadoramente herbívoras.[7] La pirámide macroscópica de la vida en la biosfera —que quizá recuerdes, aunque sea vagamente, del colegio— se basa en la productividad fotosintética de las plantas (productores primarios, el primer nivel trófico), y los mamíferos más abundantes son los herbívoros (consumidores primarios en el segundo nivel trófico) capaces de alimentarse directamente de diversas partes de las plantas.[8] El número de consumidores secundarios (el tercer nivel trófico, que incluye zorros y osos) —carnívoros que se alimentan de consumidores primarios y omnívoros que lo hacen de plantas y consumidores primarios— y su zoomasa total son necesariamente menores.

Los consumidores terciarios (el cuarto nivel trófico) también pueden ser omnívoros, pero las especies carnívoras comen tanto consumidores primarios como secundarios: los leones matan antílopes, pero también matan y comen (cuando están hambrientos) guepardos (aunque hay excepciones para todo, y no se comen a los leopardos o hienas que capturan). Los consumidores terciarios son mucho más habituales en el océano; los tiburones y el atún son los ejemplos más masivos. La zoomasa acumulada de todos los atunes rojos del océano es mucho menor que el de las carnívoras caballas (consumidores secundarios) de las que se alimentan, e inmensamente menor que el de los arenques (consumidores primarios), que también son sus presas habituales.

Los mamíferos domésticos más numerosos (vacas, ovejas y cabras) no solo son herbívoros, sino que además son rumiantes capaces de digerir la abundante fitomasa lignocelulósica disponible (véase el capítulo 1) y, por tanto, disponen de mucha más biomasa que la mayoría de los demás mamíferos. Pero ser herbívoro (especialmente rumiante) no basta para ser seleccionado para la domesticación: tanto el tamaño como la conducta son muy importantes.

EL TAMAÑO IMPORTA

El tamaño es esencial para dos aspectos: alimentar a los animales y cuidarlos. El metabolismo basal específico (la energía necesaria en reposo por unidad de peso corporal) de los animales de sangre caliente disminuye cuando aumenta el tamaño de su cuerpo.[9] Una vaca de 400 kilos necesitará solo un 60 por ciento de energía por kilo de masa corporal comparado con una oveja de 40 kilos, y la oveja únicamente precisará un 25 por ciento de energía respecto de una rata de 400 gramos; asimismo, la rata tiene un metabolismo específico mucho menor que un ratón de 20 gramos.

Así pues, aunque se encerrase a los ratones en jaulas muy pequeñas (y, por tanto, se redujeran sus necesidades energéticas a un valor próximo a su metabolismo basal o de reposo), seguirían necesitando casi cinco veces más alimento por unidad de peso que una cabra pequeña, casi diez veces más que un cerdo grande…, y todo eso para obtener un exceso de piel (los animales más pequeños tienen una superficie corporal relativamente mayor) y apenas unos gramos de carne por animal. Por eso algunas sociedades cazaban y comían ratones (los romanos comían lirones, *glires*, cebados en frascos, eviscerados y rellenos de carne de cerdo picada), pero nunca fueron domesticados.[10] Por este mismo motivo, la producción anual de carne de los mamíferos domésticos más pequeños —los cobayas (solo necesitan un tercio de alimento por unidad de masa corporal que un ratón) y los conejos— ha seguido siendo limitada.

Los cobayas (que rinden menos de un kilogramo de carne por canal) nunca han llegado a ser una fuente mundial de alimento y su cría sigue confinada a la región original de domesticación, ya que se alimentan de restos de comida en las cocinas andinas.[11] Los conejos son de mayor tamaño, pues el peso de uno de tres meses vivo oscila entre 1,5 y 2 kilogramos, y otros más pesados (de hasta seis meses) criados para asar pesan entre 2,5 y 3,5 kilogramos. Como el peso en canal es aproximadamente el 50 por ciento del peso vivo, un conejo pequeño rinde menos de un kilogramo de carne, demasiado poco para convertirse en una opción mayoritaria: su producción está muy concentrada en un puñado de países, dominados por China, y que incluyen Corea del Norte, Egipto, Italia y Rusia.[12]

¿QUÉ HAY PARA CENAR?

Como puede verse, las consideraciones metabólicas y los rendimientos cárnicos típicos favorecen a los mamíferos de mayor tamaño, es decir, aquellos animales que se encuentran en abundancia y cuyos cadáveres proporcionan carne suficiente para al menos una familia entera. Las cabras y las ovejas tienen todos los atributos deseables para facilitar su domesticación.[13] Cuentan con el tamaño adecuado: la mayoría de las ovejas adultas pesan entre 50 y 120 kilogramos, y las variedades más grandes de cabras adultas pueden igualar ese rango. Las cabras pequeñas, comunes en algunas partes de Asia, pesan solo de 25 a 40 kilogramos. Ambas especies son rumiantes y son capaces de adaptarse a climas duros (áridos, fríos), y las cabras, en particular, comen plantas espinosas y trepan por superficies muy inclinadas con sus pezuñas partidas y sus plantas parecidas a la goma. Su idoneidad para la domesticación se ve reforzada por su comportamiento social. Las ovejas muestran un instinto intensamente gregario que se traduce en una fuerte mentalidad de rebaño, y los rebaños de cabras pueden mezclarse incluso con ovejas, vacas y caballos.[14]

Aunque el islam, el hinduismo y el judaísmo califican al cerdo de animal impuro, una prohibición que reduce el número de sus consumidores potenciales en unos 3.000 millones de personas (casi dos quintas partes de la humanidad), la de cerdo sigue siendo, con diferencia, la carne de mamífero más consumida.[15] En 2020 se produjeron unos 110 millones de toneladas, es decir, un 60 por ciento más que la de vacuno y 3,5 veces más que la de cabra y oveja juntas. Como sucedió con las ovejas y las cabras, una combinación de atributos facilitó la domesticación de los cerdos salvajes. Desde el punto de vista de la masa, son mamíferos medianos (ni demasiado pequeños ni demasiado grandes) y su rango de masa corporal se solapa con nuestro peso (la mayoría entre 60 y 150 kilogramos). Además, los cerdos se adaptan a diversos climas (desde el trópico hasta el subártico) y son omnívoros, lo que facilita su alimentación, son animales sociales que pueden pastorearse como las ovejas, y, al igual que estas (y a diferencia de las cabras), las grasas constituyen una parte relativamente alta de sus canales, un atributo bienvenido en sociedades cuya dieta tradicional carecía de ellas en cantidades suficientes.[16]

Los bovinos, del mismo modo que las ovejas y las cabras, son rumiantes (más pastoreadores que ramoneadores, prefieren los pastos a las hojas y ramas) con estructuras sociales diferenciadas.[17] Reconocen los rostros humanos y, cuando se los maneja adecuadamente, suelen ser dóciles y fáciles de pastorear. Pero pesan bastante más que las ovejas, las cabras y los cerdos, lo que tiene la ventaja de que proporcionan mucha carne por animal. Aunque sus pesados huesos y la piel reducen el peso comestible de su canal a solo un 40 por ciento del peso vivo (en el caso de los cerdos, esta proporción es de un 60 por ciento), su gran tamaño hace que un animal maduro rinda al menos 150 kilogramos en el caso de las vacas indias de bajo peso y hasta 350 kilogramos de carne en el de las grandes razas europeas.

Pero este alto rendimiento conlleva elevados costes metabólicos: para alcanzar pesos de sacrificio tan elevados son necesarios largos periodos de alimentación. Aunque su metabolismo basal es menor que el de las especies más pequeñas, esta ventaja se ve anulada por una masa corporal mucho mayor: las vacas de razas pesadas pueden alcanzar más de 700 kilos; los toros más de una tonelada.[18] Por ello, incluso las razas modernas, alimentadas con mezclas cuidadosamente equilibradas en grandes cebaderos, solo van al matadero tras pasar al menos dos años en estos sitios. Más adelante evaluaremos los requisitos energéticos de regímenes de alimentación específicos, pero por ahora está claro que la producción de carne de vacuno es menos eficiente y más exigente —desde el punto de vista medioambiental— que la de cerdo.

Vacas rentables

Entonces, ¿por qué nuestros antepasados no solo domesticaron a las especies de vacas, búfalos de agua y camellos más pequeñas (de peso medio), sino también a las grandes —y, en términos de producción de carne, muy caras—? No lo hicieron solo por la carne, sino por su fuerza muscular (los bueyes —toros castrados— se utilizaban como animales de tiro para la agricultura y el transporte por carretera) y por ser proveedores diarios de proteínas de la mejor calidad (en forma de leche). Durante siglos, los bueyes fueron los animales de tiro más habituales no solo en Asia y África, sino también en Europa y, tras la colonización europea, en América.[19] Los caballos empezaron a introducirse en algunas partes de Europa a partir de la Alta Edad Media, pero en ciertas regiones los bueyes siguieron siendo indispensables hasta bien entrado el siglo XIX. Por ejemplo, a principios de la década de 1880, los bueyes representaban más del 60 por ciento de todos los animales de tiro en el oeste y sudoeste de Francia. Su retirada en Europa y Estados Unidos estuvo relacionada con la introducción de nueva maquinaria para la cosecha de grano (segadoras, atadoras y, más tarde, cosechadoras) diseñada para ser tirada por caballos, más potentes.[20] Mientras los bueyes fueron necesarios para las labores esenciales del campo, solo se sacrificaban para carne cuando envejecían, enfermaban o escaseaba el pienso.[21]

La importancia de la leche y los productos lácteos en las dietas de la época antigua, medieval y de principios de la moderna en las regiones con ganado doméstico tiene numerosos testimonios. El desayuno romano (*jentaculum*) solía consistir en pan y queso. Unos dos milenios más tarde, la investigación de Frederick Morton Eden sobre la vida de los ingleses más empobrecidos (publicada en 1797) describía desayunos sencillos a base de cereales o leguminosas hervidos, tomados normalmente con «un poco de leche», lo que proporcionaba una dosis pequeña, pero diaria, de proteínas de alta calidad.[22] Mientras el lugar central de la vaca y la leche en el hinduismo sigue siendo tan importante como siempre (la India aglutina casi el 12 por ciento del ganado vacuno del mundo, casi el 55 por ciento de todos los búfalos de agua, y es el segundo mayor productor de leche del mundo, muy cerca de Estados Unidos), la leche ha ganado importancia incluso en algunas civilizaciones tradicionalmente no lecheras; Japón es el ejemplo más destacado. En los últimos años, el consumo medio anual per cápita de productos lácteos (leche, yogur, helados y quesos) ha superado el peso (pero no el valor energético total de los alimentos) del arroz.[23]

En Europa siempre se ha consumido carne de vacuno (y también en partes de Asia y África), a veces en cantidades considerables, aquellos que podían permitírsela, pero tuvieron que producirse tres grandes cambios para que se convirtiera en una de las principales carnes del mundo. Primero, el desplazamiento del ganado vacuno como fuente de tracción más importante en la agricultura.[24] Después, el auge de la cría de vacuno en los inmensos pastos naturales de Estados Unidos, Canadá, Argentina y Australia, que ocurrió durante la segunda mitad del siglo XIX y dio lugar a las primeras exportaciones intercontinentales a gran escala. Y, por último, el desplazamiento de los caballos por las máquinas con motores de combustión interna (tractores, cosechadoras), lo cual permitió utilizar grandes extensiones antes dedicadas a la alimentación de estos animales (hasta el 25 por ciento de las tierras de labranza estadounidenses durante la segunda década del siglo xx) para producir piensos concentrados (principalmente maíz y soja) cuya disponibilidad permitió producir cantidades de carne de vacuno sin precedentes.[25]

Los datos de Estados Unidos ilustran el resultado de estos cambios. En 1900 el país producía unos 2,5 millones de toneladas de carne de vacuno y, para 1930, ese total solo había crecido marginalmente.[26] Las necesidades militares (raciones C enlatadas que contenían sobre todo carne de vacuno en conserva) elevaron la producción a 4,7 millones de toneladas en 1945. Luego, la producción casi se triplicó, entre 1950 y 1976 (hasta 11,8 millones de toneladas), a medida que las instalaciones concentradas de alimentación de animales (CAFO, por sus siglas en inglés) se convirtieron en la principal fuente barata de esta carne. El posterior estancamiento se debió a la inquietud por los efectos de su consumo sobre la salud (en particular, su supuesto papel en el aumento de la mortalidad por enfermedad cardiovascular), y solo se establecieron nuevos récords muy poco más elevados (lo que implica una producción per cápita considerablemente menor) en el año 2000 (12,2 millones de toneladas) y en 2020 (12,3 millones de toneladas).[27] Mientras que la producción posterior a 1950 ha aumentado en Europa y América Latina, la parte correspondiente de Estados Unidos ha ido disminuyendo de forma constante, pasando de más del 30 por ciento en 1950 al 20 por ciento en 2020.

Granjas de animales

Pero el retroceso relativo del vacuno no supuso un menor consumo de carne per cápita, ni en Estados Unidos ni en el resto del mundo; se vio compensado por el aumento de la carne de cerdo y por el incremento aún más rápido de la de pollo. En 2020, los datos mundiales de la FAO hablaban de unos 120 millones de toneladas de pollo, 110 millones de toneladas de cerdo y 68 millones de toneladas de vacuno. Durante los últimos cincuenta años, tanto la producción de carne de cerdo como la de pollo ha aumentado gracias a la industrialización de procesos e infraestructuras como las CAFO, de un tamaño cada vez mayor, que han sustituido a las explotaciones mixtas antes dominantes (y, en comparación, siempre más pequeñas), en las que se criaban varias especies de animales alimentados con piensos cosechados localmente. Este vínculo tradicional se rompió con las nuevas instalaciones que albergan más de 1.000 unidades animales (UA). La medida relativa se basa en las necesidades de alimentación, con una cabeza de ganado lista para el sacrificio a 1,0, una vaca lechera a 1,4, un cerdo en maduración de más de 25 kilos a 0,4 y una gallina ponedora o un pollo a 0,01 UA.[28]

En consecuencia, una CAFO de ganado vacuno debe tener al menos 800 cabezas, una de ganado porcino al menos 2.500 cerdos y una de pollos de engorde más de 33.000 pollos. Las grandes explotaciones estadounidenses son mucho mayores, con grupos de ganado vacuno de más de 100.000 animales grandes.[29] En todas estas explotaciones solo se alimenta a animales de una sola especie, con piensos formulados para que ganen peso lo más rápidamente posible y pase el menor tiempo hasta alcanzar el peso de sacrificio: mezclas de hidratos de carbono (mayoritariamente maíz) y proteínas (soja), granos de cereales y leguminosas (en el caso de la carne de vacuno se complementa con forrajes bastos). No hay posibilidad de movimiento libre prolongado y, por tanto, tampoco hay vegetación, pastoreo, ramoneo ni *perching*.

Las CAFO han sido criticadas durante décadas por muchas razones. Los detractores del consumo de carne, por su crueldad con los animales; los ecologistas, por sus numerosas repercusiones en la calidad de la tierra, el aire y el agua (pues generan contaminantes, patógenos y plagas); los economistas, por un uso intensivo de recursos que las hace insostenibles y económicamente cuestionables.[30] En muchos países prósperos existen alternativas (que suelen ser más caras), desde la carne de vacuno alimentado con pasto y la carne de cerdos sueltos hasta los pollos y huevos de gallinas criadas en libertad. No obstante, en Estados Unidos una gran parte de los animales producidos comercialmente (el 70 por ciento de las vacas, el 98 por ciento de los cerdos y el 99 por ciento de los pollos y pavos) proceden hoy en día de este tipo de instalaciones, y las CAFO suministran en la actualidad más del 70 por ciento de las aves de corral y más de la mitad de la carne de cerdo del mundo.[31]

Las CAFO han alcanzado tal dominio acortando en gran medida los periodos tradicionales de alimentación y bajando el precio de la carne. En este sentido, el cambio más notable se produjo en el consumo de pollo. Antes de 1920, en Estados Unidos (y antes de la década de 1950 en la mayoría de los países de la Unión Europea) la carne de pollo era un lujo que se reservaba para ocasiones especiales, pues las aves se criaban para poner huevos y su carne solo estaba disponible como resultado del sacrificio de gallos y gallinas improductivas.

La cría comercial de pollos de engorde no empezó a desarrollarse hasta la década de 1920 en Estados Unidos y después de la Segunda Guerra Mundial en Europa. En las CAFO modernas, los cerdos salen al mercado al cabo de seis meses, y los pollos están listos en solo seis semanas. Este acortamiento del tiempo, que resulta de la combinación de los cruces, los piensos de alta calidad y la cría en confinamiento (lo que reduce su metabolismo energético), ha producido los aumentos de eficiencia más notables en los pollos, una mejora mucho menos pronunciada en los cerdos y ninguna ventaja en el ganado vacuno.

¿CUÁL ES LA CARNE MÁS EFICIENTE DESDE EL PUNTO DE VISTA ENERGÉTICO?

Gracias al Departamento de Agricultura de Estados Unidos (USDA, por sus siglas en inglés) podemos rastrear las eficiencias alimentarias medias desde 1910 en el caso del ganado vacuno y porcino, y desde 1935 en el de los pollos.[32] Los índices se expresan en unidades de pienso (equivalentes al contenido energético del maíz en grano) por unidad de peso vivo (o por unidad de leche, o por cada 100 huevos). A pesar de los grandes cambios en la cría y la alimentación, la intensidad de la producción de carne de vacuno ha mostrado muchas fluctuaciones, pero ninguna tendencia: en 1910 se necesitaban unos 10 kilogramos de equivalente de maíz para producir un kilogramo de peso vivo de vacuno; las fluctuaciones posteriores elevaron la tasa a unos 14 kilogramos en 1980; y los últimos valores (de finales de la década de 2010) son de unos 12 kilogramos. Del mismo modo, la tasa de alimentación de la carne de cerdo descendió de 6,6 en 1910 a 5 en 1930, se situó en 6 en 1980 y recientemente justo por debajo de 5. En consecuencia, el único descenso

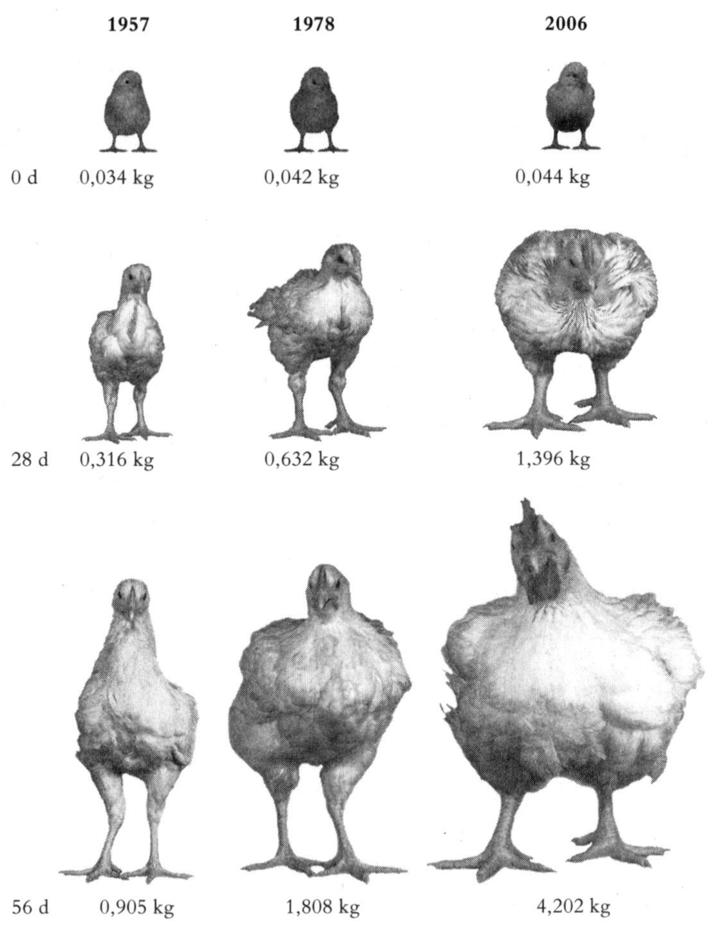

Lo que la alimentación y la cría modernas hicieron a un pollo:
vistas frontales de aves a los 0, 28 y 56 días de edad en 1957, 1978 y 2006.

demostrable ha sido el de la producción de pollos, que pasó de 5,5 en 1925 a 4 en 1950, 3 en 1960, 2 en el año 2000 y 1,6 en 2010, seguido de un ligero incremento. Estos índices del USDA se suelen citar para concluir que la carne de cerdo requiere unas tres veces más energía alimentaria para su producción que la de pollo, y que la de vacuno exige al menos siete veces más alimento.

Estas cantidades son correctas, pero no se refieren a la carne, sino (como dice explícitamente el USDA) a una unidad de peso vivo. Para que los índices sean realmente comparables debemos convertir el peso vivo en peso comestible, un ajuste específico de cada especie. Como ya se ha señalado, la carne de vacuno (con huesos pesados y una gran superficie de piel) tiene la menor relación carne comestible/peso vivo, en torno al 40 por ciento. Por el contrario, un pollo desplumado puede comerse entero en Asia (incluidas las patas y la cresta del gallo, dejando únicamente el pico), y en Estados Unidos (donde ahora se come sobre todo en porciones troceadas: pechugas, muslos, alas) la proporción es del 60 por ciento. En el caso del cerdo casi el 55 por ciento del peso vivo es comestible.[33] Si ajustamos estos índices específicos, obtenemos unas intensidades alimentarias reales y recientes en Estados Unidos de aproximadamente 2,7 para la carne de pollo, 9 para la de cerdo y 30 para la de vacuno. Si la elección se basara tan solo en la eficiencia de la alimentación, no tendría ningún sentido consumir carne de vacuno, pues requiere más de 10 veces energía alimentaria por unidad de producto comestible que la de pollo.

Al mismo tiempo, hay que recordar que estas comparaciones, realizadas en términos de unidades de alimentación (equivalentes de maíz), no nos dicen nada sobre la composición real de las dietas específicas de los diversos animales. Aunque la carne de vacuno tiene un coste energético alimentario sustancialmente superior a la de pollo, incluso en Estados Unidos una gran parte de ese alimento procede de forrajes y residuos de cultivos que no son comestibles para el ser humano, mientras que el pollo puede ser alimentado con una mezcla de grano y soja que podría haberse convertido en productos comestibles. Hasta ahora, el estudio más exhaustivo sobre la alimentación del ganado ha demostrado que el 86 por ciento (medida en términos de materia seca) consiste en materiales no comestibles para las personas, y que para producir un kilogramo de carne se necesitan, por término medio, 2,8 kilogramos de grano comestible, en el caso de los rumiantes, y 3,2 en el de los animales monogástricos (cerdos, aves de corral), y que bastaría un modesto aumento de la eficiencia de conversión de los piensos para evitar una mayor expansión de las tierras de labor dedicadas a la producción de piensos (granos, semillas oleaginosas).[34]

Estas intensidades se traducen también en que ha ido disminuyendo la eficiencia energética del sistema alimentario en todo el mundo, con cantidades crecientes de consumo de carne (así como de huevos y leche). Recordemos que incluso una buena cosecha de maíz de Iowa (un cultivo C4 relativamente eficiente) solo absorbe alrededor del 0,7 por ciento de la radiación solar que recibe el campo, y que las eficiencias son menores (0,15-0,6 por ciento) para los cultivos C3. Por consiguiente, la carne de vacuno de cebo criada con maíz incorporaría solo el 0,023 por ciento (0,7/30) de la energía solar necesaria para cultivar el pienso, y un pollo alimentado con una mezcla de maíz, trigo y soja (suponiendo una eficiencia de producción ponderada del 0,35 por ciento) contendría el 0,13 por ciento de la energía que llegó a los campos en los que se cultivaron esos piensos.

Inevitablemente, el consumo de alimentos de origen animal reduce aún más la eficiencia de nuestra producción. Esta realidad —que resulta del consumo de alimentos que proceden de niveles superiores de la cadena— también puede expresarse trazando los desplazamientos de los niveles tróficos humanos medios.

¿Qué está en juego?

Las poblaciones que se alimentan en exclusiva de vegetales se situarían en un nivel trófico de 2,0 (recordemos la pirámide mostrada anteriormente), y muchas regiones de la China y el África premodernas se acercaban mucho a las dietas puramente vegetales. (La dependencia china de los granos básicos se trató en el capítulo 2). Por el contrario, las personas que siguieran la llamada «dieta paleolítica», promovida recientemente por algunos dietistas (se podría definir, en pocas palabras, como «filete y ensalada»), estarían comiendo en un nivel trófico muy cercano a 3,0.

En 2013, un grupo de científicos franceses del Institut Français de Recherche pour l'Exploitation de la Mer publicó una cuantificación global de los niveles tróficos nacionales y mundiales basada en las estadísticas de suministro de alimentos de la FAO, y descubrió que entre 1961 y 2009 la mediana mundial (ponderada según el tamaño de la población de cada país) se elevó de 2,13 a 2,21 puntos, y que este aumento se debió sobre todo a las transformaciones de la dieta en China e India, cuya mediana del nivel trófico humano pasó de 2,05 a 2,20, mientras que el nivel de otros países se mantuvo estable en 2,31, y la dieta islandesa (mitad vegetales, mitad pescado y carne) se llevó el primer puesto con 2,57, un descenso frente a los 2,76 a principios de los años setenta.[35]

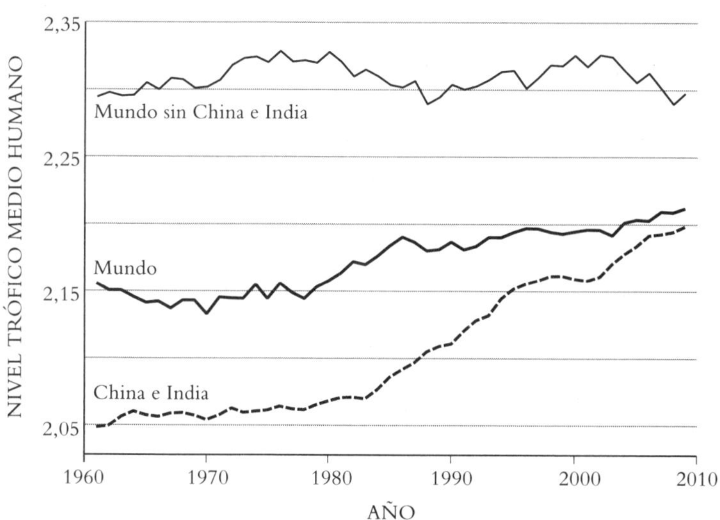

Aumento de los niveles tróficos alimentarios medios: el efecto asiático.

Aunque este análisis confirmó la existencia de un componente universal de las transformaciones alimentarias —comer a un nivel trófico medio incluso ligeramente superior supone una mayor presión sobre los recursos de la biosfera—, los autores no señalaron un problema fundamental de sus datos: las cuentas de la balanza alimentaria de la FAO se refieren al suministro de alimentos, no al consumo en sí. Por ejemplo, los balances recientes de la FAO para Francia muestran un suministro medio diario de 3.500 kcal per cápita, pero no se consumen más de 2.200 a 2.400 kcal per cápita; el resto se asigna al desperdicio de alimentos, omnipresente e inaceptable, a todos los niveles (producción, transformación, venta al por mayor, venta al por menor, consumo doméstico). Sin embargo, como es imposible hacer estimaciones fiables sobre las diferencias nacionales y temporales en las pérdidas de alimentos (y, por tanto, conocer las cantidades desperdiciadas dentro de categorías específicas), no tenemos forma de ajustar los niveles tróficos humanos desde el suministro a la ingesta real, lo que solo se mide de forma directa y fiable en raras ocasiones.

¿Pasturas más verdes?

Cuando nos apartamos de la carne de vacuno producida en macrogranjas y dependiente de mezclas de maíz y soja, y consideramos la carne que se obtiene mediante pastoreo, el nivel trófico se mantiene (2,0), pero la eficiencia de conversión cambia profundamente. Si el número de animales en los pastos se limita con cuidado a la capacidad de la zona de pastoreo (es decir, a la cantidad de nueva masa vegetal que puede producir un pastizal y que los animales pueden consumir sin causar pérdida de cubierta vegetal ni erosión del suelo), la carne de vacuno alimentada con hierba y producida en climas donde hay pastos durante todo el año solo necesitaría pastoreo, suministro de agua y (tal vez) vallado, y no exigiría el cultivo intensivo de cereales forrajeros. En climas más fríos, también es necesario cosechar y almacenar heno para la alimentación invernal.

Pero incluso la carne de vacuno alimentada con hierba sigue siendo exigente con el medio ambiente, pues los rumiantes necesitan al menos tres veces más masa vegetal por unidad de ganancia de peso cuando pastan que cuando son alimentados con cereales —incluso si la comparación se hace en términos de materia seca en lugar de peso fresco— y al menos 20-25 veces más masa de hierba o heno que los cerdos y pollos criados en CAFO. Si se compara en términos de materia seca, la hierba y las hojas consumidas por los rumiantes son la mayor contribución a los 6.500 millones de toneladas de alimentación para el ganado en 2020: casi el 50 por ciento. Les siguen los residuos de cultivos (sobre todo paja y tallos de cereales), con casi el 20 por ciento, y los cereales forrajeros, que aportan cerca del 13 por ciento. Esto significa que, en 2020, alrededor de un tercio de la producción mundial de cereales y dos tercios de la cosecha de grano de Estados Unidos se destinaron a la alimentación animal.[36]

Dada la gran cantidad de fitomasa verde (o seca) necesaria para producir carne de vacuno mediante pastoreo, no es de extrañar que esta muestre la mayor intensidad de consumo de agua de todas las carnes principales: la media mundial es de 22.000 toneladas por tonelada de peso vivo,[37] lo que contrasta con las 1.500-2.000 t/t de los cereales, y es del mismo orden de magnitud que la producción del cultivo más intensivo en agua, el café (unas 18.000 t/t; véase el capítulo 3). Pero la producción mundial de café ha sido solo de unos 10 millones de toneladas en los últimos años, mientras que la de carne de vacuno más de seis veces mayor, y la mayoría de estos animales ha pasado partes variables de su vida pastando.

Esto es cierto incluso en países como Estados Unidos y Canadá, que cuentan con diferencia con el mayor número de CAFO ganaderas de gran tamaño. Los terneros (nacidos tras la inseminación artificial de vacas de dos años, al cabo de nueve meses de gestación) se crían con las vacas en pastos (sin grano o con una cantidad mínima) durante seis a diez meses, y luego, cuando pesan 270-360 kilogramos, se venden a cebaderos. Ahí se alimentan con raciones altamente energéticas de grano y forraje hasta que alcanzan un peso de mercado de 630-680 kilogramos; esto suele llevar cinco meses, pero a veces más de siete. Las terneras (hembras jóvenes antes de su primer embarazo) y los bueyes (toros castrados) pueden permanecer en los pastos entre dos y cinco años antes de alcanzar su peso de sacrificio.[38] Aunque los índices de conversión de los bovinos fueran comparables a los de los cerdos o los pollos, estos largos periodos de producción supondrían un rendimiento comparativamente inferior.

El meollo de la cuestión

Una gestión adecuada de la carne de vacuno alimentada con pasto (sobre todo, la prevención del sobrepastoreo) requiere, incluso en ecosistemas muy productivos, mucho espacio. En Norteamérica, la superficie necesaria para una vaca (si bien depende de la producción estacional de forraje) oscila entre apenas 1,1 hectáreas en la verde y lluviosa Nueva Inglaterra y 5,5 hectáreas en las Grandes Llanuras septentrionales y las 22 hectáreas en los áridos estados montañosos occidentales, con una media nacional de unas 7 hectáreas por animal; mientras que en el Brasil tropical los índices habituales se sitúan entre 0,3 y 2 hectáreas por cabeza.[39] Es evidente que incluso la carne de vacuno alimentada siempre con pasto supone una carga mucho mayor para los recursos que la de cerdo o pollo.

Las ventajas del ganado vacuno no pueden compensar los inconvenientes de su gran tamaño: reproducción lenta y un periodo prolongado hasta alcanzar la madurez (predominan los partos únicos; la frecuencia de partos de gemelos es inferior al 5 por ciento), además de grandes necesidades de metabolismo basal acumuladas. Es evidente, pues, que el ganado vacuno no es una opción óptima para convertirse en fuente de carne, y, una vez que los animales no fueron necesarios para el tiro, la decisión más racional habría sido mantenerlos para la leche, salvo en aquellas regiones naturalmente herbosas y lluviosas donde podrían criarse mediante pastoreo, sin someter a presión a los recursos hídricos. Pero, tras milenios de consumo de esta carne en muchas culturas del Viejo Mundo y dada su popularidad en la Norteamérica del siglo XIX, esta opción nunca fue realista.

LAS VACAS Y EL CAMBIO CLIMÁTICO

Pero ahora, a las acusaciones sobre el espacio, la alimentación y el agua se añade otra aún más formidable contra el ganado vacuno: la de ser una importante fuente mundial de metano (CH_4), un gas de efecto invernadero que absorbe la radiación saliente con mucha más eficiencia (unas 28 veces más) que el CO_2. Las mediciones actuales de las emisiones de CH_4 de las vacas Holstein en California (se utilizan sellos herméticos en la cabeza y el cuello del animal dentro de una gran cámara de plástico transparente) indican que cada año una vaca emite 98 kilogramos de metano.[40] No obstante, debido a la variedad de tamaños, edades y dietas específicas de los animales, todas las estimaciones globales de eructos de rumiantes son meras aproximaciones. Dado el gran tamaño de otras fuentes de metano de Estados Unidos (procedentes sobre todo del uso de combustibles fósiles), los rumiantes estadounidenses solo representan alrededor del 2 por ciento de todas las emisiones directas y el doble si se incluyen las indirectas, principalmente óxido nitroso (N_2O) procedente de suelos fertilizados. El total mundial sigue siendo incierto.

La evaluación global de la FAO concluyó que las cadenas de suministro ganaderas emitían una cantidad de metano cuyo efecto de calentamiento equivalía a 8.100 millones de toneladas de CO_2 en 2010; eso implicaría unos 8.700 millones de toneladas en 2020.[41] El ganado contribuye con cerca del 60 por ciento del total, y (como era de esperar, dado el gran número de cabezas de ganado) América Latina es el mayor contribuyente regional, seguido por el sur de Asia. Si se compara en términos de emisiones por unidad de proteína, la carne de búfalo ocupa el primer lugar, seguida por la de vacuno. Las emisiones relativas de la producción de leche de vaca son solo un 30 por ciento de las de la carne, mientras que la carne de cerdo, de pollo y los huevos de gallina son las fuentes de proteínas que menos gases de efecto invernadero emiten.

Los zoólogos han tratado de averiguar cómo se pueden reducir las emisiones de metano de la producción de carne de vacuno y de productos lácteos. Una opción prometedora es la adición de algas marinas a la dieta; sin embargo, ampliar la recolección de algas marinas para proporcionar un suplemento alimenticio diario a los 1.500 millones de cabezas de ganado del mundo representaría un reto sin precedentes. Una forma mucho más sencilla de reducir los volúmenes de agua y metano sería limitar el consumo de carne a la producida mediante un pastoreo realmente sostenible, en regiones con altas precipitaciones, y desviar los granos que ahora se utilizan en los cebaderos para producir en su lugar más carne de cerdo y de pollo, y más huevos. Sin embargo, queda salvar un obstáculo clave: a la gente le gusta la carne de vaca.

OTRAS OPCIONES: GRANJAS DE AGUA

Ha ido ganando terreno otra opción para reducir el impacto de la carne en el medio ambiente terrestre: la expansión de la acuicultura, o cría comercial de pescado a gran escala. Tradicionalmente, este método de producción de proteínas de alta calidad se limitaba en gran medida a los peces herbívoros de agua dulce —sobre todo, varias especies de carpas en Asia, y también en algunas partes de Europa—, mientras que la acuicultura de agua salada se limitaba a las zonas costeras poco profundas (los estanques piscícolas de Hawái construidos con rocas de lava), y a la producción de crustáceos, moluscos y algas en algunos lugares de Asia oriental. Tras medio siglo de expansión después de 1970, la cosecha acuícola de algo más de 85 millones de toneladas de peces, crustáceos y moluscos ha superado la captura de especies salvajes en aguas marinas (algo más de 80 millones de toneladas) y se ha ido acercando cada vez más a la captura total (de agua salada y dulce) de 92 millones de toneladas.[42]

Los peces herbívoros dominan la producción acuícola mundial. Las cuatro especies de carpas chinas (herbívora, plateada, negra y cabezona) representan un tercio de la producción total en peso vivo. La tilapia del Nilo (que ahora se produce masivamente en Asia) es otra especie herbívora importante, al igual que diversos crustáceos y moluscos. A diferencia de los animales terrestres y domesticados de sangre caliente, la eficiencia de conversión de alimento en peso vivo suele ser mucho menor en los peces de sangre fría, con tasas metabólicas basales significativamente más bajas. En el caso de las carpas, los índices de conversión del alimento se sitúan entre 1,5 y 2, en el de los peces gato entre 1,2 y 2,2, y en el de las tilapias entre 1,4 y 2,4.[43]

Esto significa que los índices más bajos son inferiores a la eficiencia alimentaria para el pollo (en términos de peso vivo), mientras que el índice para las porciones comestibles dependerá de las preferencias dietéticas y culturales: en Asia, la carpa puede comerse entera salvo sus espinas. Las especies de diádromos (salmónidos, que se desplazan de forma natural entre el agua salada y el agua dulce, como el salmón y la trucha) representan dos tercios de la acuicultura marina de peces de aleta, y los índices de conversión alimenticia de estos peces carnívoros son, como es lógico, tan bajos como los de las especies herbívoras o incluso más, porque las proteínas y las grasas son más fáciles de digerir que la fitomasa celulósica.

Pero la equivalencia numérica de las ratios de alimentación oculta la evidente diferencia de nivel trófico: los peces herbívoros se alimentan, al igual que los campesinos más pobres de las sociedades tradicionales, en el nivel trófico 2,0, los salmones lo hacen en el 3,0 y el atún llega hasta el 4,0. Mientras que las carpas herbívoras pueden alimentarse con pellets baratos preparados con mezclas de granos de cereales y leguminosas, las especies carnívoras no crecen rápidamente ni maduran sin alimentarse con cantidades significativas de proteínas y aceites de pescado. Estos, a su vez, solo pueden obtenerse capturando especies herbívoras más pequeñas y menos valiosas (la mayoría de las veces, sardinas, anchoas y caballas) y utilizándolas para fabricar piensos adecuados para peces. Según la FAO, en 2019 alrededor del 11 por ciento de la captura mundial de pescado (unos 20 millones de toneladas) se utilizó para productos no alimentarios, sobre todo para hacer harina y aceite de pescado para alimentar especies carnívoras de acuicultura. La expansión de los piensos a base de pescado ha suscitado preocupación a causa de la eficiencia global de esta práctica, medida como la proporción de entradas y salidas de pescado (FIFO, siglas en inglés para *fish in, fish out*).

Esta proporción es de 2,2 para los peces marinos, de 3,4 para la trucha y de hasta 4,9 para el salmón, lo que significa que tendrían que capturarse casi 5 kilogramos de peces salvajes para producir un solo kilogramo de salmón.[44] En los cálculos anteriores, la consideración por separado de la harina y el aceite de pescado no tiene en cuenta la harina de pescado sobrante tras la producción de aceite de pescado. Un cálculo corregido nos deja el FIFO del salmón en 2,3, y el de la trucha, así como la media de todos los peces marinos, en 2,0.[45] Esto sigue implicando que la producción de salmón y de aceite de pescado es la misma. El resultado seguiría siendo igual: la cría de peces carnívoros de acuicultura supone una pérdida considerable de proteínas animales.

A medida que ha ido aumentando la producción de piensos acuícolas, las empresas han cambiado las fórmulas, utilizando más residuos del procesado en lugar de pescado recién capturado, y sustituyendo porcentajes significativos de aceite de pescado por aceites vegetales. Como resultado, la masa total de harina y aceite de pescado producida en todo el mundo (unos 648 millones de toneladas) se mantuvo relativamente estable entre 2000 y 2020. No tuvo lugar una presión adicional sobre los recursos marinos para producir piensos.[46]

Quizá la mejor manera de cuantificar la carga alimentaria de los peces omnívoros y carnívoros de acuicultura sea fijarse en el ratio sugerido en 2020 por un grupo de autores dirigido por Björn Kok: el ratio económico FIFO (también conocido como FCR) tan solo da cuenta de la cantidad de peces utilizados para producir un kilogramo de pescado de piscifactoría.[47]

Los avances en la formulación de piensos y en las prácticas acuícolas han ido reduciendo esta proporción para todas las especies. En el caso de los peces marinos, las anguilas y los peces carnívoros de agua dulce, la proporción disminuyó de 5,6 en 1995 a 0,9 en 2015; en el de los crustáceos, de 2,6 a 0,5; y en el de los salmónidos (cuya producción se basa por completo en la alimentación artificial), de 3,8 en 1995 a 1,0 en 2020. Esto significa que, en 2020, la mayoría de las especies de acuicultura (criadas parcial o únicamente mediante el uso de piensos a base de pescado) eran productoras netas de pescado; la anguila era la única consumidora neta, mientras que el salmón y la trucha eran neutrales en términos netos, ya que su producción implica un intercambio 1:1 de peces de pienso más pequeños. En 2017 se informó por primera vez de que el salmón de piscifactoría generaba más proteínas de las que consumía en forma de piensos de peces salvajes.[48]

Pero el atún rojo —el pescado más codiciado en el mundo a causa del sushi, y en la Lista Roja de especies más amenazadas— es otra historia. Tras décadas de costosos ensayos y fracasos, se ha logrado criar a partir de huevos desovados por atunes que fueron incubados artificialmente (la llamada «acuicultura de ciclo cerrado»).[49] Pero esta práctica, hasta ahora limitada a Japón y a una sola ubicación de Estados Unidos, es extremadamente compleja. Menos del 1 por ciento de los huevos eclosionados sobreviven, y solo el 0,1 por ciento de los peces llegan a la edad cosechable.

Los grandes atunes comen cada día alrededor del 5 por ciento de su peso corporal en pescado, por lo que la proporción media FIFO es muy alta: 10-15 para los peces jóvenes y 20-30 durante los años necesarios para el engorde de los adultos. Una forma mucho más extendida de acuicultura del atún es lo que podría denominarse «cría de atún salvaje»: capturar peces pequeños y alimentarlos en corrales (durante un máximo de 30 meses) hasta sus cuerpos alcancen el contenido graso idóneo para el mercado del sushi.[50] Estos corrales funcionan ahora en Japón, Australia y varios países mediterráneos (Italia es el líder). Pero esta práctica no contribuye en nada a la conservación de las poblaciones salvajes, ya que los atunes jóvenes se capturan antes de que puedan reproducirse, y tiene el mismo ratio FIFO, excesivamente elevado, que la acuicultura de atún en ciclo cerrado.

Todos los tipos de acuicultura, desde los estanques de camarones de Asia hasta los corrales oceánicos de salmón de la costa de

Nueva Zelanda, han ido acompañados (al igual que en el caso de los animales que se alimentan en confinamiento terrestre) de inquietud sobre las indeseables consecuencias medioambientales y de que los individuos no autóctonos que se escapan terminen reproduciéndose con las especies salvajes locales. Una respuesta radical a estas preocupaciones ha sido la producción en contenedores en tierra de salmones modificados genéticamente y de crecimiento rápido. Todavía queda por ver hasta dónde nos llevará esta vía.[51] El número de especies de peces marinos cultivadas en acuicultura ha ido en aumento, pero siguen predominando los peces más populares en Asia: el salmón ocupa tan solo el décimo lugar en la producción anual mundial; y el bacalao, otra opción occidental muy popular, aún no se ha comercializado (tras algunos contratiempos en el pasado).[52]

¿Deberíamos comer animales?

Una forma de abordar este tema, a menudo tan ligado a lo emocional, es remitir al lector a multitud de publicaciones a favor y en contra; aunque, como demuestra el contraste entre dos citas de artículos recientes, quizá eso solo refuerce su preferencia. Nick Zangwill, profesor de Filosofía del University College de Londres, afirma con rotundidad:

> Si te importan los animales, debes comértelos. No es solo que *puedas* hacerlo, sino que *debes* hacerlo. De hecho, se lo debes a los animales. Es tu deber. ¿Por qué? Porque comer animales les beneficia y les ha beneficiado durante mucho tiempo. Criar y comer animales es una institución cultural muy arraigada que constituye una relación mutuamente beneficiosa entre los seres humanos y los animales.[53]

Gary Francione, profesor de Derecho de la Universidad Rutgers (Estados Unidos), no es menos firme en el otro sentido, y extiende la prohibición a todos los alimentos de origen animal:

La carne no es el único problema; no hay ninguna diferencia moralmente significativa entre la carne, por un lado, y los productos lácteos y los huevos, por otro. *Todos* estos productos implican sufrimiento y muerte. El veganismo no es una postura extrema; lo que es extremo es la pretensión de creer que los animales importan moralmente y luego infligirles sufrimiento sin otra razón que el placer culinario o la comodidad.[54]

¿*Todos* estos productos? Los pastores que cuidan rebaños en libertad, los ordeñan y elaboran quesos artesanales tradicionales podrían tener algo que decir sobre la exposición de sus animales al sufrimiento y la muerte.

¿Cuál es mi posición? Siempre tengo presente la frase fundamental de Theodosius Dobzhansky: «Nada en biología tiene sentido si no es a la luz de la evolución».[55] Es un hecho evolutivo y fisiológico incontrovertible que descendemos de una larga línea de primates y homínidos omnívoros, que nuestro sistema digestivo es indudablemente el de un omnívoro, que nuestra evolución e historia durante los últimos 11.000 años están estrechamente ligadas a la domesticación de más de una docena de especies de mamíferos y aves, y que nuestra salud y desarrollo mental han sacado partido del consumo de carne, huevos y productos lácteos. Que debemos tratar a los animales con humanidad (y muchas veces no lo hacemos) y consumir alimentos de origen animal con moderación son salvedades obvias respaldadas por una gran cantidad de pruebas. Pero las perspectivas evolutivas no justifican que consideremos lamentable la domesticación de los animales o despreciable el consumo de alimentos de origen animal.

5

¿Qué son más importantes, los alimentos o los *smartphones*?

Durante décadas, el producto interior bruto (PIB) ha sido el principal índice de medida del progreso moderno: los políticos siempre quieren que aumente a un ritmo que consideren «saludable». Por eso, incluso en las economías grandes y prósperas, donde la renta media anual per cápita es de decenas de miles de dólares, todo lo que esté por debajo del 1 por ciento se considera decepcionante e indeseable. Los economistas se extasían ante los países cuyo crecimiento anual del PIB se aproxima al 10 por ciento; y, si llega a los dos dígitos, se quedan alucinados. No es de extrañar, pues, que durante las últimas tres décadas hayan reservado su mayor admiración para la China comunista, cuyo crecimiento del PIB se situó mayoritariamente entre el 9 y el 14 por ciento entre 1991 y 2010, antes de descender a la horquilla del 6-7 por ciento durante la década de 2010, muy similar al crecimiento económico de la India.[1]

¿Y qué nos dicen estas cifras del PIB sobre la producción de alimentos? Que, según los estándares económicos modernos, es el más marginal de todos los empeños humanos; que, cuando se juzga por su participación en el producto económico total, es el contribuyente menos importante a las actividades económicas de todas las sociedades modernas. De hecho, no ha dejado de disminuir: en 2020 era del 4 por ciento (frente al 10 por ciento de 1970), con porcentajes relativamente altos (> 10 por ciento) solo en África y los países más pobres de Asia, mientras que las contribuciones en el Reino Unido, Alemania, Estados Unidos, Japón y Francia son únicamente de, respectivamente, el 0,8, 0,9, 1,0, 1,0 y 1,9 por ciento.[2] Todos los restantes sectores son económicamente más importantes: la construcción, el transporte, la industria manufacturera y, por supuesto, los ahora omnipresentes «servicios», que representan el 65 por ciento del producto económico mundial y contribuyen con el 77 por ciento del total en Estados Unidos. Esto significa que, en 2020, con un producto económico mundial anual de unos 85 billones de dólares, los servicios mundiales se valoraron en más de 55 billones de dólares, mientras que la agricultura contribuyó con menos de 4 billones de dólares.[3] Pero estas cantidades no tienen sentido y son manifiestamente erróneas.

Smartphones frente a granos básicos

El hecho de que esas cantidades no tienen sentido —son el resultado de valoraciones que no distinguen entre necesidades insustituibles y actividades prescindibles, incluso frívolas— puede demostrarse fácilmente comparando unas pocas cifras. El mercado mundial de servicios financieros tiene hoy un valor de más de 20 billones de dólares, casi una cuarta parte del producto económico total, y la pérdida de una quinta parte del mismo (¡el equivalente a toda la producción agrícola mundial!) situaría su tamaño al mismo nivel que hace una década. Esto provocaría diversos trastornos financieros, pero, comparado con la pérdida de una quinta parte de la producción mundial de alimentos (¡para más de 1.500 millones de personas!), no provocaría hambrunas ni mortalidad masiva. Otra forma de poner de manifiesto lo absurdo de nuestras valoraciones económicas es comparar el valor de los *smartphones* y el de los granos básicos.

El mercado mundial de *smartphones* tenía un valor de unos 400.000 millones de dólares en 2021, solo un 10 por ciento menos que el valor de la cosecha mundial de trigo y arroz del mismo año (suponiendo unos precios medios anuales de, respectivamente, 260 y 460 dólares por tonelada).[4] La repentina desaparición de los teléfonos móviles causaría, por supuesto, algunos problemas, pero el ajuste necesario (después de todo, según este experimento mental, internet permanecería intacto) sería incomparablemente más fácil que la pérdida de 1.300 millones de toneladas de los dos granos básicos más importantes, lo que provocaría hambrunas sin precedentes y la muerte de una parte significativa de los 8.000 millones de personas actuales.

LA HISTORIA CONTRA LOS ECONOMISTAS

Para demostrar lo erróneo de la valoración actual de lo que los economistas consideran «agricultura», es necesario deconstruir y reconstruir la definición y el alcance del sector. El origen latino de la palabra —*agri cultura* (*ager* es «granja» o simplemente «tierra»)— la limita a los cultivos, pero hace tiempo que se hizo evidente que los animales domésticos (que proporcionan fuerza de tiro, alimento y fertilizante) son parte integral de la actividad. Además, las definiciones económicas modernas añaden también la captura de peces (de hábitats gestionados o naturales), y en algunas estadísticas nacionales se agrega también el valor de la silvicultura, pues los economistas la consideran una actividad «extractiva» afín. Para cualquiera que esté mínimamente familiarizado con la historia de las actividades económicas, estas definiciones tan limitadas solo valdrían para las agriculturas tradicionales, en las que más del 90 por ciento de la población vive en pueblos o ciudades pequeñas y se dedica a plantar, cuidar, cosechar, procesar y vender cultivos, así como a cuidar de los animales domésticos y obtener ingresos mediante la venta de carne y productos lácteos.

Hombres, mujeres y niños (empezando a la tierna edad de hasta cuatro años) trabajaban en el campo: sembraban, escardaban, abonaban y recolectaban los frutos a mano, segaban las cosechas con hoces o guadañas, transportaban las gavillas a la espalda o en carros tirados por animales y cuidaban de estos (estabulación, pastoreo y alimentación). Luego continuaban en las eras y en sus patios, establos y casas: procesando las cosechas, moliendo a mano los granos, extrayendo aceites comestibles en prensas, ordeñando vacas, cabras, ovejas, yaks o camellos, haciendo mantequilla, nata y queso (todo a mano), secando fruta, sacrificando animales, preparando productos cárnicos más duraderos o simplemente ahumando y secando la carne. Pero incluso esas agriculturas antiguas dependían de aportes no fabricados por los propios agricultores, pastores o pescadores. Por ejemplo, no desenterraban mineral de hierro y lo fundían con carbón en pequeños hornos de cuba para convertirlo en cuchillos, hoces, guadañas, anzuelos o anillas; esto corría a cargo de los artesanos.[5]

La variedad de aportes externos (los no fabricados por los productores de alimentos) aumentó con el uso de animales de tiro (que precisaban de arneses capaces de proporcionar una potencia eficaz para el trabajo en el campo y el transporte por carretera), con el procesamiento a mayor escala de las semillas (la molienda de grano y la extracción de aceite accionadas por molinos de agua y, más tarde, también por molinos de viento) y con el creciente comercio de productos alimenticios. Son muy raros los hallazgos de pecios romanos que no contengan abundantes ánforas, las famosas tinajas de cerámica de dos asas utilizadas para transportar aceite de oliva. La fabricación a gran escala de estos recipientes requería cierta combinación de ingredientes y una cocción adecuada en el horno.[6] Y, como se señala en el capítulo 2, la China imperial realizó grandes esfuerzos para construir y mantener una red de grandes silos de grano en todo el país.

El crecimiento de los asentamientos propició la aparición de cultivos intensivos periurbanos de hortalizas (abonados con desechos urbanos, una modalidad que sobrevivió en numerosas ciudades hasta el siglo XX, antes de ser desplazada por las importaciones de lugares lejanos) y una mayor adopción de la preparación y el consumo de alimentos fuera de casa. La cocción del pan (a menudo en grandes panaderías comerciales) y la preparación de comidas frías o calientes listas para el consumo (en Grecia y Roma, *thermopolia*) requerían mucha mano de obra para recoger leña (o encender carbón vegetal) y llevar los alimentos a las ciudades y pueblos, así como trabajadores cualificados para construir hornos y cocinas, y para hornear, cocinar, vender y servir.[7]

Esta ampliación de los aportes que se originan fuera de la agricultura (o la ganadería o la pesca), pero que están necesariamente relacionados con la producción, el comercio, la preparación y el consumo de alimentos, se intensificó y propagó a más países a principios de la era moderna (1500-1800), con la aparición de un comercio de especias, té, cacao y azúcar que abarcaba todo el mundo; alcanzó nuevas cotas durante las décadas de rápida industrialización de finales del siglo XIX y principios del XX; y llegó a tener una intensidad sin precedentes y un alcance verdaderamente global tras el final de la Segunda Guerra Mundial. Ningún habitante de una gran ciudad de cualquier país de renta alta necesita acudir a tiendas de alimentación especializadas para comprar productos frescos, granos, quesos, condimentos, carnes y alimentos preparados con origen en decenas de países, desde naranjas peruanas hasta orejones turcos y desde queso feta griego hasta cordero neozelandés. Dado este aumento de las importaciones, no es de extrañar que durante las dos primeras décadas del siglo XXI el volumen mundial de las exportaciones agrícolas casi se duplicara y su valor se triplicase.[8]

EL 1 POR CIENTO

Estas realidades explican que el relato económico estándar que afirma que la agricultura añade menos del 1 por ciento al valor total de los PIB nacionales es un indicador muy deficiente del valor real y del alcance material y energético de los sistemas alimentarios modernos, de su importancia para las economías y de su impacto medioambiental. Al mismo tiempo, no se ha llegado a un acuerdo vinculante y aceptado en todo el mundo para hallar una definición única y clara del alcance de las actividades de producción y consumo de alimentos. Aunque no hay consenso sobre hasta dónde deben ampliarse esos límites cuando se estudian los suministros nacionales de alimentos o el sistema mundial de producción y consumo, el área de estudio debe tener en cuenta las contribuciones de las aportaciones directas e indirectas de energía indispensables para la producción de alimentos en las sociedades modernas.

Este conjunto de productos y servicios se ha ido ampliando de manera constante y, en el caso de los alimentos, debe incluir ahora lo siguiente:

Operaciones de campo

Abarca la producción y distribución de maquinaria agrícola, desde tractores, cosechadoras y camiones hasta los numerosos aperos especializados de siembra, cultivo y cosecha, así como las bombas de riego, los dispositivos móviles de riego por aspersión y los combustibles (sobre todo diésel, pero también gasolina y gas licuado de petróleo) para su funcionamiento.[9] En los cultivos de secano, suele ser la síntesis de fertilizantes nitrogenados (y la preparación de aplicaciones de fosfatos y potasio) la que representa la mayor parte de la energía indirecta necesaria para el cultivo. Los pesticidas y herbicidas, así como el desarrollo y la producción de semillas (para las variedades actuales de alto rendimiento deben comprarse cada año, no guardarse de cosechas anteriores), requieren aportes energéticos mucho menores. Por último, el almacenamiento de las cosechas en las instalaciones antes de su venta, incluidas las estructuras (depósitos, silos) y los equipos (secadoras, elevadores), y la electricidad o el diésel necesarios para su funcionamiento, requieren una demanda de energía tanto directa como indirecta.

Producción ganadera

Esto incluye la preparación de piensos comerciales, aditivos y medicamentos veterinarios, la construcción y operación de establos, graneros, naves de cría de aves y cebaderos, y la energía necesaria para calentar y refrigerar estos espacios cerrados y para que funcione la gestión mecanizada de residuos y el tratamiento del agua.[10] Para el ganado criado en pastos, existen los costes de colocación y reparación de los cercados de pastoreo, así como de suministro de agua y piensos suplementarios (en épocas de sequía o durante inviernos rigurosos).

Pesquerías

En el caso de los productos acuáticos, habría que sumar el coste de los buques pesqueros y sus artes (redes, sedales), las instalaciones portuarias y de reparación, y el coste del diésel (ahora casi todos los motores marinos funcionan con este combustible). Para la acuicultura, sería el coste de construir, mantener y operar (airear, limpiar, reparar, dragar) estanques, corrales y jaulas, criar especies a partir de huevos y alimentarlas hasta que alcancen el peso de mercado.

LAS MÁQUINAS SON MÁS IMPORTANTES QUE LOS *SMARTPHONES*

El grado de diversificación de estos sectores puede comprobarse observando más de cerca el mercado estadounidense de maquinaria agrícola, que ahora incluye tractores, aperos de labranza y cultivo (arados, gradas, motocultores), máquinas para plantar (sembradoras, plantadoras, esparcidores) y cosechar (cosechadoras, picadoras y equipos especializados utilizados para cosechar hortalizas y ahora incluso uvas), henificación y forraje (segadoras, empacadoras, henificadoras, rastrilladoras), riego (aspersores, dispositivos móviles de riego por aspersión, riego por goteo) y otra maquinaria empleada para abrir zanjas, construir diques o nivelar campos. Dado su uso intensivo y prolongado, la maquinaria agrícola requiere un mantenimiento adecuado y, con frecuencia, reparaciones importantes, lo que se traduce en aportes materiales y energéticos adicionales.

Los relatos disponibles sobre estas inversiones difieren. En 2020, el tamaño del mercado (medido por los ingresos) de la industria estadounidense de tractores y maquinaria agrícola era de unos 40.000 millones de dólares, mientras que el resumen de los gastos de producción agrícola muestra que en el mismo año los agricultores estadounidenses pagaron unos 25.000 millones de dólares por tractores, camiones y otra maquinaria, así como casi 20.000 millones de dólares por otros suministros y reparaciones agrícolas.[11] Los otros aportes directos importantes de materiales y energía para la producción de alimentos fueron 26.000 millones de dólares para ganado, aves de corral y sus piensos, casi 25.000 millones para fertilizantes (ajustados al comercio neto), 23.000 millones para semillas y plantas, unos 17.000 millones para preparados agroquímicos (herbicidas, insecticidas, fungicidas) y 11.000 millones para combustible.[12] Obviamente, estos aportes representaron una parte significativa de la producción nacional en varios sectores industriales de importancia (sobre todo en las industrias de maquinaria y química).

El precio de la producción

Los alimentos tienen un impacto económico aún mayor después de su producción. Su transformación, envasado, almacenamiento, comercio, transporte, venta al por mayor y al por menor, preparación y eliminación de residuos alcanzan a todos los sectores y multiplican su importancia económica global. Un estudio reciente del sector agrícola y alimentario en la economía estadounidense realizó una valoración más inclusiva, ya que tuvo en cuenta todos los sectores cuyo valor añadido se basa en la producción vegetal y animal: la fabricación de alimentos y bebidas, las tiendas de alimentación, los servicios de alimentación y los lugares para comer y beber, así como los textiles, el vestuario y los productos de cuero, y la silvicultura y la pesca.

Según esta definición, la agricultura, la alimentación y las industrias afines aportaron 1,055 billones de dólares al PIB de Estados Unidos en 2020, el 5 por ciento del total, y emplearon a 19,7 millones de personas (a tiempo parcial o completo), o el 10,3 por ciento de la mano de obra del país; a los servicios de alimentación y los lugares para comer y beber corresponde algo más de la mitad (5,5 por ciento) de ese porcentaje.[13] Esta cifra eleva la contribución de los sectores agrícola y alimentario del infravalorado 1 por ciento a un porcentaje más realista del 5 por ciento en términos de valor añadido anual y del 10 por ciento en términos de empleo total, aunque el porcentaje real es menor, porque este estudio también incluye una serie de empresas claramente (o en gran parte) no alimentarias, como las del tabaco, el cuero, los textiles y la silvicultura.

Las diferencias entre la participación de la agricultura en el PIB y su parte en el empleo son mucho mayores en los países de renta media y baja. En 2020, el sector agrícola de China seguía empleando a casi el 24 por ciento de la fuerza laboral del país, y los datos oficiales indican que otros 2,5 millones de personas trabajaban en la agricultura y el procesamiento de alimentos complementarios, 1,6 millones en la fabricación de alimentos y 1,1 millones en la producción de bebidas.[14]

EL COSTE DE COMER

Otra opción para calibrar el impacto del suministro de alimentos en la vida cotidiana es considerar el gasto en alimentación como parte de la renta disponible de un hogar medio. Esta proporción está sujeta a una regla universal formulada en 1857 por Ernst Engel, economista y estadístico alemán: «Cuanto más pobre es la familia, mayor es la proporción de gastos que dedica a garantizar su nutrición».[15] Esta regla es válida tanto dentro de las sociedades —esta proporción desciende a medida que las personas se enriquecen— como entre las naciones (las más pobres gastan más que los países más prósperos). La proporción de Estados Unidos descendió de alrededor del 43 en 1900 a solo el 8,6 por ciento en 2020 (pero en 2022 había subido justo por encima del 11 por ciento); mientras que la de China sigue siendo considerablemente más alta (casi exactamente el 30 por ciento en 2020), pero ahora es menos de la mitad de donde se situaba antes del comienzo de las reformas económicas en 1980. La tasa india está muy cerca de la media china y, dentro de la Unión Europea, las proporciones siguen una clasificación predecible, desde el 26 por ciento de Rumanía hasta el 10,8 por ciento de Alemania.[16]

Un derroche de energía

Pero incluso todo esto sigue siendo demasiado bajo. Quizá la mejor manera (aunque intrínsecamente bastante difícil) de acercarse a la realidad sea evaluar la importancia fundamental de todo el sistema alimentario en una economía nacional —o mundial— estableciendo su coste energético acumulado. Las valoraciones energéticas proporcionan una medida más fundamental de la importancia física que las valoraciones monetarias y pueden compararse sin ninguno de los sesgos que acompañan a las conversiones y valoraciones monetarias.

No obstante, calcular todos los aportes energéticos directos e indirectos es aún más complicado que reunir las cuentas financieras pertinentes y, a falta de reglas claras, el resultado depende, una vez más, de establecer límites analíticos específicos.[17] Hay que destacar que los balances energéticos detallados de Estados Unidos efectúan un seguimiento del consumo de todas las fuentes de energía para las categorías residencial, comercial, industrial y de transporte, pero no ofrecen ninguna estimación para los usos agrícolas (definidos en sentido estricto) o alimentarios (definidos ampliamente). La Agencia Internacional de la Energía incluye la agricultura (junto con la silvicultura) en sus balances nacionales anuales, pero solo muestra los aportes directos (previsiblemente dominados por los combustibles líquidos para la maquinaria agrícola), que representan una parte muy pequeña del suministro nacional de energía primaria. Los valores aproximados oscilan entre el 0,1 por ciento de Japón, el 1 por ciento de Estados Unidos, el 1,7 por ciento de Francia y el 2,3 por ciento de Canadá: la media mundial coincide con la cuota china del 1,4 por ciento.[18]

Hay una diferencia considerable cuando se incluyen solo los aportes energéticos directos (combustibles y electricidad para la maquinaria agrícola y las bombas de riego, y para la calefacción y el aire acondicionado de las estructuras que albergan a los animales) y cuando se cuantifican también las principales necesidades energéticas indirectas (combustibles y electricidad utilizados durante la producción de los aportes indispensables ya enumerados, que van desde las máquinas y los fertilizantes hasta los productos agroquímicos y las bombas de riego). Un estudio reciente sobre los usos directos e indirectos de la energía en la agricultura estadounidense demostró que, a pesar de las fluctuaciones anuales, ha habido una demanda bastante constante de aproximadamente 1 exajulio (10^{18} julios, equivalentes a 25 millones de toneladas de petróleo crudo) al año de energía directa (diésel, gasolina, gas natural, gas licuado de petróleo, electricidad) y el equivalente de unos 18 millones de toneladas de petróleo para usos indirectos (como la síntesis de agroquímicos y para lubricantes).[19]

En conjunto, esto supondría menos del 2 por ciento del elevado consumo energético de Estados Unidos, dominado por los sectores del transporte y la industria. Pero el estudio omite varios aportes indirectos importantes, como el coste incorporado del acero, el aluminio, los plásticos y el vidrio —materiales necesarios para fabricar maquinaria agrícola—, y su límite termina en la puerta de la granja. Una vez más, este límite es correcto para las agriculturas tradicionales —en las que los campesinos con regímenes de subsistencia consumían la totalidad de los cultivos y los animales, salvo una pequeña parte, y menos del 10 por ciento de toda la producción iba a parar a los habitantes de las ciudades—, pero no lo es para la producción moderna de alimentos.

El límite analítico más realista y exhaustivo abarcaría las actividades directas e indirectas relacionadas con la producción (de plantas, animales y pescado), el procesamiento (de la molienda al enlatado), el comercio (todas las formas de transferencias intra e internacionales, desde el ferrocarril hasta los aviones), el almacenamiento (desde la refrigeración a corto plazo, pasando por la estacional, hasta la de larga duración), la distribución (ahora principalmente por camión), la venta (de los mercados de agricultores a las cadenas de supermercados), la preparación (en casa, en instituciones y en restaurantes de todo tipo y tamaño), el consumo (en casa, comiendo fuera) y las medidas posteriores al consumo (eliminación de basuras, tratamiento de residuos).

LOS MEJORES DATOS DE QUE DISPONEMOS

En 2010, el Departamento de Agricultura de Estados Unidos publicó un estudio cuyos límites analíticos se aproximaban a los anteriores, donde analizaba la producción agrícola y animal, la transformación, el envasado, el transporte, la venta al por mayor y al por menor de alimentos, los servicios alimentarios y la compra y preparación de alimentos en los hogares, así como la eliminación de los residuos relacionados. Las operaciones domésticas registraron el mayor consumo de energía, mientras que la utilizada para el procesado de alimentos mostró el mayor índice de crecimiento.[20] El estudio rastreaba los usos de la energía en tres pasos interrelacionados: medición de toda la energía usada directamente en las actividades de producción nacional, incluidas las operaciones domésticas, de acuerdo con unas 400 clasificaciones industriales; rastreo de los flujos incorporados en todos los productos que emplean energía, terminando con las ventas finales en el mercado; e identificación de los mercados relacionados con la alimentación y evaluación de las energías relacionadas incorporadas en las ventas finales. El estudio concluyó que el consumo de energía relacionada con la alimentación como porcentaje del consumo total de energía primaria del país creció del 14,4 en 2002 al 15,7 por ciento estimado en 2007.

¿Qué ajuste deberíamos hacer para 2019, el último año no afectado por los cierres pandémicos y la recesión económica? En 2019, el uso total de energía en Estados Unidos fue aproximadamente un 2 por ciento inferior al de 2007, mientras que el gasto en alimentos había aumentado casi la mitad, con una cantidad en el hogar que alcanzó los 808.000 millones de dólares (y 876.000 millones durante el primer año de pandemia) y fuera del hogar (restaurantes, lugares de comida rápida, escuelas y otros lugares) de cerca del billón de dólares (978.200 millones).[21] Como este aumento se produjo durante un periodo de baja inflación, casi todo fue real.

La superficie cultivada y el uso de fertilizantes en Estados Unidos apenas han cambiado (diferencias del orden de apenas un 1 por ciento), pero las importaciones de alimentos —impulsadas por los productos hortícolas, desde el café y las frutas hasta los frutos secos y el vino— han aumentado sustancialmente (incluyendo también más envíos invernales de frutas y hortalizas perecederas procedentes de climas más cálidos), al igual que la demanda de energía para el envasado. Estos cambios habrían dado lugar a un ligero aumento de la cuota, quizá hasta el 17 por ciento del consumo de energía primaria del país.

Pero el cambio más importante ha sido la decisión adoptada por la Agencia de Protección Medioambiental de Estados Unidos de estimar de forma más exhaustiva los flujos de alimentos en todo el sistema nacional, yendo más allá del compostaje, la combustión con recuperación de energía y el depósito en vertederos.[22] La nueva metodología, utilizada por primera vez en 2018, incluye los residuos destinados a la alimentación animal, el procesamiento bioquímico, la aplicación en el terreno, la digestión anaeróbica y el tratamiento de alcantarillado/aguas residuales. En consecuencia, en 2018 los residuos alimentarios representaron casi el 22 por ciento del flujo total de residuos municipales, frente a solo el 13 por ciento en 2005, lo que añade otro porcentaje a la demanda energética global, situándola en el 18 por ciento, por lo que la horquilla del 15-20 por ciento parece una conclusión muy justificable.

Más allá de Estados Unidos

En China, en los últimos tiempos, el sector de la agricultura (y la silvicultura) solo ha consumido directamente alrededor del 2 por ciento de toda la energía primaria. La información fragmentaria sobre los usos directos relacionados con la alimentación en los hogares, los servicios alimentarios y el transporte eleva la cuota hasta alrededor del 12 por ciento; si se añade la energía utilizada en el procesado de alimentos y la producción de bebidas, el total asciende al 14 por ciento, y la producción de fertilizantes añade otro 2 por ciento.[23] Incluso las hipótesis más conservadoras sobre el consumo del transporte de alimentos y piensos (China es en la actualidad un gran importador de los últimos) y su almacenamiento (tiene los mayores almacenes de grano y aceites comestibles del mundo, supervisados por el Gobierno) elevan el total general al 20 por ciento del suministro total de energía primaria del país (ahora el mayor del mundo), una proporción muy similar a la de Estados Unidos.

En ausencia de datos relevantes para la mayoría de los países, la cuota global analógica es la mejor estimación posible, con un considerable margen de incertidumbre. En muchos países de renta baja, los porcentajes de uso directo e indirecto de la energía serán relativamente altos porque una parte mucho mayor de la población sigue trabajando en la agricultura y la pesca, se necesita una fertilización intensiva para alimentar a grandes poblaciones, y el consumo privado para la vivienda y el transporte sigue siendo, en términos comparativos, bajo. La mayoría de las familias también gastan una cantidad relativa mayor de energía en cocinar (se siguen utilizando cocinas muy ineficientes que queman madera, carbón o paja), pero consumen alimentos sujetos a menor procesamiento, envasado y distribución a larga distancia.

Mi cálculo del consumo global directo e indirecto de energía en la producción de alimentos de origen vegetal y animal (incluida la pesca) era de unos 17 exajulios (EJ) —equivalentes a unos 400 millones de toneladas de petróleo crudo— a principios del siglo XXI.[24] En 2011, un estudio de la FAO, basado en gran medida en mis cálculos, cifraba el coste energético de la producción mundial de alimentos en unos 20 EJ, a los que se añadían unos 40 EJ para el procesado y la distribución de los alimentos y 35 EJ para el comercio minorista, la preparación y el cocinado de los alimentos: el total de 95 EJ (equivalente a 2.200 millones de toneladas de petróleo crudo) suponía alrededor del 30 por ciento del suministro mundial de energía primaria.[25] Con el aumento que se ha producido con los años y la mejora de diversas eficiencias de conversión, yo aumentaría mi estimación para la producción agrícola y animal en aproximadamente un 25 por ciento en 2020, y luego añadiría al menos otro 10 por ciento de ese total para considerar la energía consumida en la pesca y la acuicultura: eso acercaría el total a 25 EJ. Se necesita una cantidad similar para procesar los cultivos cosechados (molienda de cereales, prensado de aceite y refinado de azúcar) y los alimentos de origen animal (matanza de animales en mataderos y producción láctea).

LAS RUEDAS DE NUESTRA COMIDA

No existen estadísticas globales completas sobre los volúmenes de transporte clasificados por tipo de mercancía. En Estados Unidos, los alimentos y las bebidas representan alrededor del 18 por ciento de toda la masa transportada anualmente, y los fertilizantes y la maquinaria agrícola elevan esa cifra a cerca del 20 por ciento. Una estimación global conservadora se puede calcular de la siguiente manera: se toma la cosecha mundial de todas las principales variedades de cultivos (cereales, legumbres, tubérculos, semillas oleaginosas, cultivos de azúcar, frutas y hortalizas), un total de unos 9.300 millones de toneladas en 2020; se resta a esta cifra las exportaciones internacionales, de unos 800 millones de toneladas; se estima una distancia media de 1.000 kilómetros para los alimentos consumidos en el país, antes y después de la transformación y el almacenamiento, y se multiplica esa cifra por un coste energético típico del transporte ferroviario y por carretera; a continuación, se considera una distancia media de 6.000 kilómetros para los alimentos exportados y se multiplica esa cifra por un coste energético medio del transporte marítimo y ferroviario (el transporte marítimo tiene unos costes mucho más bajos que el ferroviario).[26] Esto suma al menos 25 EJ de energía, tanto como el coste energético del cultivo y la pesca, y el equivalente a casi el 5 por ciento del consumo mundial de energía en 2020.

COSTES DE LA PREPARACIÓN DE LOS ALIMENTOS

La última partida importante es la preparación y refrigeración de los alimentos en los hogares y en los servicios alimentarios. Dadas las enormes disparidades entre los países ricos y los de renta baja —y sus diferentes eficiencias—, es difícil ofrecer un multiplicador medio. Los estudios realizados en la Unión Europea muestran que cocinar supone casi el 6 por ciento del consumo energético de los hogares, y alrededor del 27 por ciento del uso total de energía de la Unión.[27] Como era de esperar, la media per cápita de Estados Unidos es algo superior, y los índices medios de China e India son aún más altos porque muchas familias rurales dependen, como en el resto de los países de renta baja, de la combustión ineficiente de leña, paja y carbón vegetal: en la China urbana, alrededor del 50 por ciento por encima de la media estadounidense; en la China rural, alrededor de 2,5 veces más, con índices similares a los indicados por estudios realizados en la India.[28]

Las hipótesis conservadoras acerca de las necesidades medias per cápita para cocinar darían como resultado una horquilla anual global de 21-28 EJ.[29] En la actualidad, casi 2.000 millones de frigoríficos y congeladores almacenan alimentos en todo el mundo. Si suponemos un consumo anual de electricidad de unos 350 kWh/año por frigorífico, estos requerirían al menos 2,5 EJ de electricidad.[30] Esto se traduciría en más de 5 EJ de uso de energía primaria y elevaría la demanda mundial de cocción y refrigeración a 26-33 EJ al año. Si se sumase la refrigeración a escala industrial (necesaria para el almacenamiento prolongado de carne, pescado y mantequilla, y para los envíos intercontinentales de estos productos), el rango superior ascendería a 35 EJ y la demanda mundial de energía relacionada con la alimentación a no menos del 20 por ciento (115 EJ) del uso mundial de energía primaria en 2020.

Pero en esta cuenta siguen faltando costes energéticos indirectos, como la producción de maquinaria agrícola (tractores, cosechadoras, aperos, sistemas de riego y camiones hechos de acero, aluminio, plásticos y caucho), barcos de pesca, estanques y corrales de acuicultura, la cría y cultivo de semillas y el coste de los servicios de extensión (ahora un componente indispensable en el cultivo de cosechas y la cría de animales en los principales países productores de alimentos), así como el coste de la eliminación de residuos. Como resultado, se puede concluir casi con toda seguridad que incluso un coste energético del sistema alimentario mundial evaluado de forma muy conservadora no baja del 20 por ciento y muy probablemente del 25 por ciento del suministro anual reciente de energía primaria del mundo.

ALGO NO CUADRA

Aunque la complejidad del sistema alimentario y la escasez de datos no permiten calcular con exactitud los porcentajes acumulados, los gastos totales o las necesidades energéticas que pueden atribuirse a la producción, transformación, transporte, venta al por mayor y al por menor, almacenamiento y consumo de alimentos a escala mundial, no cabe duda de que los valores reales se sitúan en el orden del 25-30 por ciento de los totales respectivos, y que las cuentas económicas estándar según las cuales la agricultura y la pesca contribuyen solo en un 1 al 4 por ciento al valor del producto económico mundial son uno de los mejores ejemplos de cuantificaciones sumamente inexactas y muy engañosas.

IMPACTO MEDIOAMBIENTAL

Estas cuentas económicas estándar que atribuyen menos del 5 por ciento del producto económico anual del mundo a la producción de alimentos también ofrecen una perspectiva poco realista en lo que respecta a sus repercusiones medioambientales: todas ellas reclaman cuotas mucho mayores. La agricultura tiene una demanda dominante sobre los recursos hídricos: los cultivos y la producción animal requieren el 72 por ciento de las extracciones de agua (superficial y subterránea) del planeta.[31] La producción de alimentos es también la mayor categoría de uso global de la tierra: la superficie dedicada a cultivos anuales y permanentes supera ya los 1.500 millones de hectáreas, y los pastos ocupan una superficie de más del doble (3.100 millones de hectáreas), lo que equivale a cerca del 36 por ciento de las tierras no heladas.[32]

El uso creciente de fertilizantes nitrogenados supone la mayor injerencia humana en el complejo ciclo global del nitrógeno. A principios de la década de 2020 se aplicaban anualmente unos 110 millones de toneladas de nitrógeno a los cultivos en compuestos derivados de la síntesis Haber-Bosch del amoniaco, frente a no más de 40 millones de toneladas de nitrógeno que dejaban en el suelo los cultivos leguminosos fijadores de nitrógeno y las bacterias libres, y unos 25 millones de toneladas en residuos orgánicos reciclados (sobre todo estiércol animal).[33] Las pérdidas de nitrógeno (sobre todo debidas a la volatilización del amoniaco, la escorrentía del agua y la lixiviación y erosión de los nitratos) también contribuyen en gran medida a la acidificación de las aguas dulces y a la creación de zonas muertas en algunas áreas costeras que reciben la escorrentía de campos muy fertilizados.[34]

A esto se suma que el sistema alimentario contribuye en gran medida a la generación de gases de efecto invernadero. Dada la reciente inquietud por el avance del calentamiento global, existen muchos cálculos nacionales y estimaciones globales de las emisiones de gases de efecto invernadero originadas en la producción agrícola y animal, así como las que consideran las aportaciones de todo el sistema alimentario.[35] El estudio reciente más exhaustivo con diferencia, con datos recopilados para 2015, tenía en cuenta todo el sistema alimentario mundial (desde la producción hasta el consumo, pasando por la transformación, el transporte y el envasado), y cifraba sus emisiones totales de gases de efecto invernadero en 18.000 millones de toneladas (Gt) de equivalente de CO_2 (con un rango de incertidumbre de 14-22 Gt) o el 34 por ciento (rango de incertidumbre de 25-42 por ciento) de las emisiones totales de ese año.[36]

Casi el 40 por ciento del total procedía de aportes agrícolas (dominados por los fertilizantes); alrededor de un tercio del uso y los cambios de la tierra (deforestación para ampliar las tierras de cultivo y pastoreo, degradación de suelos orgánicos); y el 29 por ciento del transporte, procesamiento, envasado, venta al por menor, consumo y eliminación de residuos. En cuanto a los gases, predomina el CO_2 (52 por ciento), mientras que el metano (CH_4)

contribuye con cerca del 35 por ciento de todas las emisiones (comparadas en términos de equivalente de CO_2), y el óxido nitroso N_2O (procedente sobre todo de la desnitrificación de fertilizantes nitrogenados) con el 10 por ciento. Resultan especialmente difíciles de realizar las estimaciones de las emisiones mundiales de metano procedentes de la ganadería, pero eso no ha impedido que muchos relatos presenten a las vacas como la mayor amenaza para la supervivencia de la humanidad.[37]

¿A QUÉ PRECIO?

Tratar de expresar estas cargas en términos monetarios es, inevitablemente, un ejercicio regido por la aproximación y por las suposiciones (más o menos defendibles). En 2019, Martien Van Nieuwkoop, del Banco Mundial, trató de comparar el valor monetario del sistema alimentario (lo cifró en torno al 10 por ciento del producto económico mundial) con sus costes: consideró los gastos sanitarios y sociales debidos a unos 2.000 millones de personas desnutridas (por falta de energía o nutrientes específicos), estimados en el 3 por ciento del producto económico mundial; los de la obesidad (2 por ciento del producto económico mundial), ocasionados por enfermedades y muerte prematura; y los de la producción de alimentos desperdiciados, la seguridad alimentaria inadecuada, la pérdida o los daños en ecosistemas terrestres (incluida la degradación del suelo) y las emisiones de gases de efecto invernadero relacionadas con la alimentación. Esto se resumió en 6 billones de dólares en 2018, lo que equivale a más del 7 por ciento del producto económico mundial de ese año y «una factura demasiado alta para 8 billones de dólares en alimentos».[38] ¿El valor real es mayor o menor? Se pueden encontrar argumentos que sustenten cualquiera de las dos direcciones.

El creciente coste de la obesidad es una carga asociada a la alimentación que ha recibido mucha atención en las últimas décadas. La estimación más actualizada de los costes anuales de la obesidad es del 3,3 por ciento del PIB como media para los países de la Organización para la Cooperación y el Desarrollo Económicos (OCDE), con valores que alcanzan el 5 por ciento en Brasil y México.[39] Las valoraciones realistas de los ecosistemas perdidos o degradados y sus servicios (que van desde la biodiversidad que promueve la estabilidad a largo plazo hasta la polinización y la retención de agua) han sido notoriamente esquivas.[40] El coste relativo de reducir las emisiones de CO_2 (y, por tanto, las consecuencias de su aumento) oscila en tres órdenes de magnitud, desde las oportunidades más asequibles para la reforestación tropical hasta las exigentes subvenciones para la generación de electricidad fotovoltaica, con los aumentos necesarios en la capacidad de la red.[41]

No obstante, el intento más exhaustivo de cuantificar los costes externos de la producción agrícola en un país arroja un valor inferior de la carga global. En 2004, dos economistas de la Universidad de Iowa trataron de cuantificar estos costes en términos de daños a los recursos de agua, suelo y atmosféricos (incluidas las emisiones de gases de efecto invernadero), así como a la fauna salvaje y a la salud humana debido a patógenos y pesticidas.[42] Como era de esperar, sus estimaciones de costes finales variaron ampliamente, con un total anual en Estados Unidos que oscila desde una cantidad tan baja de 5.700 millones de dólares hasta casi 17.000 millones de dólares en 2002, la mayor parte atribuible a los daños en los recursos del suelo, que van de la reposición de la capacidad de reserva perdida debido a la erosión del suelo al aumento de los daños por inundaciones. Además, en aquella época los costes estatales para regular la producción agrícola y mitigar algunos de sus perjuicios ascendían a casi 4.000 millones de dólares anuales.

Pero en 2002 la agricultura estadounidense aportó al menos 100.000 millones de dólares al producto económico del país (lo que equivale solo a alrededor del 1 por ciento del PIB), por lo que incluso el daño más elevado (17.000 millones de dólares) equivaldría a menos de una quinta parte del valor añadido anual. Si se compara con la contribución más realista de la agricultura a la economía (del orden de al menos 1 billón de dólares), su cuota sería inferior al 5 por ciento. E incluso si los perjuicios definidos analógicamente en muchos países de renta baja de África y Asia (donde el deterioro medioambiental ha sido más amplio) fueran tres o cuatro veces superiores a esta cuota estadounidense, no nos acercaríamos ni de lejos a la elevada tasa coste/beneficio de Van Nieuwkoop de 0,75 (6 billones de dólares frente a 8 billones), ya que los daños medioambientales y sanitarios sumarían menos del 20 por ciento del valor real del sistema alimentario.

SENSACIÓN DE URGENCIA

Los intentos por cuantificar la carga anual que el sistema alimentario mundial impone al medio ambiente y a la salud, y de añadir a ello el valor de las inversiones destinadas a controlar, minimizar o eliminar esos efectos, seguirán estando abiertos a críticas fácilmente justificables, y puede que no solo resulten escurridizos, sino incluso contraproducentes. Sabemos bastante sobre el funcionamiento de la biosfera como para estar muy preocupados por el deterioro medioambiental provocado directa e indirectamente por la producción de alimentos. También sabemos, sin necesidad de nuevas estimaciones, que muchos de estos cambios exigen una actuación que ya llega demasiado tarde.

Cuando en 2011 apareció el primer informe de la FAO *El estado de los recursos de tierras y aguas del mundo para la alimentación y la agricultura* (SOLAW, por sus siglas en inglés), su subtítulo era neutro: *La gestión de los sistemas en situación de riesgo*.[43] La segunda edición del informe, publicada diez años después, lleva un subtítulo muy preocupante pero ciertamente no exagerado: *Sistemas al límite*.[44] Tres grandes conclusiones justifican esta inquietud.

En muchas regiones, las interconexiones entre tierra, suelo y agua, indispensables para la producción de alimentos, están llegando a su límite. Las recientes vías de intensificación agrícola (incluido el uso cada vez mayor de productos agroquímicos y de regadío) ofrecen ahora rendimientos decrecientes en muchos de los grandes productores de cereales del mundo. Los nuevos aumentos no son sostenibles, por razones tanto medioambientales como económicas. A escala mundial, los sistemas de producción de alimentos se han polarizado en exceso: grandes empresas comerciales dominan el uso de las tierras agrícolas, a lo que acompaña la continua fragmentación de las pequeñas explotaciones de subsistencia en tierras susceptibles de degradación del suelo y déficit hídrico.

Dado el abanico de preocupaciones, su revisión concisa requeriría otro libro. En su lugar, he seleccionado varias tendencias de degradación que ilustran esa variedad de inquietudes y que considero especialmente alarmantes. Entre ellas figuran la continua deforestación del Amazonas, el declive de los recursos hídricos subterráneos de la India, la contaminación de los suelos agrícolas de China, la presencia excesiva de compuestos nitrogenados reactivos en los Países Bajos y la creciente aridez del sudoeste de Estados Unidos.

Deforestación

Pocos problemas medioambientales han recibido tanta atención mediática como la deforestación de la Amazonia (principalmente brasileña), impulsada por el afán de ampliar la agricultura (sobre todo el cultivo de soja para la exportación) y el pastoreo para el ganado vacuno: su tasa anual alcanzó un máximo en 1995 de casi 30.000 km^2 al año (aproximadamente el tamaño de Bélgica) y, tras un breve descenso, volvió a ascender a 27.800 km^2 el año 2004.[45] La reducción posterior se debió no solo a nuevas políticas sino, sobre todo a la moratoria de la soja amazónica (prohibición de comprar soja procedente de zonas recién deforestadas) y a los acuerdos en el sector ganadero.[46]

Esto redujo la tasa anual a solamente 4.500 km^2 en 2012 (un recorte del 84 por ciento respecto al pico anterior), pero, una vez más, a esto le siguió un nuevo periodo de aumento: su tasa se duplicó entre 2012 y 2019, y para el año 2021 se había incrementado en unos 13.000 km^2, lo que equivale a casi dos tercios de Gales. Quizá la consecuencia más importante a largo plazo de la deforestación continuada sea la reducción de las precipitaciones en la cuenca del Amazonas. El efecto sigue siendo incierto, pero las simulaciones más recientes sugieren que la continuación de las tasas más altas de deforestación (anteriores a 2004) daría lugar a una reducción del 8 (±1,4) por ciento mayor en la precipitación media anual de la cuenca que la variabilidad natural para 2050.[47]

Agotamiento de las aguas subterráneas

El agotamiento de las aguas subterráneas en la India, actualmente el país más poblado del mundo, ha sido bien estudiado y muestra una gran variabilidad espacial. El seguimiento por satélite arroja que, desde mediados de la década de 1990, el territorio situado al norte de 25° N —incluido no solo el noroeste más árido (los estados de Rajastán, Haryana y Punjab), sino también los estados nororientales de Arunachal Pradesh y Assam (la región más lluviosa del país)— ha registrado una disminución significativa del almacenamiento de aguas subterráneas, que asciende a unos 15-25 cm/año, con extracciones superiores a la recarga de aguas subterráneas durante los años con periodos monzónicos normales. Por el contrario, en Madhya Pradesh, Maharashtra y Andhra Pradesh apenas se han producido cambios o han aumentado hasta 10-20 cm/año.[48] Estas conclusiones han sido corroboradas por la inspección de los pozos. Únicamente se ha observado una tendencia a la disminución de las precipitaciones en Tamil Nadu, Kerala y Karnataka. A pesar de un aumento general, se ha constatado un rápido agotamiento del almacenamiento de aguas subterráneas no solo en Haryana, sino también ahora en Assam.[49]

Contaminación por metales pesados

A diferencia de la deforestación amazónica o la preocupación por el agotamiento de los acuíferos (rocas que contienen agua, ya sea en la India o en las Grandes Llanuras de Estados Unidos), la contaminación por metales pesados de los suelos chinos ha recibido en comparación poca atención internacional. Pero el problema es amplio: en 2014, el 20 por ciento de las tierras agrícolas y el 10 por ciento de las tierras forestales de China estaban contaminadas por uno o más metales pesados, sobre todo por cadmio (procedente de los fertilizantes fosfatados y de las emisiones de la combustión del carbón) y por arsénico, mercurio y plomo.

Por desgracia, las provincias con mayores índices de contaminación del suelo son también las principales productoras de cereales básicos. Como resultado, casi el 15 por ciento de la producción de cereales de China se ha visto afectada, siendo la provincia de Hunan —que produce el 15 por ciento del arroz de China, pero es responsable de casi tres quintas partes de toda la contaminación alimentaria por mercurio, un tercio de todo el cadmio, una cuarta parte de todo el plomo y una quinta parte de todas las emisiones de arsénico— la que tiene el problema más grave.[50]

Países ricos

Aunque los países prósperos —muchos de los cuales presentan ahora una población estancada o incluso en declive, excedentes de producción de alimentos y tasas proporcionalmente altas de su desperdicio— están en mejores condiciones para modificar su agricultura en direcciones más racionales y menos destructivas, también deben hacer frente a algunos desafíos difíciles causados por malas prácticas del pasado o por el cambio medioambiental. Un buen ejemplo de ello es el exceso de nitrógeno de los Países Bajos, mientras que la creciente aridez de los estados del sudoeste de Estados Unidos supone una importante dificultad para el mayor exportador de alimentos del mundo.

El grado excepcional en que los neerlandeses están inundados de residuos animales se ilustra fácilmente comparando el número de animales grandes por unidad de toda la tierra agrícola (de laboreo y de pastoreo) o por unidad de tierra de cultivo. En 2020, los Países Bajos tenían dos vacas por hectárea de tierra agrícola y 11 cerdos por cada hectárea de tierra de cultivo, mientras que las tasas análogas eran de 0,5 y 0,8 para el Reino Unido y de 0,25 y 0,5 para Estados Unidos.[51] Cuando todos los animales (vacas, cerdos, ovejas, aves de corral) se convierten a peso equivalente, la Unión Europea tiene una media de 0,8 unidades animales por hectárea; Bulgaria solo 0,2, pero los Países Bajos 3,8.[52] Por muy bien que se gestionen, estas densidades producen un exceso de contaminación de nitrógeno por hectárea. El 15 de diciembre de 2021 el Gobierno de coalición de los Países Bajos decidió abordar el problema de forma radical: reduciendo la cabaña ganadera del país en un tercio.[53] El Gobierno destinó 25.000 millones de euros a la compra de animales, su reubicación o, como última medida, la expropiación del ganado. Como era de esperar, los ganaderos se opusieron frontalmente a la decisión.

En el sudoeste de Estados Unidos, la principal inquietud es la escasez de precipitaciones, la insuficiencia de reservas de nieve en las Montañas Rocosas y Sierra Nevada, así como la amplia sequía plurianual. A finales de marzo de 2022, la totalidad de Nevada y Utah, casi todo Nuevo México, la mayor parte de Oregón y el oeste de Texas, y California, salvo un pequeño rincón, sufrían una sequía que se podría calificar de grave, y en la mayoría de los casos extrema e incluso excepcional.[54] La reconstrucción del déficit de humedad del suelo, basada en observaciones de los anillos de los árboles y que se remonta al año 800 a. e. c., sugería que esta sequía de 2000-2018 solo había sido superada por una megasequía a finales del siglo XVI.[55] La sequía persistió en 2022, pero se invirtió sustancialmente con precipitaciones récord durante los tres primeros meses de 2023.[56] Sea cual sea el futuro, cualquier periodo de sequía se ha vuelto más preocupante en una región que ahora alberga a casi 40 millones de personas y que, en términos de valor, es el principal productor agrícola del país.

Quizá la realidad más preocupante de esta degradación sea la siguiente: que las regiones más afectadas están densamente pobladas o son importantes zonas productoras de alimentos (o ambas cosas), donde la demanda de estos y la intensidad de los cultivos suelen ser muy elevadas. La inestabilidad política crónica y los conflictos recurrentes inciden negativamente en otras regiones afectadas, siendo

Oriente Próximo y la mayor parte de África ejemplos crónicos de tales problemas. Como señalaré en el capítulo final de este libro, estas tendencias indeseables son reversibles, o al menos lo bastante manejables, pero no sin sustanciales y persistentes ajustes de rumbo.

Las grandes estimaciones no pueden ser muy exactas, pero no hay duda de que las evaluaciones económicas estándar han infravalorado en gran medida tanto la contribución como el coste del sistema alimentario mundial. En el próximo capítulo veremos en qué se han equivocado los nutricionistas.

6

¿Qué debes comer para estar sano?

En este capítulo voy a tratar de llevar a cabo una versión de la proverbial separación del grano de la paja, eliminando esta última de las afirmaciones nutricionales dudosas, las dietas milagrosas y los suplementos dietéticos que supuestamente cambian la vida. Además, enumeraré los granos básicos para las necesidades alimentarias humanas y los aportes reales que proporcionan la mejor base para una vida sana y una longevidad admirable. También examinaré de qué forma esta información puede traducirse en recomendaciones dietéticas a largo plazo.

Esta tarea es más sencilla gracias al conocimiento acumulado sobre las necesidades alimentarias y al conjunto de pruebas estadísticas que apoyan algunas conclusiones claras. Sin embargo, estas realidades deben enfrentarse a una avalancha de declaraciones, entre dudosas y claramente engañosas, que recomiendan una variedad de dietas peculiares e incluso extremas. Tales afirmaciones tienen una larga historia, pero los medios de comunicación de masas modernos han amplificado estas falacias.

La ciencia de la nutrición

Como tantos otros aspectos esenciales de los estudios modernos, la ciencia de la nutrición despegó durante la segunda mitad del siglo XIX, realizó importantes avances (incluido el descubrimiento de todas las vitaminas) antes de la Segunda Guerra Mundial y al-

147

canzó un nivel de comprensión aún más profundo y complejo después de 1950.[1] Esta corriente se ha traducido en multitud de recomendaciones, que van desde documentos oficiales que reflejan el consenso científico de la época hasta nuevas dietas milagrosas. Las directrices detalladas sobre la ingesta recomendada de energía alimentaria —hidratos de carbono, fibra, grasas (incluidos ácidos grasos específicos) y proteínas (entre ellas, los aminoácidos esenciales)— se han establecido mediante exhaustivas consultas lideradas por la Organización Mundial de la Salud (para uso internacional) y por grupos de expertos nacionales.[2]

Las cantidades recomendadas difieren según la edad, el peso y el sexo, y también se ven afectadas por los niveles de actividad, el embarazo, el crecimiento, la recuperación y algunas dolencias crónicas. Por ejemplo, un hombre corpulento de treinta años (que pese 90 kg) que realice una actividad física intensa necesitaría hasta 4.200 kcal/día, mientras que una mujer delgada (50 kg) de setenta años que pase la mayor parte del tiempo en casa realizando tareas físicas ligeras puede arreglárselas con menos de 1.800 kcal.[3]

Solo unos pocos países disponen de estudios periódicos fiables sobre la ingesta real de alimentos (que se mide pesando todos los alimentos consumidos, en lugar de basarse en un recuerdo inevitablemente inferior del consumo pasado), pero la FAO actualiza cada año sus cuentas nacionales detalladas de la balanza alimentaria, que muestran el suministro medio de alimentos per cápita, es decir, la cantidad de productos alimentarios y macronutrientes disponibles para su distribución y compra, no el consumo medio diario, que es considerablemente menor debido a las pérdidas intermedias.[4]

CUANTIFICAR EL CONSUMO

Los balances de la FAO muestran que los promedios poblacionales de suministro diario de energía alimentaria están muy por encima de cualquier necesidad dietética concebible para la mayor parte de la (cada vez menos activa) población mundial: en las naciones ricas, superan ampliamente las 3.000 kcal per cápita (en Estados

Unidos alrededor de 3.600 kcal y en el Reino Unido unas 3.300 kcal, siendo Japón, con 2.700 kcal, la única excepción), pero China (3.330) y Brasil (3.200) también están por encima de las 3.000 kcal per cápita, con India, Bangladesh y Nigeria, la nación más grande de África, con 2.600 kcal per cápita. Entre las naciones más pobladas, solo Etiopía y Pakistán se sitúan por debajo de las 2.500 kcal per cápita, lo que indica que una parte importante de la población está desnutrida o mal nutrida.[5]

Los últimos cálculos de la FAO sobre la proporción de la población mundial en estas dos categorías son de alrededor del 10 por ciento, con una horquilla del 9,2 al 10,4 por ciento (en función de las hipótesis utilizadas para calcular el total).[6] Se trata de una mejora importante comparada con la proporción de poco más del 30 por ciento en 1970 y de alrededor del 15 por ciento en el año 2000, pero un aumento no deseado respecto del 8,4 por ciento en 2019. Alrededor del 55 por ciento de estos aproximadamente 770 millones de personas se encuentran en Asia y más de un tercio en África. Aunque una progresiva erradicación de esta perniciosa circunstancia requerirá nuevos aumentos de la producción (o importación) de alimentos en diversas naciones, la necesidad primordial es mejorar el acceso a ellos, es decir, garantizar que los segmentos más pobres de las sociedades afectadas obtengan al menos los mínimos nutricionales requeridos.[7] Estas políticas son siempre rentables, ya que reducen la morbilidad y la mortalidad (sobre todo en la infancia) y dan lugar a poblaciones adultas más sanas.

Según una vieja regla, un aporte adecuado de energía alimentaria en cualquier dieta mixta específica dominante en un país o región concretos debe proporcionar también cantidades adecuadas de los tres macronutrientes —carbohidratos, proteínas y grasas—. Los resúmenes nacionales de suministro de alimentos así lo confirman. Las necesidades de macronutrientes se expresan mejor como intervalos de ingesta total de energía alimentaria: los hidratos de carbono han de aportar entre el 45 y el 65 por ciento de toda la energía (el 50-55 por ciento sería el valor óptimo asociado a la mortalidad más baja), las grasas entre el 20 y el 35 por ciento, y las proteínas entre el 10 y el 35 por ciento.[8] Todos estos requisitos se cumplen fácilmente con la oferta alimentaria disponible en todos los países ricos y de renta media, así como en las dos naciones más grandes del mundo, China e India, y en la mayoría de las poblaciones de las naciones de renta baja de Asia y África. Entre los países africanos con menor suministro de alimentos per cápita se encuentran Madagascar, la República Centroafricana y Zimbabue.

Macros

Dada la composición típica de las dietas de las personas de renta baja (recordemos el capítulo 2 de este libro, sobre el predominio de los granos), la cuota de hidratos de carbono es la más fácil de satisfacer; la décima parte desnutrida de la humanidad suele carecer frecuentemente de un aporte adecuado de proteínas y grasas. Mientras que los niveles de ingesta diaria recomendada de proteínas en función del peso son de aproximadamente 40-60 gramos al día para los adolescentes de crecimiento rápido, los adultos solo necesitan 0,8 gramos por kilogramo de su peso corporal, lo que significa que la mayoría de las personas no necesitan más de 45-60 gramos al día. Durante el embarazo y la lactancia, las mujeres precisan unos 70 gramos al día.[9] La ingesta de proteínas debe corregirse en función de su digestibilidad: las proteínas de la leche vacuna y del huevo son perfectamente digeribles; las digestibilidades también son altas para las proteínas de la carne (0,95 para el pollo), algo más bajas (0,75) para las judías y solo 0,4 para el trigo.[10]

Está claro que no es aconsejable depender únicamente de una única fuente de proteínas de baja digestibilidad, pero las dietas mixtas normales que aportan suficiente energía bastan para cubrir cualquier necesidad imaginable de proteínas. De hecho, el suministro diario de proteínas per cápita no solo es ahora muy superior al requerido (100-110 gramos al día) en todos los países de renta alta (renta nacional bruta per cápita superior a 13.206 dólares en 2023), sino que también supera los 100 gramos en China y aproximadamente los 130 gramos en Brasil (ambos en la categoría de países con renta media). India y Nigeria apenas cubren las necesidades (con una media de 60 gramos al día), y Bangladesh y Etiopía tienen un suministro insuficiente, con solo unos 30 gramos al día. El suministro de grasas en la dieta muestra una distribución similar: muy por encima de las necesidades en las naciones ricas, así como en China, Brasil y México; demasiado bajo en Nigeria, Etiopía y también en Bangladesh.

CONSEJOS NUTRICIONALES: TÓMALOS CON PINZAS

Al alcanzar niveles de renta más altos, las personas empiezan a comer de forma más selectiva. La reducción del consumo de legumbres ha sido el indicador universal de las transiciones alimentarias modernas, con India, aferrada a su *dal*, como notable excepción. El mayor consumo de carne y azúcar ha acompañado a casi todos los aumentos de la renta en el mundo, al igual que el consumo de fruta fresca.[11] Estas transformaciones graduales de la ingesta de alimentos pueden dar lugar a dietas que no son óptimas —o incluso directamente indeseables— para maximizar los beneficios de la alimentación para la salud y, en última instancia, prolongar la esperanza de vida. O eso afirman numerosos estudiosos de la nutrición, que condenan las dietas ricas en muchos nutrientes y alimentos concretos, y ensalzan otras recomendaciones, a menudo igual de parciales.

Una enumeración completa de estas declaraciones sería tediosa, pero ni siquiera un observador superficial de las noticias dietéticas de los últimos cincuenta años podría haber pasado por alto varias de las principales recomendaciones y conclusiones, algunas de ellas presentadas como resultados de exhaustivas investigaciones nutricionales y médicas, otras ofrecidas en los medios de comunicación por expertos autoproclamados que se aprovechan de la credulidad humana y del deseo generalizado de estar más sanos y delgados y vivir más tiempo. Después de la década de los cincuenta, el mundo ha sido testigo de muchas dietas publicitadas (y explotadas comercialmente) cuyas afirmaciones, unas contrarias a otras, hacen hincapié en sus supuestos fundamentos científicos y en sus resultados singularmente admirables.[12]

EXTREMOS

El hecho de que dos de las opciones más promocionadas —no consumir nunca alimentos de origen animal (por motivos éticos y de salud) y seguir una dieta rica en carne (para estar más sanos)— sean completamente opuestas nos habla tanto de la experiencia subyacente como de la propensión a convertirnos en creyentes. El veganismo no permite ni una gota de leche (el hecho de que seamos mamíferos y, por tanto, aptos para consumir leche de mamíferos se considera completamente irrelevante) ni un solo huevo (aunque ponerlo no implica matar al ave y, en el caso de un ave criada en libertad, tampoco hay confinamiento antinatural), y excluye por completo cualquier tipo de carne y pescado. Las dietas vegetarianas son mucho más indulgentes, y van desde el lactovegetarianismo (que permite los productos lácteos) hasta una dieta en la que solo se prohíbe la carne terrestre (ovolactopiscivegetarianismo).

La evolución de nuestra especie y sus necesidades nutricionales específicas (sobre todo durante el embarazo, la lactancia, la infancia y la pubertad) no ofrecen fundamentos para recomendar el veganismo como opción para toda la población, pero sigue siendo una opción dietética para los adultos con acceso a fuentes adecuadas de todos los nutrientes de origen vegetal.

Por el contrario, son muy recomendables las dietas con un consumo reducido de carne en países en los que su ingesta sustancial ha sido la norma, en especial para los adultos, desde el punto de vista nutricional, y también serían más aceptables y fáciles de cumplir para las personas que anteriormente habían seguido dietas occidentales mixtas y muy cárnicas.[13] Al mismo tiempo, sus beneficios para el medio ambiente podrían ser menores de lo que se suele pensar, ya que la producción adicional de frutos secos, frutas y verduras, que requiere una gran cantidad de nitrógeno y agua, así como el transporte a larga distancia de estos alimentos, tan habitual en la actualidad, podría anular parcialmente los beneficios de producir menos alimentos de origen animal.

El extremo opuesto del veganismo es la dieta (llamada engañosamente) paleolítica, que aboga por comer mucha carne (de todo tipo) complementada con verduras y frutas.[14] (Muy pocos de nuestros antepasados seguían siempre dietas carnívoras). Ambos extremos representan modelos poco prácticos para su adopción a gran escala: su institucionalización e imposición requerirían un cambio radical de la producción alimentaria moderna: por un lado, eliminar grandes sectores productivos (carne, huevos y lácteos, pesca y acuicultura) que sostienen muchas economías (con profundas consecuencias económicas); por otro, incrementar a gran escala la producción de carne, lo que intensificaría todos los inconvenientes que la acompañan (ya esbozados). Y, por supuesto, en ambos casos, ¡una inversión sin precedentes de los hábitos alimentarios arraigados en la población!

Si todos fuéramos paleo

Sigue sin explicarse cómo se podrían lograr estos cambios para impactar a escala nacional o mundial. No cabe duda de que los promotores de dietas muy cárnicas son los que más se engañan a sí mismos y que no han pensado en cómo suministrar las cantidades necesarias de carne sin un subsiguiente despliegue masivo de las energías y los recursos materiales necesarios para multiplicar su producción anual. En 2020, el consumo mundial de carne solo suministró alrededor del 8 por ciento de toda la energía alimentaria y el 17 por ciento del total de las proteínas de la dieta.[15] ¿Cuáles serían las consecuencias medioambientales de triplicar —como mínimo— la matanza mundial de animales a fin de suministrar una cuarta parte de la energía y la mitad de las proteínas en dietas altamente cárnicas (pero aun así no lo bastante «paleolíticas»)? El siguiente paso sería calcular de qué manera tendría que aumentar nuestra producción de alimentos para animales (forrajes, granos, tubérculos, legumbres); el resultado dependería de la composición de este enorme suministro de carne.[16]

Si todos fuéramos veganos

La adopción global de una dieta puramente vegana conlleva sus propios problemas. Si el suministro de tal dieta fuera simplemente una cuestión de energía alimentaria adecuada, entonces todo sería fácil: podríamos cultivar solo caña de azúcar, la planta con mayor rendimiento de carbohidratos por unidad de tierra en un clima adecuadamente cálido.[17] Sin embargo, como se explica en el capítulo 2, una nutrición sana es una cuestión de equilibrio adecuado de nutrientes. Aunque un planeta de veganos podría abastecerse fácilmente de carbohidratos de cereales básicos (que también contienen proteínas) y grasas vegetales, el mayor desafío sería proporcionar proteína abundante de alta calidad.

Inevitablemente, esto significaría el ascenso de las legumbres de grano. En las sociedades tradicionales del Viejo Mundo, las legumbres (guisantes, alubias y lentejas en Europa; alubias y cacahuetes en África; lentejas, alubias y soja en Asia) ocupaban el segundo lugar entre los alimentos básicos, ya que su consumo anual per cápita alcanzaba los 25 kilogramos en India y más de 10 kilogramos en muchos países de América Latina y entre las poblaciones más pobres de Europa.[18] Esas ingestas proporcionaban entre el 15 y el 30 por ciento de todas las proteínas de la dieta y hasta el 15 por ciento de toda la energía alimentaria. El hecho de que la carne, los huevos y los productos lácteos se volviesen más asequibles acabó por reducir el consumo de legumbres a niveles irrelevantes no solo en la mayor parte de Europa (el suministro en Alemania es ahora inferior a 1 kilogramo per cápita al año, el de Francia inferior a 2 kg), sino también en Japón (solo alrededor de 1,5 kg) y China (menos de 1,5 kg).[19]

Estos índices suponen que las legumbres aportan menos de 1 gramo de proteínas, es decir, no más del 1 por ciento de la ingesta diaria de proteínas, y que sería necesario multiplicar por diez su consumo incluso si las legumbres solo aportaran el 10 por ciento de todas las proteínas de las dietas veganas. No se va a producir este cambio: los conocidos inconvenientes de las legumbres (remojo, cocción prolongada, problemas de digestión y falta de gluten, que las hace inadecuadas para elaborar pan y fideos) no convierten a las alubias, los guisantes, las lentejas y la soja en la opción dominante y que ahorra tiempo en las sociedades modernas, que prefieren una preparación rápida de los alimentos y una digestibilidad fácil.[20] Esto significa que, entre los países más poblados, la ingesta relativamente alta de legumbres seguirá limitada a India (unos 15 kg per cápita al año) y Brasil (unos 13 kg), donde las lentejas y alubias (*dal*) y las alubias negras (*feijão preto*), respectivamente, siguen siendo alimentos básicos nacionales muy apreciados.[21]

SUSTITUTOS

Existen dos alternativas para el consumo de legumbres. La primera es procesar la soja para elaborar productos tradicionales como la cuajada de alubias (*tōfu* japonés y *doufu* chino, preparados mediante la molienda húmeda de la soja y su posterior coagulación con sulfato de calcio o magnesio), el miso (soja fermentada con arroz o cebada y *Aspergillus oryzae*) y la salsa de soja (soja y trigo molidos y fermentados con *Aspergillus sojae*).[22] La segunda consiste en utilizar legumbres para preparar proteínas vegetales texturizadas (estructuras fibrosas que se asemejan al aspecto y la sensación en boca de la carne) como base de la llamada «carne sin carne».[23] Durante los últimos años ha sido imposible pasar por alto las numerosas y extraordinarias afirmaciones sobre la naturaleza disruptiva y transformadora de este cambio realizadas por la industria en expansión de la carne sin carne (y también los huevos alternativos y el pescado), que afirma mejorar las dietas al tiempo que reduce el riesgo de calentamiento global.[24]

En algunos países con una ingesta tradicionalmente elevada de alimentos de origen animal, la carne es difícil de desbancar: la reducción del consumo de carne de vacuno ha sido habitual en los países occidentales (compensada en gran medida con el de más pollo). Muchas estadísticas nacionales muestran una reducción de la ingesta de todo tipo de carne, pero estas tendencias no significan que esta haya sido sustituida por otras alternativas. La cuajada de judías lleva décadas disponible en los supermercados norteamericanos, pero los estadounidenses y los canadienses no han abandonado los productos cárnicos procesados en favor de ese derivado de la soja. El tofu no ha desplazado al *pepperoni* de la pizza; apenas ha hecho mella, de hecho. Año tras año, el consumo per cápita de tofu en Norteamérica es inferior a la media diaria de Japón.[25] A pesar de las recientes oleadas de ofertas de «carne» de origen vegetal (y un repunte de las ventas de este tipo de productos durante el primer año de pandemia), los sustitutos de la carne tienen un largo camino por recorrer antes de marcar una verdadera diferencia. Las ventas en Estados Unidos lo demuestran: en 2021, el país gastó casi 160.000 millones de dólares en carne (casi 120.000 millones en cortes de carne fresca y el resto en productos cárnicos procesados), mientras que las ventas de tofu fueron de unos 350 millones de dólares y el valor de todos los sustitutos de la carne vendidos de 1.300 millones de dólares (menos del 1 por ciento de todas las ventas de carne); en 2022, las ventas de sustitutos aumentaron a 1.800 millones de dólares, pero su volumen total había disminuido, e incluso las mejores expectativas de crecimiento no elevarían su valor por encima del 10 por ciento de las ventas de carne en 2030.[26]

EL PLANETA DE LOS COMEDORES DE PLANTAS

Pero si las poblaciones criadas con una gran variedad de alimentos tuvieran que volverse estrictamente veganas, sin duda exigirían algo más que una dieta rica en alubias: las comidas sin carne no solo contendrían más legumbres y cereales para proporcionar los tres macronutrientes, sino también más hortalizas, frutas y (para las proteínas y grasas concentradas) frutos secos. Debido a la eliminación de los piensos, la expansión del cultivo de legumbres alimentarias y granos básicos no supondría ninguna demanda adicional de tierras o aportes, pero las hortalizas, las frutas y los frutos secos necesitan mucha más mano de obra que los cultivos básicos y su expansión incrementaría las demandas ya obvias.[27]

Las hortalizas cultivadas al aire libre exigen gran cantidad de fertilizantes y agua, porque a menudo se cultivan y cosechan en el mismo año de forma consecutiva: en California, el periodo de producción y cosecha se extiende durante doce meses para cultivos de hortalizas que van desde la remolacha y el brócoli hasta los rábanos y las espinacas, así como para las fresas.[28] Aunque una sola cosecha de hortalizas requiere una media de dos a tres veces más agua por unidad de energía que un cereal básico, puede haber tres cosechas consecutivas cada año en el mismo campo (el brócoli, el kale y la lechuga maduran en sesenta días; las alcachofas, la col y la coliflor en unos cien días).[29]

Las hortalizas cultivadas en invernaderos —el modelo neerlandés (de cristal) o español (bajo túneles de plástico, sobre todo en Almería, pero ahora cada vez más en Asia y Norteamérica, y no solo para tomates, pimientos y pepinos)— tienen unas necesidades de energía extraordinariamente altas para construir las estructuras, calentarlas e iluminarlas, bombear el agua y cosechar, procesar y distribuir los productos.[30] En consecuencia, ¡un tomate de invernadero puede necesitar aportes energéticos un orden de magnitud superior para producir la misma cantidad de vitamina C (el nutriente que hace que un tomate sea nutricionalmente valioso) que una col de campo![31] Y los frutos secos, tan recomendados en la literatura vegana, no tienen (como ya se señaló en el capítulo 3) parangón por su elevada demanda de agua, ya que consumen entre seis y siete veces más agua por unidad de energía alimentaria que los cereales básicos.[32]

DIETAS RESTRICTIVAS, AFIRMACIONES VACÍAS

Otras recomendaciones dietéticas menos arrolladoras han hecho hincapié en los componentes específicos de las dietas. Una en concreto, respaldada por estudios posteriores, es comer mucha fibra no digerible para prevenir el cáncer colorrectal.[33] Entre las dietas dominadas por un macronutriente específico están no solo la ya mencionada alta en proteínas y baja en carbohidratos, rica en carne, sino también su opuesto: una dieta alta en carbohidratos promovida para perder peso y reducir el riesgo de enfermedades cardiacas.[34] Otras dietas intentan maximizar la ingesta de ciertos compuestos, entre los que destacan los antioxidantes. En el extremo, esto llevaría a una dieta exclusivamente formada de frutas o a la necesidad de la ingestión diaria de cápsulas de aceite de pescado.[35]

Desde luego, ninguna de estas dietas o regímenes de suplementos debe juzgarse por las afirmaciones, a menudo acríticamente apasionadas y a veces ridículas, que sus defensores hacen en su nombre. Su eficacia debe compararse con las recomendaciones de ingesta diaria de nutrientes ya conocidas y bien establecidas, y con los resultados de estudios nutricionales a gran escala, bien diseñados y a largo plazo. No hay que precipitarse a la hora de juzgar: si se espera otra década, el consenso científico podría haber cambiado de forma significativa y las declaraciones originales parecerían cuestionables.

LA ABULTADA HISTORIA DE LAS GRASAS ALIMENTARIAS

Para ilustrar estos cambios en la dieta, me centraré en el papel de las grasas alimentarias en la mortalidad por enfermedades cardiovasculares (ECV). Las ECV han sido la principal causa de muerte prematura en todos los países prósperos, por lo que cualquier intervención eficaz sería muy bien recibida.[36] Las primeras recomendaciones dietéticas surgieron del pionero Framingham Heart Study, fundado en 1948-1950, y que aún continúa: reducir la ingesta de grasas animales saturadas (sólidas a temperatura ambiente) y colesterol (consumido por separado en mantequilla o manteca, o como parte de carnes grasas y productos lácteos).[37] Estas recomendaciones fueron ampliadas y popularizadas por Ancel Keys, un científico estadounidense que estudió química, economía y zoología antes de dedicarse a la investigación nutricional. En 1958 puso en marcha el Estudio de los Siete Países sobre dieta y ECV, cuyo resultado fue el rechazo total a las dietas ricas en grasas saturadas y la encarecida recomendación de la dieta mediterránea tradicional, caracterizada por un alto consumo de fruta, hortalizas y pescado, y la contención en la ingesta de carne.[38]

Más concretamente, Keys y sus seguidores defendían la sustitución radical de las grasas saturadas por aceites vegetales monoinsaturados (oliva) o poliinsaturados (girasol, colza, cacahuete), pero no por aceites vegetales hidrogenados (margarina).[39] Las nuevas directrices dietéticas reflejaban estas recomendaciones, ya que los países de renta alta, y Estados Unidos en particular, emprendieron una campaña pública contra las grasas saturadas. Sin embargo, la excepción francesa (una dieta rica en grasas saturadas que coexiste con una mortalidad por ECV relativamente baja) siempre ha sugerido que las cosas no son tan sencillas.[40] Y así fue. Nuevos estudios, con un gran número de participantes y de larga duración, debilitaron o incluso subvirtieron la narrativa de las «grasas malas», al descubrir que el consumo de grasas saturadas no conducía ni a una mayor mortalidad en general ni a un aumento de las tasas de mortalidad por ECV en particular; es más, que la ingesta de ácidos grasos monoinsaturados y poliinsaturados no tenía un efecto claramente beneficioso.[41] Las nuevas directrices dietéticas de Estados Unidos terminaron por suprimir el antiguo consejo de limitar la toma de colesterol a menos de 300 mg/día.[42]

Ahora sabemos que el efecto de determinados alimentos sobre la cardiopatía coronaria no depende solo de su contenido en grasas saturadas, ya que los ácidos grasos saturados individuales difieren en su impacto.[43] De hecho, los resultados de las intervenciones dietéticas destinadas a reducir la mortalidad por ECV dependen del tipo de macronutrientes que sustituyan a las grasas saturadas. En particular, reemplazarlas por una mayor ingesta de hidratos de carbono (sobre todo alimentos refinados) puede ser contraproducente.

En consecuencia, la atención debe centrarse en la composición global de las dietas más que en los alimentos individuales o sus componentes.[44] O, como ha señalado Frank Hu, médico y nutricionista estadounidense con un largo historial de estudios dietéticos, «el enfoque basado en un único macronutriente está anticuado [...]

las futuras directrices dietéticas pondrán cada vez un mayor énfasis en la comida de verdad en lugar de dar un límite superior absoluto o un punto de corte para determinados macronutrientes».[45]

COMIDA DE VERDAD

Desde hace décadas, y mucho antes de que los denominados «alimentos ultraprocesados» se convirtieran en el último villano de la nutrición (una moda pasajera: no más que otro nombre para el exceso de grasa, azúcar y sal), vengo defendiendo un enfoque basado en la comida de verdad: tenemos que fijarnos en los resultados finales de la ingesta de alimentos a lo largo de la vida, es decir, en la frecuencia de las enfermedades que se sabe (o se sospecha) que están relacionadas con una nutrición inadecuada, y rastrear los cambios de la esperanza de vida media. Esto promete ser más revelador que concentrarse en estudios limitados en el tiempo y en la población sobre el consumo de nutrientes específicos o sobre la mortalidad. Su versión más convincente es fijarse en el resultado definitivo: la esperanza de vida al nacer. En esta variable influyen multitud de factores (genética, atención sanitaria preventiva, estilo de vida en general, nutrición, dolencias crónicas), pero la esperanza no puede ser alta si la ingesta de alimentos a lo largo de la vida de una población tiene efectos perjudiciales crónicos.

Tras la Segunda Guerra Mundial, todos los países prósperos disfrutaron de niveles muy similares de asistencia sanitaria (preventiva y aguda) y de un suministro medio de alimentos más que adecuado, y también experimentaron una convergencia de estilos de vida (como más adquisición de automóviles y trabajo más sedentario). En consecuencia, hasta que se dieron algunos retrocesos debidos a la pandemia del COVID-19, la esperanza de vida en la Unión Europea, Estados Unidos, Canadá, Australia y Japón ha ido aumentando de manera uniforme; además, los índices de mejora han sido similares en países cuyas dietas son muy dispares.[46]

Japón contra España

El mejor ejemplo de esta realidad es la comparación entre Japón y España. En 1950, la esperanza de vida media (combinando hombres y mujeres) era casi idéntica: 60,64 años en Japón y 60,21 años en España. Setenta años después, ambos países, tras experimentar importantes transformaciones en su dieta y estilo de vida, ganaron más de veinte años de vida media, pero Japón lleva aproximadamente un año de ventaja: 84,67 frente a 83,61 años. Dentro de la Unión Europea, los países con mayor esperanza de vida combinada en 2020 eran España, Suecia e Italia, todos ellos con 82,4 años. Francia estaba levemente por detrás, con 82,3 años, pero superaba en lo que se refiere a la longevidad femenina (85,3) a España (85,1) e Italia (84,7), mientras que Suecia tenía la primacía masculina (80,7) frente a los 80,1 años de Italia y los 79,7 de España.[47]

Sin embargo, el gran aumento de la esperanza de vida en España ha ido acompañada de una de las transformaciones alimentarias de mayor alcance y relativa rapidez, incluyendo en gran parte un cambio que se suele considerar indeseable. Este cambio comenzó en la década de los sesenta y se aceleró en 1975, tras la muerte de Franco, y de nuevo en 1986 con la entrada en la Unión Europea. Entre 1960 y 2000, el suministro de carne per cápita en España casi se cuadruplicó, el de grasas animales (saturadas) se triplicó y el consumo de productos lácteos aumentó en una cuarta parte, mientras que el de aceite de oliva y cereales disminuyó, al igual que el de vino, supuestamente cardioprotector.[48] El aumento del consumo de carne fue tan rápido y sustancial que, a finales del siglo xx, España era el país más carnívoro de la Unión Europea, con un suministro per cápita (en términos de peso en canal) de más de 110 kilogramos anuales de media, frente a los 100, 80 y 70 kilogramos anuales de países tradicionalmente carnívoros como Francia, Alemania y Dinamarca.[49]

La mejor explicación de este resultado paradójico es una combinación de factores, como el aumento del consumo de pescado y fruta y, sobre todo, un mejor acceso a la atención médica preventiva y una reducción del tabaquismo.[50] Los últimos estudios muestran que el ritmo de descenso de la mortalidad por ECV en España se ralentizó del −3,7 (hombres) y el −4,0 por ciento (mujeres) entre 1999 y 2013 al −1,7 y el −2,2 por ciento después de 2013. Esto coincide con la ralentización en otros países prósperos. La explicación más probable es que los altos promedios de longevidad actuales se acercan a los máximos esperados de esperanza de vida en toda la población.[51]

China ofrece un ejemplo aún más notable —y a una escala mucho mayor— de una importante transición dietética marcada por grandes aumentos en las tasas per cápita de suministro de carne y grasas saturadas, acompañados de subidas constantes en la esperanza media de vida. Entre 1970 y 2020, el suministro de carne se multiplicó casi por ocho y en muchas ciudades está ahora casi al nivel europeo.[52] Este aumento estuvo marcado por el consumo tradicionalmente preferido de carne de cerdo (a menudo muy grasa), por lo que el suministro de grasas animales se cuadruplicó aproximadamente en medio siglo, mientras que la esperanza media de vida aumentó de 60 a 77 años, acercándose en 2019 a la media estadounidense anterior al COVID-19 de 78,8 años.[53]

¿QUÉ DEBEMOS CAMBIAR EN NUESTRAS DIETAS?

Los consumidores inquietos pueden consultar y seguir fácilmente las últimas recomendaciones dietéticas nacionales, pero estas comparaciones de dietas y longevidad demuestran que, por muy diferentes que sean en muchos aspectos, las composiciones predominantes de las dietas típicas en países tan distintos como España, Francia y Suecia o Japón y China son compatibles con los esfuerzos por prevenir la mortalidad excesiva por ECV y prolongar la vida. No hay necesidad de ninguna intervención radical y menos aún de seguir dietas extremas o de recomendar megadosis regulares de suplementos dietéticos específicos, ya sean vitaminas, minerales o aceites de pescado.[54] Sin embargo, esto no significa que no sea necesario llevar a cabo algunas modificaciones dietéticas graduales, así como ciertas intervenciones inmediatas y más deliberadas.

La primera necesidad, que podría lograrse con un gasto relativamente bajo, es garantizar que gran parte de la población —sobre todo los niños— de muchos países de renta baja no se vea afectada por carencias evitables de diversos micronutrientes. En comparación con otros grandes retos nutricionales, la escasez de micronutrientes puede paliarse con medidas fácilmente disponibles, muy eficaces y poco costosas. El enriquecimiento de los alimentos y la distribución de suplementos son necesarios en todos los casos en los que la dieta predominante no puede proporcionar niveles adecuados de vitaminas y minerales esenciales.[55]

Muchas personas ni siquiera son conscientes de esta práctica, pero hay medidas de enriquecimiento que se iniciaron hace muchas décadas: la yodación de la sal de mesa en Europa durante la década de 1920, el enriquecimiento de la harina de trigo en Estados Unidos y Canadá con hierro y cuatro de las vitaminas del grupo B (tiamina, niacina, riboflavina y ácido fólico) en 1941. Desde entonces se han extendido por todo el mundo. Sin lugar a dudas, el enriquecimiento de los alimentos es una de las intervenciones de salud pública más rentables: solo la vacunación —especialmente la vacuna pentavalente, que protege a los niños de la difteria, la tos ferina, el tétanos y dos formas de hepatitis— genera un rendimiento mayor a partir de una inversión relativamente modesta.[56]

Por desgracia, incluso a principios del siglo XXI los trastornos por carencia de micronutrientes siguen siendo un grave problema de salud pública en todo el mundo (incluso en los países de renta alta). Afectan a todos los grupos de población, pero es más acuciante entre los niños y las mujeres de las naciones africanas, asiáticas y latinoamericanas más pobres. Las carencias comunes son las de vitamina A (pescado, huevos, lácteos), yodo (un oligoelemento presente en el marisco y los lácteos) y dos metales comunes, hierro y zinc (presentes sobre todo en la carne y los lácteos).[57] Evaluar la prevalencia mundial de este déficit requiere un muestreo representativo y análisis de sangre; no es de extrañar que en muchos países de renta baja estos datos sean escasos y estén desfasados, por lo que no se conocen con mucha exactitud los totales mundiales de las carencias de estos micronutrientes.

Unos 250 millones de personas no tienen suficiente vitamina A, y eso incluye a más de la mitad de los niños de la mayoría de los países del África subsahariana.[58] Esta deficiencia afecta a la vista (ceguera nocturna y xeroftalmia progresiva que conduce a la ceguera) y al sistema inmunitario, y aumenta las posibilidades de enfermedad y muerte prematura. El consumo regular de zanahoria, calabacín, boniato, hígado, pescado y queso elimina el riesgo, mejora la función inmunitaria y reduce la mortalidad —sobre todo, por sarampión y diarrea—, al igual que lo hace el enriquecimiento de aceites y grasas y la administración regular de suplementos. Muchos países han emprendido con éxito programas de suplementación con vitamina A para lactantes y niños de hasta cinco años, pero un estudio reciente ha descubierto que la mayoría de los datos sobre la prevalencia real de la carencia están desfasados o no existen (en los países africanos del Sahel, y también en India y Kazajistán), lo que significa que la deficiencia real es aún más frecuente. Ese estudio también descubrió que esta carencia es grave en más de treinta países, con una prevalencia superior al 30 por ciento.[59]

Deficiencia de hierro

La falta de hierro es la principal causa de anemia, un recuento bajo de los glóbulos rojos que distribuyen el oxígeno a todos los tejidos corporales. En 2019, 1.760 millones de personas —cerca del 23 por ciento de la población mundial— padecían anemia, de las cuales cerca del 55 por ciento era leve, cerca del 40 por ciento moderada y el resto se encontraba en la categoría de grave.[60] Las tasas regionales oscilaban entre menos del 5 por ciento en Europa occidental, el 20 por ciento en la América Latina tropical y más del 30 por ciento en Asia meridional y en la mayoría de los países del África subsahariana, siendo Zambia (49 por ciento), Malí (47 por ciento) y Burkina Faso (46 por ciento) los que presentaban la prevalencia más alta.[61] Los signos y síntomas clínicos van desde el bajo rendimiento mental (si no se trata en la infancia, puede provocar problemas cognitivos de por vida), intolerancia al frío y dificultad respiratoria. El síndrome de piernas inquietas y la pica (ingesta compulsiva de objetos no comestibles) también son manifestaciones comunes.[62]

Las mujeres (por la pérdida de sangre menstrual) y los niños (debido a sus mayores necesidades de hierro) son los más vulnerables. Además, un descubrimiento reciente indica que los umbrales de las pruebas actuales para detectar la carencia de hierro en mujeres y niños pueden ser demasiado bajos (y detectan solo las formas más graves) y que se producen cambios indeseables a niveles superiores a los umbrales definidos actualmente. Teniendo en cuenta estos últimos, alrededor del 30 por ciento de las mujeres y los niños en Estados Unidos podrían padecer cierta carencia de hierro, mientras que, según las normas vigentes, la prevalencia es de aproximadamente el 17 por ciento entre las mujeres premenopáusicas y del 10 por ciento entre los niños.[63] Si esta cifra se extendiera a toda la población mundial, al menos se duplicaría el número total de personas con deficiencia de hierro, lo que podría justificar hacer más hincapié en el enriquecimiento obligatorio de los alimentos básicos (actualmente obligatorio en más de ochenta países) y en un aumento de los suplementos.

Carencia de yodo

A escala mundial, la carencia de yodo es tan frecuente como la ingesta inadecuada de hierro: la mejor estimación es que unos 2.000 millones de personas están afectadas, incluidos más de 200 millones de niños.[64] Un número similar de personas presenta manifestaciones clínicas, incluidos unas 50 millones de personas con bocio, es decir, inflamación de la glándula tiroides. Los programas de detección precoz de la deficiencia de yodo son de una especial importancia entre las mujeres embarazadas, ya que en el embarazo este déficit aumenta la probabilidad de aborto espontáneo, mortinatalidad, mortalidad infantil y defectos congénitos. Durante la infancia perjudica el desarrollo físico y mental, y puede privar a los niños afectados de llegar a tener vidas normales y productivas.

La solución es el uso universal de sal enriquecida con yodo, con al menos 15 partes por millón. Se trata de una medida poco costosa, aunque lograr su distribución mundial no ha sido fácil. En la mayoría de los países se han propuesto programas universales de yodación de la sal, pero hasta ahora no han llegado a más del 75 por ciento de la población mundial. Incluso India, un país que empezó a introducir la yodación en los años ochenta, no había logrado una cobertura completa tres décadas después.[65] No es de extrañar que la sal yodada no esté fácilmente disponible en muchas partes de África afectadas por pobreza extrema, conflictos civiles y desastres naturales recurrentes.

Carencia de zinc

Dado que el zinc está presente en cientos de enzimas y muchas otras proteínas, es indispensable para el metabolismo, el crecimiento y la diferenciación de las células (de ahí el embarazo normal), la inmunidad celular y el desarrollo del sistema nervioso.[66] Las manifestaciones más comunes de la carencia de zinc son un crecimiento infantil deficiente, un aumento de la morbilidad y la mortalidad infantiles, problemas reproductivos y una inmunidad reducida. La prevalencia de esta deficiencia no se ha estudiado tanto como la de otros micronutrientes. Algunas estimaciones antiguas sugieren que alrededor del 30 por ciento de la población mundial estaba afectada a principios del siglo XXI; las más recientes sitúan el total mundial en el 17 por ciento, con las tasas más altas en África, donde una cuarta parte de la población puede sufrir las consecuencias y donde contribuye al retraso del crecimiento.[67] Algunos estudios nacionales indican una influencia mucho mayor. Las muestras de suero de la Encuesta Nacional de Micronutrientes de Etiopía, realizada en 2015, indicaron que el 72 por ciento de la población del país sufría esta carencia, con una alta prevalencia en todos los grupos poblacionales.[68] El enriquecimiento de algunos alimentos y los suplementos baratos sirven para prevenir estos déficits.

Aunque es ingenuo pensar que todas estas deficiencias pueden eliminarse antes de 2050, sí es bastante realista esperar que sean menos prevalentes en todo el mundo, con algunos países ahora afectados reduciendo la escasez a una fracción de su actual cuantía. Los programas de enriquecimiento de alimentos, actualmente activos en decenas de países, pueden ser muy eficaces. Pero, como ocurre con cualquier esfuerzo continuo a gran escala, su éxito depende de que se pongan en marcha las capacidades de producción y distribución, así como la supervisión y el seguimiento adecuados. Obviamente, estas condiciones no se dan en lugares acosados por conflictos interminables, malos gobiernos e infraestructuras de servicios deficientes. Como es lógico, los suplementos múltiples de micronutrientes son más rentables que tratar las deficiencias por separado.[69]

HAMBRIENTOS Y DESNUTRIDOS

Una valoración objetiva indica que abordar el segundo reto más acuciante —proporcionar alimentos suficientes al aproximadamente 10 por ciento de la población mundial que padece hambre y desnutrición— no debería ser más difícil que solucionar las carencias de micronutrientes. Esta conclusión se basa en dos hechos: el número total de personas afectadas y la causa dominante de estas carencias. En primer lugar, la cifra global de personas que sufren escasez crónica de alimentos (y esto no solo ocurre en los países de renta baja) es comparable al total afectado por la deficiencia de micronutrientes. La FAO calcula que entre 720 y 811 millones de personas «padecieron hambre» y casi 2.370 millones de personas «no tuvieron acceso a una alimentación adecuada» en 2020. En segundo lugar, esto no se debe sobre todo a la escasez real de alimentos, sino a los «niveles persistentemente altos de pobreza y la desigualdad de ingresos».[70]

Que la reducción (o incluso la eliminación completa) de la ingesta inadecuada de alimentos no es principalmente una cuestión de aumento de la producción queda mejor ilustrado por la desnutrición acuciante entre los grupos de ingresos bajos de muchos países ricos. El suministro medio de alimentos per cápita en todas las naciones de ingresos altos está muy por encima de cualquier necesidad concebible. Sin embargo, la desnutrición y la inseguridad alimentaria se encuentran también dentro de estos países, ya que el acceso a los alimentos es más importante que su disponibilidad real. Incluso en Canadá, uno de los principales productores y exportadores de alimentos del mundo, alrededor del 17 por ciento de los niños (1,2 millones) viven en hogares con inseguridad alimentaria.[71]

Estados Unidos ha hecho frente a esta escasez con medidas como los desayunos y los almuerzos escolares y la emisión de cupones de alimentos. El aumento de la inseguridad alimentaria llevó a Francia a plantearse la posibilidad de conceder subsidios a las familias más pobres para compensar la subida de los precios de los alimentos.[72] Este tipo de medidas formales no existen en los países que más las necesitan. Su ausencia ha dado lugar a propuestas para establecer un sistema de cupones de alimentos a escala mundial que estaría vinculado a problemas concretos experimentados por las poblaciones más vulnerables (como ancianos y mujeres con niños pequeños), tal vez con criterios de idoneidad y distribución, combinadas con otras medidas de desventaja económica.

La esperanza en el África subsahariana

La mayor esperanza (y también la mayor frustración) reside en el hecho de que el África subsahariana, la región donde más urgen estas medidas, es también la que tiene más potencial para mejorar el rendimiento de los cultivos típicos. Un aumento del rendimiento impulsaría el abastecimiento local, reduciría la dependencia (en muchos países, cada vez más alta) de las importaciones e incrementaría la accesibilidad a los alimentos básicos. Esta región tiene las mayores brechas de rendimiento del planeta (la diferencia entre la media mundial de cosecha de un cultivo específico y su nivel nacional). Recientemente, los rendimientos medios de los cultivos básicos en Nigeria, la nación más poblada del continente, han sido muy inferiores incluso a los de Etiopía, un país con escasez crónica de alimentos (el arroz, alrededor de 1,4 frente a 2,4 t/ha; el maíz, 2 frente a 3,3 t/ha) y una fracción de los promedios en Brasil (4,6 t/ha para el arroz y 5,1 t/ha para el maíz).[73] Como resultado, India ha importado recientemente menos del 0,5 por ciento de los cereales básicos que consume (y la cuota de China era de alrededor del 3 por ciento), a la vez que Nigeria compra en el extranjero el 15 por ciento de sus alimentos básicos.[74] Es más, Nigeria, que antes era un gran exportador de alimentos, ahora también necesita importar semillas oleaginosas, mientras que Kano, su estado septentrional, era famoso hasta los sesenta por sus impresionantes pirámides de cacahuetes, cada una de ellas formada por hasta 15.000 sacos de esta semilla, cosechados y listos para su transporte.[75]

Gran parte de este bajo rendimiento subsahariano es atribuible a poca intensidad de cultivo y, sobre todo, a una mecanización e irrigación limitadas, así como a tasas de fertilización muy bajas: las aplicaciones recientes solo alcanzaron una media de unos 3 kilogramos de nitrógeno por hectárea de tierra agrícola, frente a más de 30 kilogramos en Europa y unos 50 kilogramos en China.[76]

Al mismo tiempo (como subrayaré en el último capítulo), el África subsahariana no tiene ninguna región cuya calidad del suelo sea similar a la del cinturón del maíz estadounidense, la Pampa argentina o el cinturón ucraniano-ruso de suelos negros (*chernozem*); a diferencia de estos suelos relativamente jóvenes, profundos y ricos en materia orgánica, los africanos son viejos, lixiviados e intrínsecamente mucho menos fértiles.

Esta limitación natural se ha visto agravada por el hecho de que el África subsahariana presenta las condiciones menos estables para poder lograr el objetivo de ampliar la producción de alimentos de forma constante y eficaz. De los 48 países asiáticos, solo nueve ostentan un índice de estabilidad política inferior a −1,0 y 16 lo tienen por encima de 0 (los valores más altos indican países más estables); mientras que, de los 47 países del África subsahariana, solo nueve ostentan un índice superior a 0, y 13 se sitúan por debajo de −1,0, entre ellos los populosos Mozambique, Congo, Etiopía y

Sudán, cuya población combinada de 485 millones de personas en 2020 era mayor que la de la Unión Europea. Nigeria ocupa el séptimo lugar por la cola, solo superada por el Congo, Sudán, Etiopía, la República Centroafricana y Somalia.[77]

El problema alimentario de la región es, pues, una compleja combinación de restricciones naturales e inestabilidad social (sobre todo, la recurrencia de conflictos civiles y transfronterizos). En cambio, Asia ha logrado que toda su enorme población, salvo una parte relativamente pequeña, pase a la categoría de abastecimiento alimentario adecuado. Con mucho, el mayor logro de la modernización económica de China después de 1980 no es su capacidad para inundar el mundo de manufacturas baratas, sino la de alimentar a 1.400 millones de personas importando menos del 10 por ciento de su suministro de alimentos (¡Japón y Corea del Sur importan más del 60 por ciento de su consumo interno!).[78]

¿Qué nos depara el futuro?

Por desgracia, las perspectivas inmediatas no apuntan a ningún cambio rápido: la FAO prevé que el suministro medio de energía alimentaria per cápita en el África subsahariana solo mejore en torno al 2,5 por ciento para el año 2030.[79] Esto resulta especialmente preocupante porque la prevención de la malnutrición infantil es una de las formas más rentables de garantizar el crecimiento económico futuro.[80]

Sin embargo, sí se producen cambios importantes en la dieta de una generación a otra y estos dan lugar a nuevos niveles de consumo típico: los cambios posteriores a 1950 en los países ricos (algunos deseables, otros no tanto) incluyeron un descenso del consumo de carne vacuna y un aumento del de pollo (en términos per cápita en Estados Unidos, la ingesta de carne roja bajó un 17 por ciento entre 1960 y 2002, ¡y respecto al pollo aumentó casi 3,5 veces!), la disminución del consumo de leche (tanto en Estados Unidos como en la mayor parte de Europa, aunque se consume más yogur y más queso de pizza), la ya señalada caída de los granos leguminosos de alimentos básicos secundarios a ingestas marginales y el paso de la mantequilla a los aceites vegetales. Como es habitual, los cambios progresivos a largo plazo no pueden predecirse con fiabilidad, pero sería sorprendente que en las próximas tres décadas no se produjeran ajustes tan sustanciales como los de los últimos treinta años. Es muy posible que puedan ir aún más lejos y supongan una importante contribución a la alimentación del mundo a mediados del siglo XXI. Hay demasiadas expectativas exageradas de «soluciones» nuevas y radicales en el mundo moderno. Lo que más importa son los avances graduales.

7

Alimentar a una población en aumento con un impacto medioambiental reducido: soluciones dudosas

Al mirar una generación hacia delante y contemplar el estado del sistema de alimentación mundial a mediados del siglo xxi, está claro que, aparte de continuar con diversos avances y ajustes graduales en la producción tanto agrícola como ganadera, sería útil que se produjeran algunas transformaciones radicales capaces de satisfacer dos objetivos primordiales vinculados entre sí: proporcionar una nutrición adecuada a la población mundial, que sigue aumentando, al tiempo que se reducen los aportes en el sistema de alimentación global y sus numerosos impactos medioambientales. Hacer más con menos —es decir, mejorar la mayoría de las cosas— podría ser una forma alternativa de resumir los dos últimos capítulos de este libro. Llegados a este punto, y dado nuestro conocimiento de las necesidades alimentarias y de los niveles y la composición del suministro real de alimentos, los verdaderos desafíos para renovar el sistema se dividen en tres categorías distintas, que examinaremos en orden ascendente de dificultad:

1. Ampliar la producción de alimentos existente para dar cabida a los casi 2.000 millones de personas que se sumarán a la población actual a mediados del siglo xxi.
2. Reducir el nivel insosteniblemente alto de desperdicio de alimentos a lo largo de toda la cadena alimentaria, tanto en los países de renta alta como en los de renta baja.

3. Reestructurar el sistema para reducir sus múltiples cargas medioambientales.

Previsiones y logros

La primera tarea se solapa regionalmente con el reto antes señalado de la desnutrición. Según las proyecciones demográficas medias de la ONU, entre 2020 y 2050 se sumarán unos 1.900 millones de personas a la población mundial, de las cuales el 60 por ciento se concentrará en África y algo más del 50 por ciento en su parte subsahariana.[1] Esta región se enfrentará, pues, a una doble tarea: producir más alimentos para reducir la desnutrición de las poblaciones existentes y alimentar a otros mil millones de personas. La situación será muy distinta en Europa, donde la proyección prevé un descenso absoluto (el continente solo crecerá si permite una inmigración sustancial), Norteamérica (alrededor de un 15 por ciento más) y Asia (en torno a un 14 por ciento más). Después de Japón y Corea del Sur, la población de China también ha dejado de crecer; India se ha convertido en la nación más poblada del mundo, pero una mayor desaceleración reciente de su tasa total de fecundidad puede recortar bastante el crecimiento en un futuro.[2]

No intentaré describir el estado probable del sistema de alimentación mundial en 2050. Como ocurre con cualquier trabajo de previsión a largo plazo, sería, en el mejor de los casos, una mezcla de algunas conclusiones bastante acertadas y muchos errores importantes. Basta pensar en lo que incluso las evaluaciones mejor informadas realizadas en 1990 habrían pasado por alto al describir la situación en 2020. Con mucho, los acontecimientos más relevantes que no se habrían previsto en 1990 son los cambios en China, India y Rusia. El auge económico de China ha supuesto una racha de crecimiento sin precedentes durante tres décadas (con multitud de consecuencias internas y externas) y ha llevado a que el suministro medio de alimentos per cápita del país aumente un tercio, hasta un nivel que solo está un 5 por ciento por debajo de las medias de Francia, Alemania e Italia, y muy por encima de la media japonesa.[3]

Los logros de India han sido casi igual de impresionantes. Aunque la media de suministro de alimentos per cápita del país sigue estando un 20 por ciento por detrás del índice de China (ahora claramente excesivo), ha aumentado casi un 20 por ciento desde 1990 al tiempo que el país sumaba 507 millones de habitantes —es decir, más que la población total de la Unión Europea— y, hasta hace muy poco, sus importaciones de cereales básicos seguían siendo insignificantes.[4] En 1990, la Unión Soviética continuaba siendo un notorio deficitario agrícola e importador de grano; compró unos 33 millones de toneladas de cereales. Sin embargo, para finales de 1991, el Estado soviético había dejado de existir. En 2020, Rusia, tras convertirse en el primer exportador mundial de trigo, vendió al extranjero 43 millones de toneladas de cereales.[5] Incluso en una época más reciente, los impactos a corto plazo de la guerra ruso-ucraniana han sido bien cubiertos. Es demasiado pronto para hacer cualquier veredicto a largo plazo sobre el suministro mundial de alimentos.

A CORTO PLAZO

La trayectoria más probable del sistema de alimentación mundial hasta 2030 es mucho más fácil de describir. En su proyección, la FAO prevé, de manera acertada, que el crecimiento necesario de la producción agrícola para alimentar a una población mundial en aumento procederá en su inmensa mayoría (casi el 90 por ciento) de nuevas mejoras en la productividad, es decir, no se originará en la expansión de las tierras cultivadas.[6] Las grandes diferencias de rendimiento indican que esperar nuevas ganancias sustanciales en muchos países de renta baja es bastante realista, pero para ello será necesario seguir invirtiendo en aportes e infraestructuras. Si no se reducen las diferencias de rendimiento en los cultivos africanos no será por problemas medioambientales o insuficiencias agronómicas, sino por la persistencia de los conflictos y la mala gobernanza. La eficiencia de los piensos animales se debería incrementar en la mayoría de los países de renta media. Es de esperar que experimenten una mayor demanda de carne, huevos y leche, sumado al hecho de que mucho antes de 2030 la acuicultura debería superar a la pesca de captura como principal proveedor de proteínas procedentes del mar.[7]

Los países de renta alta no necesitan seguir aumentando la producción, sino todo lo contrario. Una reducción deliberada de los métodos más intensivos de cultivo y cría de animales (como, por ejemplo, los límites que ya se están imponiendo a la agricultura intensiva en los Países Bajos) y la moderación del consumo de carne deberían aliviar algunos de los peores impactos ambientales en la Unión Europea, Norteamérica, Australia y Japón. Dos acontecimientos importantes pueden provocar cambios notables en la producción agrícola de los países de renta alta: el futuro alcance de la producción de biocombustibles y los posibles límites impuestos por las medidas diseñadas para frenar el ritmo del calentamiento global. En Estados Unidos, desde 2013, el 40 por ciento de la cosecha anual de maíz se ha convertido cada año en etanol; en Brasil, el 55 por ciento de toda la caña de azúcar se utilizó del mismo modo en 2021. Es posible que estos porcentajes aumenten y que la práctica se extienda a otros países con el uso creciente de biocombustibles por parte de las líneas aéreas, o que se reduzca a medida que la agresiva adopción de coches eléctricos disminuya la demanda de combustibles y aditivos para automóviles.[8]

Más allá de las previsiones: esfuerzos cuestionables

Quizá la mejor forma de mirar más allá de 2030 (sin ofrecer previsiones dudosas y escenarios necesariamente imperfectos) sea revisar primero una breve lista de medidas elogiadas que quizá no funcionen o que solo lo hagan de forma limitada, muy por debajo de las exageradas expectativas que han repetido últimamente no solo los medios de comunicación de masas, sino también muchos promotores empresariales e inversores entusiastas.

En el último capítulo del libro se examinan las estrategias que podrían mejorar la productividad al tiempo que reducirían el despilfarro y el impacto medioambiental del sistema de alimentación mundial.

Durante las primeras dos décadas y media del siglo XXI, nos hemos visto sometidos a una avalancha de afirmaciones sobre avances científicos e innovaciones en ingeniería, a menudo considerados nada menos que disruptivos, transformadores e incluso que marcan época. Ante este entusiasmo acrítico, que ahora prevalece en las noticias y en los libros de divulgación (tanto de no expertos como de «expertos»), es importante ofrecer un contrapeso mesurado, una evaluación realista de aquellas propuestas, medidas y transformaciones cuya novedad y promesas han atraído una gran atención, pero cuyas contribuciones prácticas para cambiar el sistema alimentario mundial de aquí a 2050 seguirán siendo, con toda probabilidad, limitadas.[8]

Abordaré cuatro de estos grandes cambios (desviaciones radicales de las prácticas imperantes) que se han propuesto para reducir —si no eliminar— las consecuencias negativas de las prácticas dominantes, al tiempo que garantizan un suministro adecuado de alimentos:

1. La conversión universal de la producción de alimentos a la agricultura ecológica, la repetición de una noción persistente sobre la forma que podría presentar un sistema ideal (natural) que acabaría con los males de la agricultura moderna.

2. La adopción a gran escala de permacultivos y policultivos para crear una nueva forma de producción, con el evidente ahorro de mano de obra y aportes, al tiempo que se reduce la degradación del suelo y se mejora la retención del agua.

3. La adopción de cultivos básicos modificados genéticamente que serían capaces de satisfacer sus propias necesidades de nitrógeno o convertir la radiación solar con una eficiencia fotosintética significativamente mayor, frenando en gran medida la huella medioambiental.

4. La producción masiva de alimentos animales cultivados, sobre todo carne *in vitro* (o, más exactamente, en acero inoxidable), pero también pescado, huevos y leche, lo que acabaría eliminando a los animales domésticos, salvo un pequeño número de donantes celulares, y además la necesidad de producir una gran parte de los cultivos destinados a la alimentación animal.

AGRICULTURA ECOLÓGICA: PARA UNOS POCOS, NO PARA LA MAYORÍA

Quizá la más radical de todas las soluciones dudosas para garantizar alimentos suficientes a mediados de siglo sea invertir la tendencia de los últimos 150 años y convertir el planeta a la agricultura ecológica. Tal y como se la suele definir, esta práctica supone prescindir de cualquier fertilizante sintético, lo que implica depender del reciclaje de residuos de cosechas y del estiércol y de la plantación de especies leguminosas para suministrar el nitrógeno necesario, así como no utilizar ningún pesticida, herbicida o fungicida sintético, confiando únicamente en estrategias naturales de control de plagas y malas hierbas.[9] ¿Qué se podría objetar si estos cambios radicales (nada de fertilizantes sintéticos ni otros productos agroquímicos) se llevasen a cabo sin ningún efecto negativo sobre el rendimiento y la fiabilidad de las cosechas?

Sin embargo, cualquiera familiarizado con el ciclo global del nitrógeno y con los requisitos de los cultivos para el macronutriente más importante —lectores, esto os atañe— debe tener serias dudas sobre el mantenimiento de la cosecha mundial actual sin el uso de ningún fertilizante nitrogenado sintético. Incluso antes de su invención, los productores trataban de mejorar el reciclado orgánico mediante el uso de compuestos inorgánicos a fin de proporcionar a las plantas todos los macronutrientes que necesitaran. Los nitratos chilenos derivados de los depósitos de guano se extrajeron por primera vez en 1826, aunque su uso no se generalizó hasta medio siglo después. A partir de 1913, la síntesis Haber–Bosch de amoniaco tomó el suministro mundial de nitrógeno; la extracción de potasa a gran escala comenzó en 1861 en Sajonia; y la extracción de fosfatos de Florida se inició en 1883.[10] Si se expresa en términos de nutrientes puros, para 2020 la agricultura mundial ha estado aplicando anualmente cerca de 100 millones de toneladas de nitrógeno, unos 20 millones de fósforo y 30 millones de potasio.[11]

Los fertilizantes nitrogenados sintéticos son los que se precisan en mayores cantidades y los que marcan la mayor diferencia de rendimiento. Sin su aplicación no sería posible alimentar (suponiendo las dietas actuales) al menos al 40 por ciento de la humanidad. Incluso si recicláramos hasta el último fragmento de residuo orgánico que contiene nitrógeno (residuos de cultivos y del procesado de alimentos, tanto animales como humanos) y ampliáramos el cultivo de leguminosas (cuya simbiosis con bacterias fijadoras de nitrógeno aporta nitrógeno adicional a los suelos agrícolas), no podríamos igualar la síntesis Haber-Bosch utilizada actualmente para fabricar fertilizantes sólidos (con abundante urea y nitratos) y líquidos.

Sin embargo, algunas de las primeras comparativas publicadas mostraban que los cultivos ecológicos son casi tan productivos o incluso más que los convencionales. Un estudio de 2007 llegaba a la rotunda conclusión de que la agricultura ecológica podía suministrar suficiente energía alimentaria «para que toda la población humana comiera como lo hace hoy en día» porque «las leguminosas fijadoras de nitrógeno utilizadas como abonos verdes pueden [...] sustituir todo el fertilizante nitrogenado sintético que se utiliza hoy».[12] Ambas conclusiones son sospechosas, ya que se basan en datos cuestionables acerca de la productividad de los cultivos y en suposiciones simplistas sobre la extensión a gran escala de los cultivos de cobertura con leguminosas (alfalfa, trébol, etcétera). Otros estudios más rigurosos han demostrado que los cultivos ecológicos rinden de media un 20 por ciento menos que los convencionales y que las dificultades para mantener el suministro de nutrientes en los sistemas ecológicos en cuanto a rotación, explotación y región probablemente darían lugar a una disparidad aún mayor.[13]

Así lo confirma el metaanálisis más reciente sobre los datos de rendimiento y la intensidad de uso del suelo (años con un cultivo de cosecha en relación con la duración de la rotación): los rendimientos ecológicos eran, de media, un 25 por ciento inferiores, y la brecha era del 30 por ciento en el caso de los cereales. Además, al combinar la brecha de rendimiento con la reducción del número de cultivos cosechados en la rotación, la brecha de productividad oscilaba del 29 al 44 por ciento, según los cultivos incluidos en la rotación.[14] Algunas evaluaciones han sido aún más rotundas, y han llegado a la conclusión de que «la agricultura ecológica no puede alimentar al mundo, porque existen pruebas científicas sustanciales de que el rendimiento de los cultivos es considerablemente inferior en los sistemas ecológicos. La reducción del rendimiento a largo plazo podría ser de hasta un 40-50 por ciento en comparación con los correspondientes cultivos convencionales. Por tanto, para obtener rendimientos equivalentes en los sistemas ecológicos, se necesitaría mucha más tierra agrícola. Sin embargo, según evaluaciones recientes, no se dispone de esa cantidad de tierra en el mundo».[15]

Alemania ilustra perfectamente esta realidad. El país se ha postulado como —y no es sorprendente— uno de los principales defensores de este cambio radical, con el objetivo de que el 30 por ciento de la tierra aprovechable se cultive de forma ecológica para 2030, pero en enero de 2023 un nuevo y detallado estudio alemán (elaborado por un equipo de científicos de la Technische Universität de Múnich) llegaba a la conclusión de que, aunque la agricultura ecológica tiene muchas ventajas (sobre todo medioambientales), requiere mayor cantidad de tierra que los cultivos convencionales: las comparativas entre las explotaciones «ecológicas» y las convencionales muestran casi 2,3 veces más tierra para el trigo de invierno y el doble para el maíz para ensilaje.[16] Sin embargo, al mismo tiempo, se insta a los alemanes a comer menos carne a fin de liberar más tierra para plantar los cultivos de biocombustibles necesarios para alcanzar otro objetivo verde: eliminar los combustibles fósiles.[17] ¿De dónde va a salir toda esa tierra extra?

ERRORES DE CÁLCULO ECOLÓGICOS

El nitrógeno es el aporte crítico, pero para llegar a la conclusión de que los cultivos de cobertura con leguminosas podrían proporcionar más nitrógeno del que se aplicaba en forma de fertilizantes sintéticos a principios del siglo XXI los autores del estudio de 2007 sobre la agricultura ecológica mundial partieron del supuesto de que la siembra de cultivos de abono verde se ampliaría en alrededor del 11 por ciento del total de tierras cultivables a la totalidad de estas, es decir, unos 1.500 millones de hectáreas. Sin embargo, esto no es más que un ejercicio puramente académico; al hacer una suposición con dos cosechas al año en todos los campos del mundo, los autores obviamente desconocían al menos cinco realidades que impiden tal transformación a gran escala o que, en el mejor de los casos, la hacen muy poco probable en las próximas décadas.

En primer lugar, una parte significativa de las tierras de cultivo del mundo ya es productiva más de una vez al año. El doble cultivo es limitado en Estados Unidos, pero es común en partes de Asia, América Latina (gran parte del Cerrado brasileño lo tiene de soja y maíz, sorgo o algodón; y gran parte del norte de Argentina produce tres cosechas cada dos años) y Europa. A principios del siglo XXI se practicaba en cerca del 12 por ciento de las tierras de cultivo del mundo, con el 34 por ciento del arroz y el 13 por ciento del trigo cultivados de ese modo; China empleaba este método en el 34 por ciento de sus tierras agrícolas (sobre todo arroz tras arroz) y el triple cultivo en el 5 por ciento.[18] Además, en la producción intensiva de hortalizas (da igual que sea en California o en Java) se cultivan hasta cuatro o cinco veces al año en el mismo suelo.

En segundo lugar, una parte igualmente grande de las tierras de todo el mundo se encuentra en barbecho: no se cultiva ni durante una sola temporada agrícola ni durante todo un año. El examen más exhaustivo de la escala mundial del barbecho terminó sumando casi 450 millones de hectáreas (casi el 30 por ciento de todas las tierras) de esta modalidad a principios del siglo XXI.[19]

El barbecho se practica por las muchas ventajas que se le reconocen desde hace tiempo: aumenta la materia orgánica del suelo y su diversidad microbiana; disminuye la compactación del terreno y mejora sus propiedades físicas y su capacidad de retención de la humedad; y, al alterar los ciclos vitales de las plagas, reduce la necesidad de plaguicidas.[20] Estos beneficios son especialmente notables en los sistemas tropicales y semitropicales, donde el barbecho dura varios años. En las zonas templadas semiáridas productoras de cereales (el cinturón del maíz del oeste de Estados Unidos, las llanuras del centro de Norteamérica y las estepas de Asia central), el barbecho se realiza en años alternos, con el fin de almacenar suficiente agua en el suelo durante el tiempo de barbecho para mantener un rendimiento razonable en el de cultivo. Obviamente, la adopción universal del doble cultivo afectaría a algunos de estos beneficios.

En tercer lugar, la idea de que el doble cultivo universal será una transformación enormemente provechosa con respecto a las supuestas prácticas indeseables de hoy hace caso omiso de las realidades económicas y la toma de decisiones individuales.

En muchas partes del mundo dominadas por las prácticas de monocultivo (como sucede en la mayoría de las regiones de Estados Unidos, donde el doble cultivo es la norma en menos del 5 por ciento de todas las tierras cultivadas), la adopción del doble cultivo exigiría a un agricultor cambiar la gestión de los campos en primavera y otoño, trabajar en contra de la norma dominante, incurrir en costes económicos adicionales debidos a la compra de semillas, la siembra, el arado del cultivo de cobertura maduro y la preparación del campo para la siembra de cultivos comerciales, además de asumir el riesgo de terminar con rendimientos inferiores a los de los productores que siguen una secuencia de cultivo estándar.[21] Asumir el ciento por ciento de rotación de cultivos de cobertura en un artículo académico puede hacerse sin pensar en los cientos de millones de agricultores que tendrían que adoptar esta práctica y seguirla cada año; pero alcanzar realmente esa cobertura absoluta mediante la adopción voluntaria no parece más probable que instituirla como requisito legal.

En cuarto lugar, los ingenieros agrónomos saben que los cultivos de cobertura con leguminosas pueden presentar muchos problemas, como una germinación deficiente del cereal que provoque un establecimiento irregular del cultivo y un menor rendimiento; la severidad de las heladas donde se esperaba la supervivencia; la obstrucción de las líneas de drenaje a causa de la densidad de las raíces que contamine el próximo cultivo; y una mayor liberación de compuestos fitotóxicos que impidan su germinación.[22]

Teniendo presentes estas realidades, es indefendible el uso del promedio total anual de 102,8 kilogramos de nitrógeno por hectárea que estiman los autores de este estudio como equivalente del nitrógeno captado por los cultivos de cobertura de leguminosas y disponible para el cultivo posterior de cereales, tubérculos o aceite. Resulta sumamente engañoso tratar de manera tan simplista y uniforme la variedad de especies de leguminosas de cobertura (desde alfalfa y tréboles hasta vezas, y desde caupí hasta guisantes) que se cultivarían en entornos que van de los trópicos al subártico y que se sembrarían anualmente en toda la superficie agrícola del mundo (1.500 millones de hectáreas).[23]

En quinto lugar, la expansión universal de las especies de cultivos de cobertura exigiría un enorme aumento de la producción de las semillas necesarias. En las regiones templadas, estas especies suelen requerir la mayor parte de la temporada de crecimiento para madurar, por lo que su cultivo para semilla exige renunciar al de cereales, oleaginosas o tubérculos en la misma tierra. La primera evaluación cuantitativa de la superficie necesaria para abastecer la producción de maíz de Estados Unidos con semillas de cultivos de cobertura se publicó en 2020 y concluyó que, en función de la especie utilizada, se necesitaría entre un 4 y casi un 12 por ciento de la superficie de producción actual para cultivar las semillas.[24] Y eso solo se aplica al maíz estadounidense: extender los cultivos de cobertura anuales a todas las tierras cultivadas requeriría el desarrollo y el funcionamiento constante de una nueva industria de semillas a gran escala.

LECCIONES DEL PASADO

Si las rotaciones anuales en todo el mundo con cultivos de cobertura son altamente improbables, la historia de los cultivos intensivos confirma que las rotaciones frecuentes (una vez cada dos o cuatro años), como las practicadas por las agriculturas tradicionales, tampoco bastan para lograr los altos rendimientos modernos. Estas rotaciones, conocidas desde la Antigüedad, se hicieron comunes en Inglaterra y en partes de Europa occidental a partir de finales del siglo XVIII. Algunas de ellas llegaron a triplicar el nitrógeno disponible para los cultivos de cereales o tubérculos. Cabe destacar que esta innovación resultó quizá tan significativa para el desarrollo económico de Europa como lo fue la energía de vapor.[25] Del mismo modo, la agricultura china dependió de ellas durante siglos para sus altos rendimientos.[26]

Pero estas prácticas no podían garantizar los elevadísimos rendimientos anuales de los cultivos básicos que exigía la creciente población del siglo XX, y fueron mejoradas o sustituidas por aplicaciones cada vez más intensivas de fertilizantes inorgánicos. Es más, aunque el nitrógeno es siempre el nutriente más demandado, los cultivos de alto rendimiento también requieren más fósforo y potasio de los que proporcionan los recursos propios del suelo y los residuos reciclados de los cultivos. Estos dos macronutrientes no los pueden suministrar en cantidades suficientes las rotaciones de leguminosas de cobertura.

UN MONTÓN DE EXCREMENTOS

¿Podría ser el estiércol animal una posible solución como la única otra fuente de nitrógeno orgánico de una dimensión comparable? La respuesta es un rotundo «no». La mejor estimación global es que en 2019 el ganado evacuó unos 128 millones de toneladas de nitrógeno, pero el 70 por ciento se dejó en los pastos, y solamente unos 27 millones de toneladas (es decir, alrededor del 70 por ciento del nitrógeno del estiércol producido en confinamiento, establos y cebaderos) se aplicó a los suelos agrícolas.[27] Pero para desplazar solo la mitad de todos los fertilizantes sintéticos (suponiendo que la otra mitad de la sustitución procediera de cultivos de leguminosas) tendríamos que reciclar al menos la mitad de la producción anual reciente de estiércol, en lugar del aproximadamente 20 por ciento que hemos venido aplicando en los últimos tiempos. Esto significa que habría que iniciar la recogida masiva del estiércol que se deja en los pastos. Pero, incluso frescos, estos desechos de rumiantes contienen apenas entre un 1 y un 2 por ciento de nitrógeno, y se vierten en pequeños pedazos sobre áreas que suman muchos millones de kilómetros cuadrados (¡la superficie de los pastos del mundo es superior a 30 millones de kilómetros cuadrados!). No hay más que pensar en las dificultades técnicas y los costes de recogida de estos residuos pobres en nitrógeno distribuidos de forma dispersa y su transporte a regiones de alta productividad agrícola.

La alternativa —producir más estiércol en confinamiento— es obviamente inviable, porque tal expansión iría acompañada de un intolerable aumento de los cultivos destinados a la alimentación animal en lugar de la humana y, a menos que esos animales adicionales fueran cerdos y aves de corral, también de un incremento sustancial de las emisiones de metano. Otra consideración esencial: salvo que se mecanice en su mayoría (y a un coste muy alto), cualquier expansión a gran escala de la aplicación de estiércol también exigirá más mano de obra, una demanda que va en contra de la tendencia a largo plazo de disminuir los aportes laborales por unidad de rendimiento.[28]

Mi veredicto: me parece poco realista, por decirlo suavemente, la afirmación de que cualquiera de las opciones que dispone la agricultura ecológica —la rotación de leguminosas o el reciclado intensivo de estiércol— podría suministrar todos los macronutrientes necesarios para producir alimentos suficientes en 2050 para la población mundial «que come como hoy».

DE ANUALES A PERENNES: UN CAMINO DIFÍCIL

La agricultura completamente ecológica también eliminaría todos los organismos modificados genéticamente (OMG) y todos los insecticidas, fungicidas y herbicidas, con la esperanza de que las estrategias para potenciar las defensas naturales logren una protección casi idéntica. Aquellos que abogan por nuevas formas de cultivo, supuestamente menos disruptivas, han afirmado que estas defensas se verían reforzadas adoptando un enfoque no tan intrusivo mediante la adopción generalizada de cultivos perennes de granos básicos.

Esta práctica, llamada permacultura —plantando semillas o plántulas y luego, como hacemos con los pastos cortados para forraje fresco o heno, recolectando los cultivos rebrotados indefinidamente año tras año—, aportaría un gran número de ventajas agronómicas y medioambientales obvias, como la disminución de la compactación y la erosión del suelo, una mejor retención del agua y una reducción del uso de energía, maquinaria y fertilizantes. No se trata de una idea nueva. El desarrollo real de granos perennes para alimentos (y piensos) lleva décadas en marcha, aunque el único cultivo alimentario importante que actualmente y de forma universal se vuelve a cortar después de la cosecha inicial es la caña de azúcar. Pero esta gramínea tropical (una especie perenne natural) no se cultiva como un verdadero permacultivo. En Brasil, el mayor productor con diferencia, el rendimiento se mantiene durante cinco o seis cosechas y después se vuelve a sembrar el campo con nuevas plántulas.[29]

El pasto de trigo intermedio (*Thinopyrum intermedium*) ha sido el cereal perenne más estudiado; se ha utilizado ampliamente en la reproducción para mejorar la resistencia a las heladas y la sequía del trigo anual. El principal defensor de los permacultivos, el Land Institute de Kansas, fundado por Wes Jackson, lo ha estado ofreciendo (con la marca Kernza) para la producción simultánea de forraje y grano, a la vez que utilizan el grano en panadería.[30] El pequeño tamaño de las semillas y el bajo rendimiento son los principales inconvenientes, pero los defensores de este cultivo esperan que a principios de la década de 2030 las semillas sean más grandes y las plantas de menor altura, lo que se traducirá en una mayor productividad. En cualquier caso, esta es la situación del cultivo en 2022: el Kernza se cultivaba en casi 1.600 hectáreas de Estados Unidos; el trigo, en cerca de 14 millones.[31] En Rusia, se ha probado una variedad de pasto de trigo resistente al invierno, obtenida en Kansas, tanto para grano como para forraje.[32] Los rusos también han estado desarrollando trigo perenne (*Trititrigia*) resistente al invierno y a la sequía, con alto contenido en proteínas y gluten, para grano y forraje.

EL ARROZ PERENNE: ¿HASTA DÓNDE Y A QUÉ VELOCIDAD?

El desarrollo del arroz perenne se ha visto facilitado gracias a la existencia de una especie silvestre perenne de la planta, *Oryza longistaminata*, así como al hecho de que el arroz de retoño (plantas que vuelven a crecer a partir de los nudos del tallo tras la cosecha) puede tener un rendimiento energético neto similar con un menor aporte de energía y un menor coste de producción.[33] El verdadero permacultivo del arroz se consideró al desarrollar cruces entre el arroz silvestre y la planta anual *Oryza sativa*; este trabajo, iniciado en 1997, condujo finalmente a la introducción de una variedad perenne en China en 2018.[34]

Hasta ahora, el informe más completo sobre los avances del arroz perenne presume de rendimientos medios de 6,8 toneladas por hectárea (frente a las 6,7 t/ha del arroz replantado anualmente) durante ocho cosechas consecutivas a lo largo de cuatro años, y plantaciones en 2021 que ascienden a 15.333 hectáreas (alrededor del 0,05 por ciento de la superficie arrocera del país) por parte de pequeños agricultores del sur de China.[35]

Al no ser necesaria la labranza anual ni el trasplante de plántulas, y con menor demanda de fertilizantes y agua de riego, el arroz perenne reduce los costes materiales y de mano de obra. Sin embargo, las plantaciones experimentales en cientos de hectáreas durante tres temporadas de rebrote no se traducen de forma automática en un cultivo verdaderamente perenne que prospere en millones de hectáreas (China planta anualmente unos 30 millones de hectáreas de arroz). En China, la nueva variedad no puede sobrevivir al invierno en latitudes superiores a 26° N, y no hay labranza anual para eliminar las malas hierbas. Aunque la investigación de este país sobre el arroz perenne sigue avanzando, uno de los participantes en tal esfuerzo llegó a la conclusión de que (situándose en el año 2022) es difícil imaginar que la nueva variedad sustituya a los cultivos anuales ordinarios en una gran parte de la superficie arrocera de China.[36]

El desarrollo de permacultivos de cereales (o al menos de cultivos plurianuales) continuará, sin duda, pero es muy improbable que en dos o tres décadas estas nuevas variedades suministren una parte importante (ni siquiera una quinta parte) de las necesidades mundiales de alimentos básicos.[37]

POLICULTIVOS PERENNES

Menos probable aún es la aparición de policultivos perennes viables, con varios cultivos diferentes simultáneos en el mismo campo. Un paso hacia esta opción es la antigua práctica de plantar *maslins* anuales: mezclas de especies de cereales (trigo y cebada; trigo y centeno) que no eran infrecuentes en el pasado en algunas partes de Europa, Asia y el norte de África. La conveniencia de estas mezclas se ha fomentado recientemente como un paso hacia la agricultura sostenible.[38] Robert Loomis, un botánico estadounidense, disipó hace casi dos décadas las nociones relativas tanto en lo que refiere a los granos perennes como a los policultivos (en una crítica exhaustiva publicada póstumamente hace muy poco, en 2022) al subrayar los desafíos que plantea el aumento de las necesidades hídricas y de la gestión agronómica· así como el compromiso ineludible entre perennidad y rendimiento. Sus conclusiones, resumidas de un modo ejemplar, siguen siendo válidas: «Si se quiere mantener el rendimiento, los aportes externos son esenciales, independientemente de los hábitos de vida. Se considera que los policultivos de cereales perennes tienen poco potencial para producir alimentos suficientes que sirvan de alternativa a los sistemas de producción actuales».[39]

IDEAS (Y REALIDADES) MODIFICADAS GENÉTICAMENTE

Damos un paso más en la progresión de la improbabilidad: creer en la inminente disponibilidad comercial de cultivos alimentarios rediseñados genéticamente capaces de convertir la radiación solar con una eficiencia sustancialmente mayor o de entrar en simbiosis con bacterias fijadoras de nitrógeno y proporcionar la mayor parte de este elemento tan necesario. Existen dos opciones básicas para conseguir que los cereales básicos produzcan su propio nitrógeno: convertirlos en huéspedes de la bacteria simbiótica *Rhizobium* (es decir, hacerlos similares a las leguminosas en este sentido) o mediante transformación genética, codificando la simbiosis como un rasgo permanente a través de la introducción de genes fijadores de nitrógeno (*nif*) directamente en el genoma de las plantas de cereales.[40]

Se lleva trabajando en cereales fijadores de nitrógeno desde la década de los setenta, pero los informes sobre los progresos realizados se han quedado estrictamente en las fases de ciencia básica y laboratorio. No hay trigo con *nif* que crezca en campos experimentales. Incluso si la codificación de la nitrogenasa en cereales básicos tuviera éxito, tendríamos que asegurarnos de que no hubiese un impacto negativo importante en los rendimientos o en otros rasgos deseables de las plantas. Y luego, como sucede con todos los cultivos transgénicos, habría que vencer la reticencia a su adopción: puede que en Estados Unidos y Canadá abunden el maíz y la colza transgénicos, pero estas variedades están prohibidas en la Unión Europea. Algunos investigadores responsables que llevan décadas estudiando este problema saben que no podemos dar una respuesta a la pregunta de cuánto tardaremos en tener cereales fijadores de nitrógeno.[41]

Los cultivos modificados genéticamente que pudieran crecer más rápido y utilizar menos recursos, aumentando al mismo tiempo la eficiencia máxima de conversión de la fotosíntesis, contribuirían aún más a la producción futura de alimentos. Puede que la opción más prometedora sea mejorar el funcionamiento de la RuBP carboxilasa-oxigenasa o Rubisco, la enzima que permite la fotosíntesis, dotándola de un mecanismo de concentración de CO_2 (haciéndola más parecida a una vía fotosintética C4); esto fomentaría la actividad de la enzima que aumenta el rendimiento a la vez que minimizaría la menos deseable actividad de la oxigenasa (que lo reduce).[42] Estos esfuerzos llevan años en marcha, acompañados (como suele ocurrir en las primeras fases de la innovación) de expectativas poco realistas. En 1986, el botánico genetista Chris Somerville concluyó que «los recientes avances en el desarrollo de técnicas para la manipulación de la estructura genética *in vitro* y la transformación genética de las plantas han puesto al alcance de la mano el objetivo de la modificación genética dirigida de la RuBP carboxilasa-oxigenasa (Rubisco)».[43] Sin embargo, casi cuatro décadas después este objetivo sigue estando fuera de nuestro alcance.

Una revisión de 2020 sobre las perspectivas de crear mediante ingeniería mecanismos biofísicos de concentración de CO_2 (CCM, por sus siglas en inglés) en los cultivos para mejorar su rendimiento ofrece una conclusión más realista: tras décadas de investigación, «los esfuerzos para reconstituir estos CCM en las plantas terrestres llevarán muchos años, pero ya están dando resultados preliminares alentadores».[44] Hasta qué punto lo son sigue siendo objeto de debate. En 2022, un grupo de investigadores de Illinois afirmó que había encontrado una solución de bioingeniería a la disipación de la luz solar en forma de calor por las hojas de los cultivos (un problema común que reduce la fotosíntesis), lo que dio como resultado hasta un 33 por ciento más de rendimiento durante breves pruebas de campo.[45] No obstante, esta afirmación fue rápidamente rebatida por otro grupo de botánicos, que señalaron las cuestionables premisas del estudio de la soja y la nulidad del protocolo de campo para evaluar los resultados, concluyendo: «Seguimos sin ver pruebas de que se pueda aumentar sustancialmente el rendimiento de los cultivos alterando su fotosíntesis».[46]

Desde luego, no es de extrañar la lentitud de estos avances en el desarrollo de cultivos capaces de fijar sus propias necesidades de nitrógeno o de rendir con mayor eficiencia fotosintética; mejorar los límites fundamentales impuestos por cientos de millones de años de evolución vegetal es un reto extraordinariamente complejo, con escasas perspectivas de que se produzcan progresos comerciales rápidos y de que la cosecha mundial se vea transformada por nuevos cultivos básicos supereficientes.

CARNE CULTIVADA

Aunque no hay perspectivas de implementaciones comerciales inmediatas de cereales fijadores de nitrógeno o cultivos C3 con la actividad de la carboxilasa mejorada, ha habido numerosos informes sobre avances muy prometedores en la producción de carne cultivada o *in vitro*. La patente se concedió en 1999; el primer trozo pequeño de carne de vacuno cultivada en laboratorio se produjo (a un coste desorbitado) en 2013 en los Países Bajos; la primera empresa de carne cultivada se lanzó en 2016; y las ventas iniciales a pequeña escala de *nuggets* de pollo cultivados en un biorreactor tuvieron lugar (tras dos años de proceso regulatorio) en un club privado de Singapur en diciembre de 2020.[47] En 2021, la inversión total en la nueva industria alcanzó casi 2.000 millones de dólares, y JBS, la empresa brasileña que es el mayor procesador de carne del mundo, invirtió 100 millones y anunció su intención de empezar a vender carne cultivada en 2024.[48] Además, estos innovadores desarrollos incluyen ahora también la investigación para producir pescado de cultivo (tanto de agua dulce como de especies marinas) y carne de gamba, así como huevos y leche.[49]

¿Estamos realmente cerca de la producción rutinaria y masiva de alimentos de origen animal sin animales, y de obtener filetes, chuletas de cerdo y pechugas de pollo sin matanza? ¿O la llegada inminente de la industria de productos de origen animal cultivados no es más que otro caso de expectativas enormemente exageradas? Como cabría esperar tras haber leído la mayor parte de un libro que favorece el escepticismo frente a las afirmaciones dudosas, una consideración más sistemática resulta reveladora.

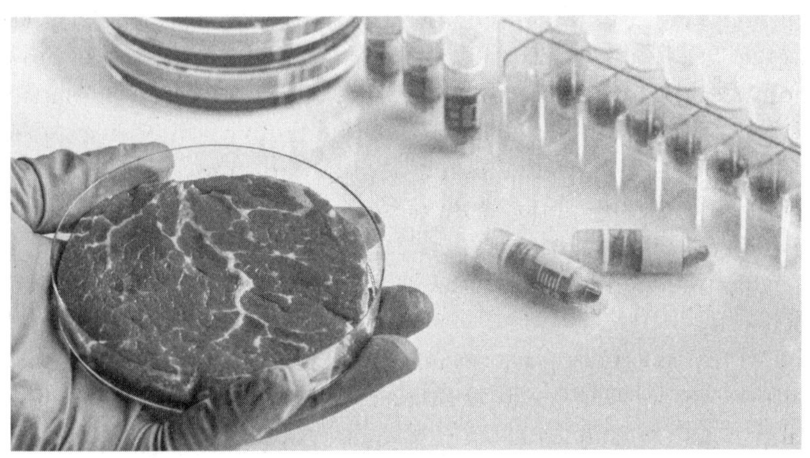

No son menores las aspiraciones de la carne cultivada: de una placa de Petri a alimentar al mundo.

¿Cómo funciona?

La producción de carne cultivada es un proceso complejo que consta de varios pasos y que comienza con la biopsia de células madre musculoesqueléticas adultas extraídas de tejido animal donante.[50] Estas células proliferan en cultivos diseñados para asemejarse a las condiciones del interior del cuerpo de los animales: primero en pequeños frascos llenos de medios de crecimiento ricos en oxígeno compuestos de soluciones acuosas de glucosa, aminoácidos, factores de crecimiento, vitaminas y sales.

A estas soluciones de medios basales podrían añadirse levadura descompuesta (hidrolizada), soja, arroz y sustancias microbianas para proporcionar fuentes adicionales de los compuestos necesarios para producir mioblastos (precursores embrionarios de las células musculares). Las células en crecimiento se transfieren posteriormente a una serie de biorreactores cada vez más grandes. En el proceso, una minúscula masa de células miosatélite tomadas de tejido animal se convierte en mioblastos proliferativos, los cuales, tras su inmersión en un medio de cultivo modificado, se diferencian en músculo no proliferativo, grasa y tejidos conectivos que se fusionan en miotubos (fibras multinucleadas); la totalidad del proceso dura (según la especie) de dos a ocho semanas. El andamiaje que proporciona el soporte estructural para que las células crezcan y produzcan tejido parecido a la carne debe ser comestible o disolverse antes de su consumo.[51] Desde el punto de vista nutricional, este producto cultivado es un equivalente perfecto de la carne magra (como un *nugget* de pollo), pero carece de la estructura, la sensación en boca y el contenido graso de la carne de vacuno cocinada o de un bistec de cerdo.

La producción masiva de carne cultivada se realiza en biorreactores (grandes contenedores de acero inoxidable) en condiciones cuidadosamente controladas. El tipo más común es un reactor continuo de tanque agitado en el que las células crecen en suspensión. La industria biofarmacéutica ha utilizado biorreactores con volúmenes de hasta 20.000 litros, pero estos siguen siendo demasiado pequeños. Sin embargo, sea cual sea su tamaño, el funcionamiento satisfactorio de un biorreactor solo puede llevarse a cabo dentro de unos parámetros estrictamente definidos que requieren una vigilancia constante y sofisticada de la temperatura (óptima a 37 °C para las células de mamíferos), la acidez (pH 7,4, con una variación de 0,4), los niveles de oxígeno y dióxido de carbono en disolución y concentraciones de glucosa y células. Las reacciones deben desarrollarse en un entorno estéril, lo que requiere la eliminación de cualquier infección bacteriana, fúngica y vírica, así como de la contaminación celular cruzada y de la presencia de antibióticos; el mantenimiento de estas condiciones precisa diversos métodos para esterilizar, como la pasteurización relámpago y la microfiltración. No es de extrañar que estos procesos requieran considerables aportes de energía para el calentamiento, la agitación, la esterilización, la limpieza y el saneamiento.

Hacer carne, hacer dinero

En marzo de 2021, el Good Food Institute, una organización de productores de proteínas alternativas, publicó un análisis tecnoeconómico que predecía que el coste de la carne cultivada disminuiría de más de 25.000 dólares el kilo a solo 6,25 dólares en 2030, ¡una asombrosa reducción de un factor 4.000 que haría que dicha carne pudiera competir con el producto natural![52] Esta afirmación llevó a Paul Wood, antiguo ejecutivo de Pfizer Animal Health, a encargar un análisis independiente del informe, que desestimó la afirmación del instituto por las siguientes razones: el producto acabado para el consumo sigue sin definirse; el coste estimado excluye la purificación, el envasado y la distribución; el crecimiento de células exigirá cultivos estériles permanentes a niveles farmacéuticos que no son factibles a la escala de la producción alimentaria; la proteína de origen celular tendrá que enriquecerse con las vitaminas y los minerales necesarios, y hacerse más sabrosa mediante la adición de aceites y grasas.

De las pasturas y las CAFO al acero esterilizado: ¿procederá de los biorreactores buena parte de la carne mundial?

Tal vez lo más importante sea que, dado que la industria farmacéutica ha multiplicado por diez o por veinte la productividad de sus medicamentos celulares en los últimos quince o veinte años, es poco probable que el coste de la producción de carne celular pueda reducirse a menos de 1/1.000 de su coste actual. Hughes situó el coste real de 1 kilogramo de cultivo celular entre 8.500 y 36.000 dólares, comparándolo con el precio al por mayor de la carne de pollo deshuesado en Estados Unidos, a 3,11 dólares por kilogramo en febrero de 2021. Además, «estas estimaciones de costes deberán revisarse al alza a medida que se defina el producto de consumo, incluidos los métodos para purificar, procesar y envasar el ingrediente crudo en un producto sabroso y libre de contaminación nociva».[53]

Este era el segundo análisis que rechazaba rotundamente la conclusión optimista del Good Food Institute. En diciembre de 2020, otra evaluación en detalle del proceso de la carne *in vitro* halló una serie de desafíos técnicos (incluyendo el metabolismo celular, el diseño del reactor, el coste de los ingredientes y de las instalaciones de alto rendimiento) que hacen poco probable que el proceso de cultivo tenga éxito a escala alimentaria —es decir, produciendo millones de toneladas de producto al año—.[54]

ESCALA

En lo que respecta a la necesaria escalabilidad de los biorreactores, bastan unas cuantas comparaciones básicas con procesos existentes para ilustrar las abrumadoras magnitudes requeridas para la producción comercial a ritmos que pudieran desplazar una parte significativa de la carne natural. La instalación modelo del análisis del Good Food Institute produciría 10.000 toneladas de carne cultivada al año, y su reactor de tanque agitado más grande contendría 10.000 litros de células de proliferación antes de su transferencia a reactores menores de 2.000 litros para su diferenciación y maduración. El volumen total de sus biorreactores tendría que equivaler a casi un tercio del volumen combinado que maneja actualmente toda la industria biofarmacéutica mundial (unos 63 millones de litros).[55] Esto significa que se necesitarían 300 instalaciones como la descrita para producir el equivalente a solo el 1 por ciento de la producción mundial de carne.

Dado que la industria farmacéutica, y en particular la preparación de lotes de vacunas a gran escala, es el equivalente funcional más próximo a lo que tendría que convertirse en un nuevo tipo de producción industrial, también proporciona comparativas relevantes de los aportes energéticos necesarios. Hasta ahora, el intento más detallado por realizar un análisis anticipado del ciclo de vida del cultivo de biomasa *in vitro* de carne cultivada en Estados Unidos llegó a la conclusión de que la práctica requeriría, como era de esperar, menos aportes agrícolas y tierra que la ganadería, pero que esto tendría lugar a expensas de un uso más intensivo de la energía. De hecho, ¡el potencial de calentamiento global de la carne cultivada sería probablemente mayor que el de la producción de carne de cerdo y aves de corral![56] Este hallazgo parece no sorprender tanto si se tiene en cuenta el resultado de uno de los análisis más sorprendentes sobre huella de carbono, en el que se comparan las industrias farmacéutica y automovilística en todo el mundo: utilizando los mismos modelos analíticos y metodología, la primera tiene una intensidad (medida por millón de dólares) aproximadamente un 55 por ciento superior a la segunda.[57]

Incluso si los avances previstos en la producción de carne cultivada fueran a suponer un importante ahorro energético, seguiría existiendo el reto de ampliar la escala de un tipo de industria totalmente nueva. La producción mundial de carne implica hoy en día más de 300 millones de toneladas al año; para que la carne *in vitro* suministrara solo el 10 por ciento de esa masa, necesitaríamos cultivar más de 30 millones. He aquí otra comparación con la industria farmacéutica: las ventas mundiales de antimicrobianos animales (suministrados a pollos, vacuno y cerdos) se han aproximado a las 100.000 toneladas anuales, y dado que el consumo de antimicrobianos en animales es aproximadamente el doble que en el caso de los humanos, el total mundial de producción de antibióticos en 2020 era aproximadamente de 150.000 toneladas.[58] Desarrollar una nueva industria mundial de carne cultivada que suministre 30 millones de toneladas al año exigiría, por tanto, un novedoso esfuerzo de industrialización 200 veces mayor que la preparación mundial de antibióticos, una industria afín desarrollada durante los últimos tres cuartos de siglo.

SI CREES EN EL MARKETING

Nada de esto parece ser un gran obstáculo para los defensores de la carne cultivada. El informe del Good Food Institute sobre el estado del sector en 2021 destacaba nuevas inversiones récord, la llegada de nuevas empresas (un total de 107 en 2021, casi el doble que en 2015), y concluía que la fase de escala piloto (2019-2022) estaba a punto de terminar, ya que en 2022 comenzaría la de demostración (producir miles de toneladas de carne cultivada al año), seguida de la escala industrial, con una producción de millones de toneladas. Pero la actualización del informe de 2022 no iba mucho más allá de escribir acerca de «una industria en la cúspide de la transformación de formas de hacer carne con una antigüedad de 12.000 años».[59] En enero de 2022, un informe de ResearchAndMarkets.com proyectó lo que solo puede calificarse de una rápida desaparición de la carne real, previendo que para 2040 el 60 por ciento de toda la carne —para entonces, eso equivaldría a unos 250 millones de toneladas de tejido en todo el mundo— se cultivará a partir de células dentro de biorreactores.[60] En abril de 2022, el Gobierno neerlandés concedió una subvención de 60 millones de euros a Cellulaire Agricultuur Nederland, una asociación de universidades, empresas y consultorías con el fin de construir «un ecosistema de agricultura celular en toda regla» que mantenga la posición del país como mayor exportador de carne de la Unión Europea y elimine al mismo tiempo sus problemas de contaminación por nitrógeno.[61]

Sería una transformación asombrosa y sin precedentes en la producción de alimentos, tan importante como la domesticación de animales iniciada hace unos diez milenios. Pero es preciso tomárselo con cautela, como ocurre con cualquier previsión relativa a un sector que aún no ha visto ni siquiera unos pocos años de funcionamiento comercial viable a pequeña escala. El informe del Good Food Institute para 2022 mostraba nuevas empresas de «carne cultivada» (ahora es el término preferido) y enumeraba una serie de «prototipos» de productos (desde pollo y hamburguesas hasta *schnitzel* y albóndigas de pescado), pero no daba noticia alguna sobre la prometida producción para el mercado de masas. Además, en 2023 no había carne *in vitro* en las estanterías de ningún supermercado.[62] Y ni siquiera la «carne» de origen vegetal está en auge: en 2022 sus ventas al por menor en Estados Unidos cayeron un 8 por ciento.[63]

Los lectores que estén vivos allá por 2040 verán quién tenía razón. ¿Estarán en lo cierto las personas con una larga experiencia en la industria biofarmacéutica (cuyos argumentos me parecen persuasivos) que piensan que, por diversas razones, el cultivo de células en biorreactores no puede ampliarse fácilmente a cantidades constantes que asciendan a decenas de millones de toneladas de carne cultivada al año y, por tanto, que no veremos la rápida transmutación de miles de millones de pollos, unos mil millones de cabezas de ganado y cientos de millones de cerdos en una masa de biorreactores de acero inoxidable repletos de miocitos? ¿O tendrán razón los defensores entusiastas y los inversores actuales de la carne cultivada, que ven que el suministro comercial de cantidades sustanciales se producirá antes de 2030 y que creen que no solo los animales de carne estarán en plena retirada en menos de dos décadas, sino también que los peces y crustáceos cultivados acabarán tanto con las capturas como con la acuicultura, y que los huevos y la leche también procederán de biorreactores?

Si crees en las mejores pruebas

Dada la preocupante cantidad de desinformación, he creído necesario incluir estas evaluaciones de opciones cuestionables y explicar por qué no creo que vayan a suponer diferencias sustanciales (y, menos aún, fundamentales) para garantizar un suministro alimentario adecuado a mediados del siglo XXI. He argumentado con precedentes históricos (las grandes transformaciones llevan tiempo; la simplicidad de las primeras promesas resulta ser mucho más complicada) e inquietudes pragmáticas, he propuesto y perfeccionado soluciones conocidas y eficaces en lugar de esperar ganancias rápidas y sin precedentes de enfoques nuevos —y con demasiada frecuencia valorados de forma acrítica—. Por supuesto, admito sin problemas que en algunos casos podría estar equivocado y que los grandes avances tal vez conviertan algunas de las dudosas opciones actuales en realidades comerciales ampliamente aceptadas. Sería un gran resultado, y un desarrollo bienvenido cuyo impacto no se vería mermado por defender soluciones menos sorprendentes pero, en última instancia, eficaces.

Como ya he dicho en otros libros, no soy pesimista ni optimista, soy científico. Por supuesto, el consenso cambia a medida que se realizan nuevos descubrimientos y valoraciones, aunque la actitud prudente y adecuadamente escéptica durante la década de 2020 no es ni respaldar la adopción masiva del veganismo ni depositar grandes esperanzas en la inminente producción a gran escala de carne cultivada para todos. Sabemos que las interacciones simbióticas de alimentos vegetales y animales mejoran la salud humana y que evitar los alimentos de origen animal supondría un mayor riesgo de deficiencia nutricional para gran parte de la población, en especial para los niños, los ancianos y las madres en periodo lactante, y que muchas personas no prosperarían aunque las dietas veganas se diseñaran con cuidado para tener en cuenta el bajo contenido y la baja biodisponibilidad de algunos micronutrientes esenciales.[64] También sabemos que demasiadas innovaciones prometedoras y supuestamente transformadoras han acabado por no serlo.[65] Una cosa son las ambiciones y las aspiraciones. Otra, las realidades.

8

Alimentar a una población en aumento: lo que sí podría funcionar

Me alegraría que parte del escepticismo hacia los grandes progresos en la producción de alimentos resultara ser falso y que hubiese avances tempranos e importantes en cultivos fotosintéticamente más eficientes o en carne cultivada a gran escala y asequible; ambas innovaciones facilitarían la producción de más alimentos con menor impacto ambiental. Sin embargo, es alentador pensar que podríamos asegurar comida para más de 9.000 millones de personas sin realizar cambios tan profundos, confiando en soluciones bien probadas y sus mejoras graduales en el futuro. Además, este logro notable también iría acompañado de una reducción del impacto medioambiental.

Una breve recapitulación de algunas de las cuestiones exploradas en este libro es suficiente para explicar la magnitud y los entresijos del reto dual de conseguir una mayor producción con aportes moderados y menos efectos indeseables. La expansión de nuevas tierras de cultivo o pastoreo conduce a una mayor deforestación en los trópicos; la plantación generalizada y repetida de cultivos en hilera implica más erosión de la tierra (antes de que las copas se cierren y protejan el suelo contra el impacto directo de la lluvia); la mayor frecuencia del monocultivo (maíz tras maíz tras maíz) y el cultivo más común de un número limitado de especies reducen la diversidad del sistema y aumentan las oportunidades para que se instalen las plagas y las malas hierbas.

Los efectos sobre los suelos van desde la erosión eólica e hídrica (siempre presentes), la compactación (por el abuso de maquinaria pesada), la pérdida de materia orgánica, la salinización (debido al exceso de riego en las regiones áridas) hasta la contaminación por metales pesados (procedentes de fertilizantes y residuos orgánicos e industriales). Las intervenciones en el ciclo del agua incluyen el aumento de la proporción de uso por el regadío, el descenso del nivel freático de numerosos acuíferos sometidos a un bombeo excesivo, la contaminación por compuestos solubles (sobre todo nitratos procedentes de la fertilización intensiva) y la consiguiente reaparición de zonas costeras muertas. Como ya he señalado, la producción de alimentos es uno de los principales responsables de la emisión de gases de efecto invernadero: CO_2, debido a los cambios en el uso del suelo y la disminución de la materia orgánica; metano procedente de la fermentación anaeróbica en los campos anegados anóxicos (arrozales) y en los estómagos de los rumiantes; y óxido nitroso, producto de la desnitrificación de los fertilizantes nitrogenados.

Por suerte, en muchos casos los cambios simples en las prácticas prevalentes o las nuevas opciones individuales producirían numerosos efectos y beneficios concurrentes. Las rotaciones de cultivos pueden mejorar la calidad del suelo (pues, con la labranza, se incorpora más materia orgánica y nitrógeno fijado por bacterias tras una temporada de cultivo de cobertura con leguminosas); la sustitución por especies más eficientes en el uso del agua puede reducir la demanda de extracción de los pozos; la opción de comer más carne de pollo que de ternera, una propuesta que lleva décadas debatiéndose en la mayoría de los países occidentales, genera una gran cascada de consecuencias beneficiosas para el medio ambiente, ya que el pollo requiere solo una pequeña parte del pienso necesario para producir la misma masa de proteína (y, por tanto, una fracción de tierra cultivada, agua y fertilizantes). No faltan propuestas en la categoría de «lo que sí puede funcionar». Su estudio detallado sería un gran tema para otro libro. Pero he aquí algunas de las medidas que podrían adoptarse de forma generalizada.

LO QUE SÍ PUEDE FUNCIONAR

Cuando nos enfrentamos a cargas medioambientales excesivas —como sin duda es el caso—, tal vez no baste con una mayor eficiencia y la adopción voluntaria de una intensidad menor en los cultivos. Será necesario imponer límites a la producción extremadamente intensiva. Estos límites tendrán que basarse en capacidades medioambientales establecidas con mucho cuidado. El ya señalado límite neerlandés de carga de nitrógeno por unidad de superficie es un excelente ejemplo de medida pensada para conciliar una elevada productividad con los límites medioambientales.[1] Una mejor gestión del suelo, destinada a aumentar su contenido orgánico y su capacidad de retención de agua, tendría que ser una preocupación constante. Estos esfuerzos deberían verse aún más favorecidos dada su capacidad de retención de carbono: el suelo es el mayor depósito de carbono orgánico del mundo y, por tanto, incluso las ganancias relativamente pequeñas en su almacenamiento se traducen en eliminaciones absolutas significativas de CO_2 de la atmósfera.[2]

Siempre que sea posible y práctico, el policultivo (con sus numerosos efectos beneficiosos, que compensan algunas inevitables desventajas ya comentadas) debería ser una opción frecuente o dominante y, si es económicamente viable, tendría que fomentarse el reciclaje gestionado del estiércol animal (el componente clave de la agricultura ecológica). Cabe esperar progresos continuos y graduales en el rendimiento gracias a la mejora de las principales especies. La introducción de cultivos capaces de hacer frente a límites medioambientales específicos supondrá un importante aumento de la productividad. Por ejemplo, el desarrollo de variedades de arroz que puedan tolerar las inundaciones y las sequías será especialmente bienvenido, al igual que la introducción de trigos resistentes a la sequía, con mayor capacidad para sobrevivir a estos episodios cada vez más frecuentes en nuestro planeta recalentado.[3]

ALTA TECNOLOGÍA PARA LOS CULTIVOS

La llamada «agricultura de precisión» ha pasado de ser una idea curiosa a convertirse en una herramienta cada vez más asequible tanto en Norteamérica como en Europa, y ampliamente utilizada para mejorar la productividad minimizando al mismo tiempo los aportes y el impacto medioambiental.[4] Este nuevo tipo de agricultura engloba diversas técnicas. La supervisión del suelo identifica las diferencias en el contenido de nutrientes y agua, y los sistemas de posicionamiento global (GPS) guían la maquinaria para tratar los campos (fertilizar, aplicar herbicidas e insecticidas y regar) con discriminación y precisión. El GPS también puede guiar las máquinas en los campos de forma más eficiente. Podrían utilizarse láseres para nivelar los campos (lo que resulta en un riego más eficiente y una reducción de la escorrentía). Muchos factores agrícolas, que antes eran más difíciles y costosos de controlar, se analizarían ahora de forma menos costosa mediante sensores remotos transportados por drones que vuelan a baja altura.

Desarrollar una agricultura tecnificada sería muy beneficioso, sobre todo para los pequeños agricultores africanos, que necesitarían más «servicios de extensión», como análisis de suelos y asesoramiento agronómico preciso (prácticas que se han dado por sentadas durante mucho tiempo en los países de renta alta), y opciones más asequibles. Si la mayoría de los pequeños agricultores de todo el mundo pudiera sacar partido de estos conocimientos, la productividad mejoraría con medidas tan sencillas como una adecuada combinación de cultivos y suelos, las rotaciones más provechosas y la elección de variedades resistentes a las plagas.[5]

Aplicadas conjuntamente durante décadas, estas soluciones —la mejora y la adopción generalizada de prácticas agrícolas recomendadas— supondrían una transformación sustancial de la agricultura intensiva moderna. Los lectores interesados pueden encontrar diversas publicaciones que detallan estos métodos, sus progresos recientes y sus posibles contribuciones futuras. No obstante, en el último capítulo de este libro quiero centrarme en un par de cambios potencialmente muy eficaces, dos estrategias que implican «hacer menos» en lugar de «hacer más», y cuya adopción ayudaría a producir los alimentos que necesitará el planeta a mediados del siglo XXI: con un menor impacto para los ecosistemas naturales y una disminución de los aportes tanto materiales como energéticos; un escenario en el que todos ganan.

A escala mundial, esto significa tratar de reducir el enorme desperdicio de alimentos (una inquietud que por fin está recibiendo más atención). En los países ricos se traduce en medidas que impliquen moderar los altos índices de consumo de carne y cambiar su composición (estos procesos ya llevan algún tiempo en marcha, pero podrían avanzar aún más). Las sugerencias mencionadas se resumen en soluciones simples y graduales, sin innovaciones asombrosamente disruptivas ni transformaciones radicales; aun así, estas propuestas, realizables y necesarias, suelen ser ignoradas por los medios de comunicación y por una serie de escritores populares de no ficción que, en su lugar, se centran en aspectos menos realistas. Como explicaré más adelante, estas medidas —que se consideran poco interesantes y emocionantes—, si se llevan a cabo metódicamente y a largo plazo, producirían resultados sustanciales, dignos de mención y que llamarían la atención.[6]

DESPERDICIO DE ALIMENTOS

Pongo el desperdicio de alimentos en primer lugar porque su reducción representa la forma más obvia —aunque sistemáticamente más desatendida— de ampliar el suministro de alimentos sin aportes adicionales. Al fin y al cabo, estos desperdicios ya se han cosechado y la mayor parte también se ha procesado y distribuido, por lo que cualquier reducción de este derroche representa una oportunidad casi gratuita (o de muy bajo coste) de ampliar la oferta de alimentos disponibles al tiempo que disminuye el impacto medioambiental asociado a su producción. El efecto acumulado de estas reducciones es considerable: en Estados Unidos, los alimentos que no se consumen requieren una cuarta parte de toda el agua utilizada en la irrigación de campos, suponen al menos el 4 por ciento del consumo de petróleo crudo del país y llenan los vertederos con más de 35 millones de toneladas de residuos al año.[7]

Las razones del desperdicio de alimentos van desde la evidente sobreproducción (sobre todo si se tiene en cuenta el envejecimiento de la población de todos los países de renta alta, salvo unos pocos, con su menor demanda media diaria) y el coste relativamente bajo de los alimentos hasta el declive de la cocina casera y el cumplimiento de las fechas de consumo preferente. Los consumidores estadounidenses citan la preocupación por las intoxicaciones alimentarias como la razón más importante para desechar comida. Pero, si se guardan en el frigorífico, muchos productos se pueden consumir perfectamente después de su fecha de caducidad: por ejemplo, el yogur o el suero de leche sin abrir, una semana (incluso dos) más tarde; los huevos, de tres a cinco semanas después; en cambio, en el caso de la carne fresca, no se recomienda más de tres a cinco días.[8]

Por supuesto, algunos residuos son inevitables (peladuras, huesos, cáscaras de huevo y hojas de té), y otros son evitables pero excusables; forman parte de las ineficiencias habituales de la vida humana. Aun así, la mayor parte del desperdicio alimentario es innecesario y puede evitarse. Sin embargo, hasta hace poco, apenas se hacía esfuerzo alguno por cuantificarlo: durante décadas, la preocupación de las instituciones nacionales y mundiales relacionadas con la alimentación era maximizar la producción de alimentos, no minimizar las pérdidas de estos tras la cosecha. Cambiar este enfoque no es fácil y queda un largo camino por recorrer para reducir estos desperdicios. No me hago ilusiones sobre la velocidad y la capacidad de aprovechamiento de las oportunidades que, en la jerga de la eficiencia, son fruta al alcance de la mano.

CÓMO PODRÍAMOS HACERLO

Las analogías más pertinentes son el reaislamiento de edificios antiguos para cumplir las normas modernas de eficiencia y el reciclaje de residuos municipales. Estas tareas no siempre son sencillas, pero sí son fácilmente realizables y producen beneficios a largo plazo. Las ventajas de una vivienda mejorada duran décadas e incluso generaciones; sin embargo, a pesar de los llamamientos, las promociones y las rebajas, la modernización del aislamiento sigue siendo una práctica minoritaria. Basta comparar las inversiones destinadas a producir más energía (solar y eólica) o a introducir nuevos convertidores de energía (coches eléctricos) con las que se destinan a ventanas de triple cristal y aislamiento de fibra de vidrio.[9] Del mismo modo, reciclar algunos materiales es mucho más difícil que reutilizar otros (los envases de plástico frente a las latas de aluminio son quizá el mejor ejemplo de este contraste), pero incluso un reciclaje imperfecto y parcial es mejor que desechar todo sin sentido.[10] Ninguna de las dos cosas debería sorprendernos: las inversiones en nuevas y prometedoras técnicas, la creación de nuevos proyectos y la promoción de otros puntos de vista siempre han tenido más atractivo y apoyo institucional y financiero que la poco glamurosa pero eficaz mejora de los viejos métodos y la reducción de los residuos.

Como he intentado demostrar en este libro, toda solución debe partir de una comprensión adecuada de la magnitud y la complejidad del problema. El reto de reducir el nivel inexcusablemente alto de desperdicio está recibiendo, por fin, más atención. Incluso la FAO, antes preocupada casi en exclusiva por la producción, contrató al Instituto Sueco de Alimentación y Biotecnología para que elaborase el primer estudio mundial sobre el desperdicio de alimentos. Publicada en 2011, esta investigación cifró los porcentajes de pérdida y derroche en torno al 30 por ciento para los cereales, entre el 40 y el 50 por ciento para los tubérculos y otras raíces, las frutas y las hortalizas, el 20 por ciento para las semillas oleaginosas, la carne y los productos lácteos, y el 35 por ciento para el pescado.[11] Como era de esperar, el mayor despilfarro se produjo en la Unión Europea y Norteamérica (unos 100 kilogramos al año per cápita), mientras que las pérdidas en el África subsahariana y el sudeste asiático fueron más bajas.

A este análisis le siguió en 2014 la iniciativa mundial de la FAO para la reducción de la pérdida y el desperdicio de alimentos, pero no disponemos de evaluaciones mundiales posteriores.[12] Sin embargo, los estudios del WRAP en el Reino Unido, iniciados en 2007, han documentado algunos avances en la reducción de residuos en el país.[13] El estudio inicial trató de cuantificar diversas variables fundamentales. Concluyó que los hogares británicos desperdician 6,7 millones de toneladas al año, es decir, aproximadamente un tercio de lo que compran; que casi el 90 por ciento se recoge como residuos municipales y se deposita en su mayor parte en vertederos (lo que contribuye a la generación de metano); que al menos tres quintas partes de estas sobras eran evitables; y que los residuos alimentarios inevitables (peladuras, huesos de la carne o bolsitas de té) sumaban menos de una quinta parte de la masa desperdiciada.

Las patatas encabezaban la lista de alimentos derrochados, seguidas por el pan de molde, las manzanas, la carne y el pescado. Aproximadamente, la mitad de todos los alimentos desechados eran frescos. Y, lo que es más notable, más de una cuarta parte de los residuos evitables se tiraron enteros o sin abrir. En 2012, el segundo estudio del WRAP informó de una reducción del 15 por ciento (1,3 millones de toneladas) de los residuos domésticos de alimentos y bebidas desde 2007, a pesar de que el número de hogares aumentó un 4 por ciento; esta mejora se tradujo en una bajada del 18 por ciento de la basura recogida por los servicios municipales.[14] Los cambios en el envasado y una mejor redistribución de los alimentos fueron algunos de los principales cambios que marcaron la diferencia.

También en 2012, el Consejo de Defensa de los Recursos Naturales de Estados Unidos publicó su análisis *How America Is Losing Up to 40 % of Its Food from Farm to Fork to Landfill*.[15] Y, sin duda, lo más inesperado fue la evaluación canadiense de 2019, en la que se afirmaba que el 58 por ciento de los alimentos producidos «se pierden o se desperdician» y que, de este total, el 32 por ciento «podría recuperarse para apoyar a las comunidades de todo Canadá».[16] Estos informes institucionales han sido los que más han llamado la atención del público, pero la pérdida de alimentos ha sido objeto de una creciente oleada de estudios académicos y de análisis de gestión.

Los artículos que aparecen en PubMed cuentan la historia global: las publicaciones sobre esta cuestión fueron un tema poco discutido (menos de 50 artículos nuevos al año) durante décadas y aumentaron a 139 en 2000, 753 en 2010 (más de cinco veces en una década) y 3.021 en 2020 (la cifra se multiplicó por cuatro durante la década de 2010).[17] Resulta alentador, y se corresponde con la compleja naturaleza del problema, que esta nueva avalancha de publicaciones haya ido más allá de las generalidades, ya que aborda cuestiones metodológicas y las principales fuentes de desperdicio de alimentos, además de buscar muchas soluciones específicas. Los marcos analíticos son importantes para evitar comparaciones engañosas y estimaciones excesivas: determinados estudios definen los residuos como los componentes no comestibles y comestibles de los alimentos, mientras que otros se limitan a las partes comestibles; asimismo, algunos tienen en cuenta todas las fases de la cadena de suministro, y otros se centran en la transformación o en los residuos domésticos.[18]

Orientaciones prácticas

Los estudios dedicados al desperdicio de alimentos deben ser también lo suficientemente específicos como para proporcionar guías a nuestras acciones, concentrándose sobre todo y en primer lugar en las prácticas y hábitos que podrían reportar los mayores beneficios. Una reciente investigación estadounidense, basada en datos de ingesta alimentaria durante un tramo de dieciséis años (2000-2016) y representativos a escala nacional, tomados de la Encuesta Nacional de Examen de Salud y Nutrición (y vinculados con datos publicados en relación con el desperdicio y los precios de los alimentos), es un buen ejemplo de tal orientación práctica. El estudio concluyó que el 27 por ciento del gasto medio diario en alimentos per cápita se desperdiciaba, el 14 por ciento no era comestible y el 59 por ciento se consumía. Asimismo, identificó los dos mayores gastos diarios en productos derrochados: la carne y el marisco consumidos fuera del hogar (que suman alrededor del 7 por ciento del gasto diario en alimentos) y las frutas y hortalizas compradas para consumir en casa (alrededor del 5 por ciento).[19]

Un estudio reciente sobre el desperdicio global de alimentos llegó a la conclusión de que los consumidores desechan mucha más comida de lo que suele creerse; de hecho, la estimación mundial más citada puede estar subestimada en un factor superior a dos: el índice real sería de unas 540 kilocalorías al día per cápita, en lugar de solo unas 215 kilocalorías.[20] Además, las grandes diferencias nacionales parecen seguir una relación lineal-logarítmica con la riqueza de los consumidores: el desperdicio de alimentos empieza a aparecer cuando el gasto diario supera los 6,70 dólares al día per cápita. Al principio aumenta rápidamente justo por encima de ese nivel (incrementándose a la par con la riqueza), pero pronto el ritmo se frena. Otro análisis confirmó la tendencia general de crecimiento y saturación, aunque mostró una gran variabilidad, al observar que algunos países de renta baja desechaban tanto como las naciones más ricas.[21]

Sin embargo, estos resultados no invalidan la necesidad de intervenir para evitar un mayor desperdicio de alimentos antes de que los ingresos de los consumidores empiecen a aumentar. En China casi no se había puesto en marcha ningún esfuerzo de este tipo cuando los ingresos se multiplicaron y el suministro de alimentos pasó de los niveles de subsistencia de finales de la década de 1970 a una media per cápita que ha superado las 3.000 kilocalorías diarias. Aunque los datos de la Encuesta de Salud y Nutrición de China indican que el desperdicio doméstico se redujo en torno a un 20 por ciento entre 1991 y 2009, el aumento de la riqueza ha permitido comer fuera con más frecuencia, con lo que se generan más residuos en los restaurantes.[22] Además, en China existe otro factor de gran importancia que contribuye a este derroche: la necesidad de preservar el *mianzi*, es decir, de guardar las apariencias. Esto significa ser sensible a la reputación y al prestigio propios y evitar la vergüenza, y, en lo que respecta a la riqueza y la hospitalidad, se manifiesta en el consumo excesivo de alimentos en las ocasiones sociales, en las que los anfitriones piden más comida de la que se puede comer y en las que la proporción de residuos aumenta con el tamaño de los banquetes.

Esta conocida conducta tradicional se ha visto confirmada por estudios empíricos recientes que establecen una fuerte relación entre el nivel de vanidad de una persona y el desperdicio de alimentos, sobre todo cuando se come fuera de casa.[23] Por otro lado, un nuevo estudio muestra que las tasas de residuos en los hogares de las zonas rurales del país siguen siendo muy bajas, de tan solo entre un 1,1 por ciento en la región más pobre y 2 por ciento en la más rica.[24] Sea cual sea la masa total real o la tasa de desperdicio de alimentos en China, esta ha alcanzado niveles que se han convertido en motivo de preocupación pública y han llevado a la adopción de una nueva ley estatal en abril de 2021. Se trata de la primera medida legislativa de este tipo en el mundo, en la que el Estado promete adoptar «medidas técnicamente viables y económicamente razonables para prevenir y reducir el desperdicio de alimentos» y aboga por «formas de consumo socialmente responsables y saludables, que ahorren recursos y respeten el medio ambiente», al tiempo que aboga por «un estilo de vida sencillo, moderado, respetuoso con el medio ambiente y con un estilo de vida bajo en emisiones de carbono».[25]

Medidas preventivas

Al igual que ocurre con el reciclaje de materiales (con categorías dispares que van desde los residuos de cocina hasta el hormigón armado procedente de la demolición de edificios y carreteras), la prevención del desperdicio de alimentos y la reducción de sus pérdidas deben incluir multitud de esfuerzos diferentes, algunos a escala industrial en un número limitado de grandes instalaciones (almacenes comerciales de productos frescos y congelados) y otros que implican muchas acciones individuales y cotidianas, como la gestión del contenido de los frigoríficos domésticos. Las soluciones logísticas incluyen una mejor previsión de la demanda, el mantenimiento de los niveles adecuados de existencias, reducciones de precios, revisiones de la variedad de productos y mejoras en el diseño de los envases (hablaremos sobre esto más adelante).[26] Casi todos los países de renta alta deberían rebajar su suministro global de alimentos; incluso con un 20 por ciento de pérdida acumulada, todo lo que supere los 3.000 kilocalorías diarias per cápita conduce a un mayor desperdicio. Sin embargo, todos los países de la Unión Europea excepto dos (Bulgaria y Eslovaquia) han superado recientemente ese nivel; un tercio de ellos se encuentra por encima de las 3.500 kilocalorías diarias, igual que Estados Unidos y Canadá.[27]

Todos los países deben minimizar las pérdidas de almacenamiento y distribución al por mayor. Para ello hay numerosas soluciones técnicas y de gestión: las grandes instalaciones de almacenamiento pueden rastrear electrónicamente la calidad y la durabilidad prevista de cada envío y pueden también equiparse con sensores de temperatura, de humedad y de otros tipos para mantener unas condiciones óptimas. Asimismo, deben adoptarse gradualmente métodos actuales de distribución en los países en vías de modernización con rentas más bajas, aunque los costes de estas medidas son significativos.[28] Un almacenamiento y una manipulación adecuados, así como unos precios flexibles y las donaciones preestablecidas de alimentos, pueden marcar la diferencia en la venta al por menor.

¿QUÉ PODEMOS HACER NOSOTROS?

En los hogares, los esfuerzos deben empezar por la concienciación sobre el problema y por la comprensión de las realidades que motivan a las personas a minimizar sus residuos. Solo una cuarta parte de los participantes en un estudio estadounidense afirmaron estar muy informados acerca de esta problemática y citaron el ahorro de dinero como principal motivación, seguido de (casi con la misma importancia) dar ejemplo a los niños con la gestión eficiente del hogar y pensar en las personas que pasan hambre. La disminución del consumo de energía y agua, y de las emisiones de gases de efecto invernadero, era la consideración menos importante.[29]

El desperdicio doméstico puede reducirse con ajustes tan sencillos como modificar el tamaño o el tipo de envase para aumentar la probabilidad de consumir los alimentos antes de que se echen a perder y para conservar mejor su contenido.[30] Una de las opciones de alta tecnología son los frigoríficos «inteligentes», que recuerdan a los usuarios el estado de los alimentos en su interior, pero, dado su coste frente a la utilidad percibida, no serán habituales a corto plazo.

En cuanto a comer fuera, el primer paso obvio en Norteamérica sería reducir el tamaño de los platos servidos, un cambio que no daría lugar a raciones de hambre, sino que simplemente las acercaría a las cantidades más sensatas que se ofrecen en los restaurantes europeos y asiáticos.[31] En muchos restaurantes donde los clientes suelen optar por deshacerse de las sobras, el hecho de colocar una pequeña tarjeta que les recuerde la magnitud del problema, junto con las creencias de la mayoría (casi todas las personas están a favor de reducir el desperdicio alimentario), puede dar lugar a un aumento sustancial de las solicitudes para llevarse esa comida sobrante a casa.[32] Incluso una reducción modesta de los residuos se traduciría en un ahorro acumulado considerable.

Cuestiones sistémicas

El resultado más significativo se obtendría no poniendo en el mercado minorista una oferta excesiva de alimentos. Alrededor de 900 millones de personas viven en países con una ingesta media per cápita superior a las 3.300 kilocalorías diarias. No hay defensa concebible para esta cifra: gracias a estudios reales de ingesta dietética sabemos que la alimentación típica per cápita de los adultos en las economías de altos ingresos (con sus ocupaciones en gran parte sedentarias o, en cualquier caso, no físicamente exigentes, y con su edad media en aumento) oscila entre las 2.000 y las 2.200 kilocalorías al día. Por tanto, incluso una tasa de desperdicio de alimentos del 30 por ciento elevaría el suministro necesario a no más de 2.900-3.100 kilocalorías. Por consiguiente, incluso si los países prósperos siguieran siendo relativamente tan derrochadores como lo son hoy en día, pero redujeran su suministro de alimentos a una media de «solo» 3.000 kilocalorías al día, esto evitaría el equivalente a una producción suficiente para que unos 130 millones de personas (aproximadamente la población combinada de Francia e Italia) comieran al mismo nivel, con la consiguiente prevención del desperdicio de alimentos y con el consecuente alivio de la carga sobre el medio ambiente.[33]

Este despilfarro también podría reducirse disminuyendo las opciones de los consumidores. Esto no implica recortes drásticos en la selección de productos; se puede estar firmemente a favor de la variedad de alimentos (como componente esencial de la calidad nutricional y como condición previa para la diversidad gastronómica), pero seguro que no hay necesidad de que los supermercados estadounidenses tengan de 40.000 a 50.000 referencias diferentes de alimentos, sobre todo considerando que en fechas tan recientes como finales de la década de 1990 disponían «solo» de unos 7.000 artículos y no se vieron acosados por incesantes quejas sobre la falta de opciones.[34] Es inevitable que la reciente superproliferación de variedad vaya acompañada de un mayor desperdicio.

Un punto de partida obvio es disponer de una variedad limitada de aquellos artículos cuya producción requiera una huella medioambiental relativamente grande. El yogur es uno de los mejores ejemplos. En los Estados Unidos de finales de la década de 1960, el yogur era un producto marginal con pocas opciones de sabor; en 2020, un supermercado estadounidense típico tenía unos 300 tipos diferentes, desde el yogur natural de toda la vida (aunque también con distintos niveles de grasa) hasta decenas de yogures griegos (normalmente de alta densidad y alto contenido en grasa), pasando por el *skyr* islandés con sabor a cerezas (¡como si en Islandia fuera posible una combinación así!), los veganos y los «probióticos».[35] De hecho, puede que sea esta ingente variedad la que haya provocado el reciente descenso de las ventas de yogures en Estados Unidos, ya que los consumidores están abrumados por la cantidad de alternativas.

UNA OPCIÓN IMPOPULAR

He dejado para el final la opción menos popular: a pesar de las recientes percepciones en lo que respecta al aumento general de precios impulsado por la guerra entre Rusia y Ucrania, comprar comida en los países de altos ingresos es en los últimos años más barato que en cualquier otro momento de la historia. Aunque el argumento de los alimentos más caros puede ser políticamente inadmisible, merece una valoración crítica en un libro más interesado en la ciencia que en la política. En 2020, el porcentaje de la renta disponible de la familia media estadounidense que se gastaba en alimentos alcanzó el punto más bajo de la historia, solo el 8,6 por ciento, frente al 25 por ciento de 1930 y el 15 por ciento de 1965, con una media de alrededor del 12 por ciento en la Unión Europea, el 26 por ciento en Japón y casi el 30 por ciento en China (pero eso incluye también las bebidas alcohólicas y el tabaco).[36] La pandemia del COVID-19 y la invasión rusa a Ucrania empezaron a invertir el declive a largo plazo de este gasto, pero habrá que ver hasta qué punto este efecto es intenso y duradero.[37]

Existe una gran variedad de literatura económica sobre la elasticidad de precios de la demanda (el impacto relativo sobre la demanda de un cambio en el precio, que se espera que sea bajo para los alimentos básicos y relativamente alto para los alimentos de lujo), pero, como el desperdicio de comida ocurre en toda la gama de consumo, el aumento de los precios (con su efecto inevitable sobre los segmentos más pobres de la población) no sería la mejor manera de regular el derroche.[38] En cambio, es irrefutable el argumento de que lo que pagamos por los alimentos es demasiado poco para reflejar mejor los costes medioambientales reales de su producción, aunque ese argumento forma parte de un problema mucho mayor de costes externos evitados (que se aplica a la energía y a todos los demás materiales), y no es una razón convincente para reducir los residuos mediante precios más altos.

COMER MENOS CARNE Y DE LA VARIEDAD MÁS RESPETUOSA CON EL MEDIO AMBIENTE

El segundo enfoque de «hacer menos» para reducir el impacto de la agricultura en el medio ambiente en los países de renta alta —disminuir el consumo medio de carne y cambiar su composición— tiene efectos multiplicadores evidentes. Dada la ineludible baja eficiencia de la conversión de piensos vegetales en alimentos animales (véase el capítulo 4 de este libro), cada unidad de reducción del consumo de carne significa eliminar la necesidad de, en la mayoría de los casos, 2 a 5 unidades de pienso cuando no se produce pollo o cerdo, y bastante más de 10 unidades de pienso en el caso de una unidad de ternera o cordero; esto, a su vez, tiene repercusiones obvias en la reducción de las aplicaciones de productos agroquímicos, del riego y de las operaciones en el campo (uso reducido de diésel, menor compactación del suelo).

Este enfoque tiene muchas más posibilidades de resultar en una diferencia real que las dos opciones que ahora tanto se suelen ensalzar. Como ya he señalado, el veganismo no se aceptará universalmente. El vegetarianismo podría (algunos dirían que debería) convertirse en una opción mucho más común, pero, si incluye una proporción significativa de frutas y frutos secos, tal vez no suponga un ahorro drástico de energía y agua en comparación con las dietas a las que sustituiría. Es posible que la carne cultivada siga teniendo una importancia marginal (y no decisiva) durante mucho tiempo (véase el capítulo anterior), y resulta poco probable que los sustitutos de la carne de origen vegetal acaparen grandes cuotas de mercado (véase el capítulo 6). En cambio, modificar la elevada tasa actual de consumo de alimentos de origen animal en los países ricos y cambiar su composición es racional y deseable. Y, sobre todo, es del todo factible, porque puede lograrse sin afectar a una nutrición adecuada y sana y sin suponer pérdidas económicas repentinas para los productores.

De hecho, en varios países ya se ha implementado, en algunos casos en un grado sorprendentemente elevado. De ahí que no supondría más que mantener, y tal vez acelerar, las tendencias de consumo que se vienen registrando desde hace tiempo. Otros países precisarían medidas adicionales para acelerar el retroceso gradual y seguir una estrategia deliberada y explícita que pueda lograr recortes sustanciales en la ingesta media y, por tanto, reducciones notables en la demanda de piensos y en el número total de grandes cebaderos centralizados con el fin de disminuir la huella medioambiental global de la agricultura, todo ello sin recurrir a prohibiciones ni a deslocalizaciones inmediatas.

CASOS DE ÉXITO

Algunos ejemplos notables de descenso en el consumo global de carne en naciones conocidas por sus altos índices históricos de este tipo de dieta son Dinamarca (un 25 por ciento menos desde el nivel máximo alcanzado en 1992) y Alemania (un descenso de un 17 por ciento desde mediados de la década de 1990). Los índices de estas bajadas se igualaron o superaron en Estados Unidos, donde el consumo de carne roja disminuyó un 25 por ciento desde su máximo alcanzado en 1971, y la demanda de carne de vacuno, la más exigente considerando el punto de vista medioambiental, se ha reducido un 37 por ciento desde su máximo alcanzado en 1977.[39] Además de las diferencias de precios, estos cambios se han debido a otros factores: la evolución de los gustos, la facilidad de preparación y, por supuesto, las inquietudes por la salud y el medio ambiente.

Sin embargo, estos índices se han calculado mediante balances alimentarios. En algunos países, los datos reales de consumo obtenidos a partir de encuestas periódicas en los hogares indican ingestas aún más bajas. Si tomamos el balance alimentario francés (no el de la FAO), vemos que en 2020 el consumo medio per cápita de carne roja (*viande de boucherie*: buey, ternera, cerdo, cordero, caballo) era de unos 65 kilogramos de peso en canal al año, lo que supondría 1,25 kilogramos a la semana, equivalentes a unos 550 gramos de piezas al por menor. No obstante, las encuestas de consumo real indican que la mayoría de los franceses son ya «pequeños consumidores» (*petits consommateurs*) y que comen semanalmente menos de 500 gramos de carne roja, el límite recomendado por el Programa Nacional de Salud y Nutrición.[40]

CAMINO DE LA MODERACIÓN: EL CONSUMO DE CARNE EN FRANCIA

Como era de esperar, hay disparidades entre sexos (los hombres adultos consumen cerca del doble de carne que las mujeres) y grupos de ingresos, pero las personas que no consumen carne con tanta frecuencia (menos de 100 gramos a la semana) son más numerosas que las que comen más de 500 gramos (23 frente a 20 por ciento). La realidad francesa evidencia que los cambios graduales, impulsados por el precio y la preocupación por la salud, harían que fuese bastante realista aspirar a una ingesta media per cápita a largo plazo de no más de 250-300 gramos de carne roja a la semana, lo que equivale a 30-35 kilogramos de peso en canal al año, ligeramente por debajo del nivel japonés actual y solo a la mitad del nivel de la Unión Europea de principios de la década de 2020.[41]

Cambiar la ingesta media de proteínas animales para reducir el impacto medioambiental de la producción de carne debería implicar algo más que continuar con el cambio de la carne roja (y especialmente la de vacuno) a la de pollo. Los huevos se producen ahora con eficiencias de conversión alimentaria comparables a las del pollo, y los peces de acuicultura (sobre todo las especies herbívoras) constituyen la proteína animal menos intensiva en energía alimenticia.

¿CÓMO PODEMOS COMER MEJOR LA CARNE DE VACUNO?

¿Cuánta carne de vacuno podríamos generar en todo el mundo sin ningún tipo de alimentación a base de grano (y sus costes medioambientales asociados) y, para reducir el uso de la tierra, con pastoreo solo en una fracción de los pastizales hoy empleados? No hay consenso acerca del alcance real y el grado de degradación de las tierras de pastoreo debido a su uso excesivo, con estimaciones que oscilan entre el 20 por ciento de los pastos del mundo y más del 70 por ciento de las praderas en climas áridos.[42] En consecuencia, una intervención radical implicaría retirar la mitad de todos los pastos para su regeneración gradual y, a continuación (a fin de evitar un deterioro adicional), reducir la carga ganadera en los pastizales restantes (unos 1.750 millones de hectáreas) a solo media unidad de ganado por hectárea. Esta unidad equivale a 250 kilogramos de ganado vacuno (peso vivo). Ese índice no sería superior a la carga ganadera típica del África subsahariana, alrededor de la mitad de la brasileña y apenas una cuarta parte de la máxima permitida en la Unión Europea.[43]

Estas hipótesis (con una tasa de sacrificio del 10 por ciento y una tasa de conversión del peso vivo en peso en canal del 60 por ciento) resultaría en una producción anual de entre 10 y 15 millones de toneladas de carne de vacuno herbívoro. A esto hay que sumar la que podría producirse mediante la combinación de piensos residuales —la biomasa resultante de la cosecha y transformación de cultivos anuales— y los forrajes leguminosos empleados en rotaciones con cultivos básicos. El cálculo de este total requiere una cadena de supuestos que se detalla a continuación para que cualquier crítico pueda evaluarlo.*

---

* Se parte de las proporciones típicas de paja o grano (en general, 1 en el caso del arroz y el maíz, y 1,3 en el del trigo) y de la proporción de residuos de cosecha y de molturación y prensado de aceite disponibles para la alimentación. Los residuos de molturación representan aproximadamente el 30 por ciento de la masa cosechada en el caso del arroz y el 15 por ciento en el del trigo. Estos dos alimentos básicos producen anualmente cerca de 300 millones de toneladas de pienso; el prensado de semillas oleaginosas deja una masa similar de tortas oleaginosas ricas en proteínas (del 20 al 25 por ciento de las semillas cosechadas). Se trata de piensos excelentes, al igual que el grano de destilería, el suero de las centrales lecheras y los residuos de las conservas de frutas y verduras, y si no se convierten en carne tendrían que desecharse. En cambio, la mayoría de los residuos de cultivos (pajas y tallos) no se utilizan para alimentar a los animales, sino que o bien se devuelven al suelo para reciclar nutrientes, protegerlo contra la erosión, mejorar la materia orgánica y retener la humedad, o bien se queman. En función de las tasas de alimentación residual que se supongan

La combinación de pastoreo restringido y de baja densidad, cebado con biomasa residual y procedente del proceso de cultivos forrajeros podría producir entre 20 y 30 millones de toneladas de carne de vacuno (peso en canal) al año, es decir, aproximadamente entre un tercio y la mitad del total anual actual. E insisto: esto sin explotar más de la mitad de los pastos del mundo y sin utilizar ningún grano forrajero (cereales y leguminosas). Si dependiéramos tan solo de la fitomasa residual y limitada de los cultivos forrajeros, podríamos producir cada año al menos unos 3 kilos de carne de vacuno por persona —frente a la media reciente de unos 7,5 kilos—, reduciendo al mismo tiempo el impacto medioambiental de la carne entre un 60 y un 70 por ciento. Pero ese descenso de la oferta media significaría que algunas personas comerían mucha menos carne roja de lo que están acostumbradas y habría pérdidas económicas para los productores: sigue siendo incierto hasta dónde y con qué rapidez podrían producirse estos cambios.

Mantener el nivel reciente de producción de carne de cerdo (unos 120 millones de toneladas al año), duplicar la producción de huevos (lo que no debería ser difícil, ya que casi la triplicamos entre 1990 y 2020) y duplicar también la de carne de pollo (como hicimos en solo dos décadas, entre 2000 y 2020) significaría que en 2050 tendríamos unos 150 millones de toneladas de carne roja, 240 millones de toneladas de carne de pollo (todo ello peso en canal) y 175 millones de toneladas de huevos. E incluso si las capturas recientes de peces se mantuvieran sin cambios (para evitar la sobrepesca y permitir la recuperación de las poblaciones), y si la producción de acuicultura aumentara un 50 por ciento (ya va en esa dirección), obtendríamos anualmente unos 220 millones de toneladas de peces y crustáceos. Esta cosecha combinada sumaría no menos de 22 gramos de proteína animal al día para cada uno de los 9.000 millones de habitantes que tendrá el mundo a mitades

---

y de la elección de los coeficientes medios de conversión de alimento en peso vivo, podemos llegar a una gama bastante amplia de resultados, pero aun los supuestos más conservadores acabarían por igualar al menos el total de la carne vacuna alimentada con hierba.

de siglo, igualando la tasa reciente de suministro procedente de la carne, los huevos y las especies marinas.

Este es solo uno de los muchos escenarios que prevén una aportación adecuada de proteína animal con un impacto medioambiental sustancialmente disminuido: no se trata de una previsión, sino de un indicador de posibilidades realistas que podrían combinar un consumo responsable de carne roja con una reducción considerable del impacto medioambiental. Este tipo de cálculo tentativo es útil para hacerse una idea aproximada de la magnitud del desafío y para delimitarlo; sin embargo (a pesar de décadas de una globalización cada vez mayor), las diferencias sustanciales y las grandes desigualdades siguen siendo la norma: por ejemplo, la producción de alimentos en China frente a la del África subsahariana.

DESIGUALDADES

La elección de estas dos regiones debería resultar obvia: en las tres últimas décadas, ningún país ha demostrado mejor que China lo que se puede hacer para mejorar el abastecimiento alimentario de toda una nación. Y, en el mismo periodo, tampoco no ha habido región que haya rivalizado con el África subsahariana como rezagada crónica en rendimiento, a pesar de que sigue incrementando su ya numerosa población.

Debo subrayar que durante décadas he intentado evitar cualquier pronóstico inequívoco (ya sea cuantitativo o cualitativo), y no voy a empezar ahora. Por el contrario, siempre procuro ofrecer valoraciones mesuradas de la realidad y sugerir cuáles podrían ser los resultados más probables. En cuanto a las perspectivas de producción de alimentos a largo plazo, me enfrenté a esta tarea hace casi tres décadas, cuando en 1995 Lester Brown, ecologista estadounidense y fundador de los institutos Worldwatch y Earth Policy, publicó *Who Will Feed China? Wake-Up Call for a Small Planet*.[44] En su opúsculo sostenía que la producción de grano de China ya había tocado techo, que disminuiría al menos un 20 por ciento para el año 2030, que el país pronto perdería la capacidad de alimentarse a sí mismo y que se enfrentaría a un enorme déficit (más de 300 millones de toneladas al año): sencillamente, que China «podría matar de hambre al mundo».

En respuesta a este cuestionable análisis, señalé que en efecto era necesario tener en cuenta una serie de tendencias preocupantes en el reciente desarrollo agrícola de China (pérdida de tierras de cultivo, deterioro del suelo y problemas con el agua de riego), además del hecho de que la superficie de cultivo del país era sustancialmente mayor de lo que indicaban los registros oficiales (la corrección no se hizo oficial hasta el año 2000), que había que reducir algunas diferencias importantes de rendimiento y que existían muchas oportunidades para mejorar la eficiencia en el uso del nitrógeno y el agua, así como para modernizar la alimentación animal. Mis conclusiones fueron inequívocas:

> No parece haber razones biofísicas insalvables para que China no pueda seguir alimentándose durante el primer cuarto del próximo siglo. Además, afrontar este reto no tiene por qué depender de avances en bioingeniería aún no probados ni de ajustes sociales sin precedentes. Una combinación de soluciones económicas y técnicas bien conocidas y probadas —mejor gestión, mejores precios, mejores aportes y mejor protección del medio ambiente— puede producir suficientes alimentos adicionales.[45]

Y, de hecho, entre 1995 y 2022, mientras la población china crecía más de un 16 por ciento, la cosecha de cereales del país aumentó casi un 50 por ciento, y su suministro medio de alimentos per cápita se ha mantenido muy por encima de las 3.000 kilocalorías diarias, acercándose mucho a las tasas de las naciones más prósperas del mundo.[46]

Como se señaló en la introducción de este libro, casi tres décadas más tarde me enfrenté a un pronóstico aún más extremo: en mayo de 2022, George Monbiot, escritor y activista político británico, afirmó que «el sistema alimentario mundial está empezando a parecerse al sistema financiero en el periodo previo a 2008. Mientras que el colapso financiero habría sido devastador para el bienestar humano, no merece la pena ni pensar lo que supondría el colapso del sistema alimentario».[47] Pero ¿se encontraba este realmente al borde de un colapso inminente? Esa opinión se basaba en una analogía absurda. Para empezar, entre 2009 y 2011 quebraron muchos más bancos mal gestionados que en 2008, y lo hicieron sin consecuencias paralizantes para el crecimiento económico posterior, ni en los países donde tenían sus sedes ni a escala mundial. No se ha producido ningún colapso de la banca nacional o internacional ni un retroceso excepcional de la economía: su expansión continuó a un ritmo superior al 3 por ciento anual durante la segunda década del siglo XXI.[48]

Y, lo que es más importante, cualquier sugerencia de que la cosecha global de alimentos, que se extiende por un tercio de la superficie del planeta y produce cada año miles de millones de toneladas de nueva biomasa vegetal y animal en entornos que van desde los trópicos hasta latitudes superiores a 50º N, podría sufrir un colapso planetario casi instantáneo es totalmente indefendible; a menos, por supuesto, que experimentáramos una verdadera catástrofe mundial, ya fuera una guerra nuclear o la colisión de un asteroide con la Tierra. Tales afirmaciones pueden ocupar titulares, incluso vender libros, pero no entran en el ámbito de un análisis serio. Además, si el sistema alimentario global estuviera al borde del colapso, no puedo imaginar ninguna medida correctiva capaz de evitarlo a tiempo.

UNA VISIÓN SERIA DE CHINA

En cambio, puedo hacer algunos comentarios fundamentados sobre las perspectivas alimentarias de China. Estas dependen del tipo de hipótesis que se formulen sobre la futura demanda del país. Como ya se ha señalado, su suministro per cápita ha sobrepasado recientemente las 3.000 kilocalorías diarias, y la previsión de la variante media de la ONU prevé que su población disminuya ligeramente, de 1.439 millones en 2020 a 1.402 millones en 2050. En un escenario moderado, el aumento de la producción sería marginal y se destinaría principalmente a mejorar la ingesta de alimentos en las regiones rurales más pobres. Según diversas proyecciones comedidas de crecimiento de la demanda (debido principalmente al mayor consumo de carne y fruta), la de granos básicos alcanzaría su punto álgido, por encima del nivel reciente, en un plazo de diez a quince años, mientras que los supuestos de una transición dietética significativa y continuada (más carne, pescado, marisco y fruta) harían que la demanda de los demás alimentos aumentara hasta un tercio para el año 2050.[49]

El consumo futuro de carne en China será el mayor determinante. El país es, con creces, el mayor consumidor de carne del mundo (27 por ciento del total, el doble que Estados Unidos), pero en términos per cápita está en la mitad que Estados Unidos. Las encuestas de opinión pública muestran que aproximadamente el mismo porcentaje de estadounidenses que de chinos (60 y 57 por ciento, respectivamente) se consideran consumidores tradicionales (esto es, consumidores habituales de carne), mientras que el resto se autodescriben como consumidores conscientes, desde veganos hasta personas que restringen deliberadamente su ingesta cárnica.[50] Es probable que la proporción de este tipo de consumidores aumente y, si se combina con el envejecimiento de la población (más preocupada por la salud y con tendencia a comer menos carne), esto podría traer consigo una estabilización y, más adelante, quizá incluso un ligero descenso del consumo medio de este producto.

También hay que tener en cuenta las condiciones medioambientales del país. China no tiene prácticamente margen para ampliar su superficie cultivada y no puede permitirse continuar con las rápidas y grandes conversiones posteriores a 1990 de tierras agrícolas suburbanas de primera calidad en zonas industriales y urbanas. El suministro de agua en las provincias septentrionales siempre ha sido precario y el balance hídrico nacional podría volverse significativamente más inestable debido al cambio climático. Como se señala en el capítulo 5, alrededor de una quinta parte de todas las tierras de cultivo se ha visto afectada por la acumulación de metales pesados. Estos factores, junto con los continuos cambios en la dieta, podrían conducir a un aumento sustancial de las importaciones de cereales. Se espera que la ratio global de autosuficiencia alimentaria caiga desde una cuota aún muy elevada del 95 por ciento en 2016.

Un análisis en detalle del potencial de producción arrocero de China (teniendo en cuenta los rendimientos provinciales específicos) concluyó que es probable que el país siga siendo autosuficiente en este alimento básico aunque no pueda hacer nada más que mantener las trayectorias de rendimiento y de consumo actuales, y siempre que no reduzca la superficie de producción existente. Ese estudio también observó que el mayor rendimiento de la inversión provendría del aumento en la eficacia de los sistemas de rotación de doble arroz en general y del cierre de brechas de rendimiento relativamente grandes en tres provincias con una sola variedad de arroz.[51]

Lo más probable es que las conclusiones a las que llegué hace casi treinta años puedan prolongarse, con algunas salvedades, durante otras dos o tres décadas. A menos que el país se vuelva tan carnívoro (per cápita) como Estados Unidos, no debería plantear demandas excesivas al mercado mundial de grano, y podría arreglárselas (en su mayoría, si no del todo) con un ligero aumento de los niveles recientes de producción e importación de alimentos. Otros cambios en la dieta podrían dar lugar a mayores importaciones de cereales forrajeros, aceites de cocina y productos especiales. Esta evolución tal vez contribuyese en gran medida a la subida de precios global, cuyo impacto se dejaría sentir en los países de renta baja, que, a diferencia de China, con sus grandes excedentes de comercio exterior, tendrían muchas menos posibilidades de pagarlos. Así pues, no habrá apocalipsis alimentario en China —ni causado por China— en los próximos tiempos.

PRODUCCIÓN ALIMENTARIA EN EL ÁFRICA SUBSAHARIANA

Las perspectivas son mucho más preocupantes para el África subsahariana. El *Informe mundial sobre las crisis alimentarias* de 2022 enumeraba treinta y cinco naciones en apuros: cuatro de ellas en

Centroamérica, seis en Asia y veinticinco en el África subsahariana, lo que supone (dejando aparte los pequeños países insulares) casi el 60 por ciento de los territorios de la región.[52] Como señalé en el capítulo 6, ningún otro lugar tiene un rendimiento tan bajo de los cultivos básicos ni tampoco tanta necesidad de reducir estas diferencias, porque una cuarta parte de su población sufre inseguridad alimentaria permanente (que aumenta en las estaciones secas, o en periodos de sequía o de plaga de langostas) y también porque se convertirá en el hogar de cerca de la mitad de la población adicional del mundo en 2050. Todos los cultivos subsaharianos producen muy por debajo de su potencial, con brechas de rendimiento presentes no solo en los cereales básicos (maíz, arroz y sorgo), sino también en las patatas y en las leguminosas de importancia regional. En todos los casos (como ilustrarán los siguientes ejemplos), el mayor obstáculo es la escasez de macronutrientes, sobre todo de nitrógeno.

Un estudio reciente estimaba que el rendimiento del maíz en la región debe aumentar desde el nivel actual, equivalente a un 20 por ciento de su potencial —limitado por el agua— a un 50-75 por ciento, pero que los aportes mínimos de fertilizantes nitrogenados han de multiplicarse por un factor de 9 a 15, pues de lo contrario la «extracción» continua de nutrientes del suelo conducirá a rendimientos aún más bajos.[53] Los pequeños propietarios (con menos de 2 hectáreas de tierras de cultivo) suelen aplicar menos de 10 kilogramos de nitrógeno por hectárea (además de cantidades variables, pero siempre insuficientes, de abono orgánico), lo que conduce a una disminución gradual de su contenido en el suelo y a rendimientos crónicamente bajos. Algunos ensayos con diferentes sistemas de producción de arroz (regadío, riego por lluvia, arroz de montaña) en diecisiete países mostraron que el nitrógeno era el nutriente más limitado, seguido del fósforo, y que los rendimientos que aumentaban con las aplicaciones de este componente seguían estando muy por debajo de los máximos asiáticos.[54] Otro estudio realizado en África oriental y meridional reveló que estas diferencias de entre 1 y 3 toneladas por hectárea también estaban relacionadas con la supresión de malas hierbas, el control de las aves, la nivelación del terreno y la gestión de la paja (reciclaje, quema en el campo y retirada), lo que pone de relieve que, por sí sola, una mayor fertilización no bastará para la gestión global de los cultivos.[55]

Sin embargo, hay un factor importante que complica todos los escenarios futuros de la producción del maíz: la incertidumbre sobre la profundidad de enraizamiento predominante en la región. A diferencia de los suelos relativamente jóvenes y profundos del cinturón del maíz en Estados Unidos, los del África subsahariana presentan zonas de enraizamiento restringidas (debido a la presencia de laterita, una capa de terreno rica en aluminio y hierro), así como una capacidad limitada de retención del agua. Por este motivo, una evaluación basada en la mejor información disponible concluyó que el África subsahariana solo podría producir unos excedentes de maíz modestos si la profundidad de sus suelos fuera comparable a la del cinturón del maíz estadounidense o a la de las pampas argentinas.[56] Debido a la gran sensibilidad a esta única variable, las evaluaciones más realistas de las potenciales ganancias de rendimiento precisan de datos más detallados sobre las propiedades del suelo de la mayor parte de la región.

Otra limitación es la gran diferencia interanual de los rendimientos debido a la variación normal de las precipitaciones: en el África subsahariana es más del doble que en el cinturón del maíz, y el consiguiente incremento de la incertidumbre en las expectativas de producción hace que, en efecto, sea más arriesgado invertir en mayores aplicaciones de fertilizantes, ya que pueden no ofrecer rentabilidad durante los años muy secos.

El maíz no es el único alimento básico de bajo rendimiento. La cifra media de la patata en el África subsahariana apenas supera las 10 toneladas por hectárea, mientras que el rendimiento potencial es superior a 60 t/ha y el de las parcelas de investigación supera las 30 t/ha. Las principales razones de esta diferencia de 50 toneladas son la mala calidad de la semilla, la presencia de marchitez bacteriana (también denominada «podredumbre parda»), la mala calidad del suelo, el suministro inadecuado de nutrientes y las plagas de insectos.[57] El caupí es una leguminosa destacada en África occidental, pero su rendimiento sigue siendo bajo, principalmente entre 500 y 800 kilogramos por hectárea.[58] Una vez más, el factor clave sigue siendo el aumento del suministro de los tres macronutrientes, junto con el control de las plagas de insectos. Como todas las leguminosas, el caupí puede fijar su propio nitrógeno, pero esta actividad simbiótica se ve limitada por la disponibilidad de fósforo y el cultivo responde a las aplicaciones de urea.

La necesidad de una mayor aplicación de fertilizantes es un factor clave. Su importancia quedó confirmada en un análisis sobre los datos de explotaciones domésticas en ocho de los países de la región: las diferencias de rendimiento se reducen con un mayor uso de fertilizantes y, como era de esperar, esto ocurre principalmente cuando se combinan con semillas mejoradas.[59] Las diferencias de rendimiento también disminuyen significativamente cuando los agricultores tienen acceso a información sobre las prácticas óptimas de producción, sobre todo en las regiones con bajo potencial de aprovechamiento. Otros hallazgos destacables fueron que la brecha de rendimiento discrimina los hogares encabezados por mujeres, que está inevitablemente vinculada con la pobreza, y que, en el caso de los pequeños agricultores, aumenta con la superficie cultivada, y solo empieza a disminuir en las explotaciones de más de 3,3 hectáreas.

Qué nos depara el futuro

Las razones principales para las diferencias de rendimiento son claras y los remedios conocidos, pero la pregunta crucial sigue siendo la siguiente: ¿podrá la región alimentarse a sí misma en 2050 si se adoptan las medidas necesarias para reducir esta desigualdad? Un grupo internacional de agrónomos (con colaboradores de África, Europa y Estados Unidos) publicó un análisis sobre la brecha de rendimiento en diez países subsaharianos y concluyó que «no será factible satisfacer la futura demanda de cereales del África subsahariana en la superficie de producción existente solo mediante el cierre de la brecha de rendimiento».[60] Este veredicto se basaba en exámenes realistas sobre esta cuestión en los diez principales países de la región (basados en datos específicos de cada ubicación), y llevó a los autores a sugerir que se necesitarían medidas adicionales —especialmente, una mayor intensidad de cultivo (doble o triple cosecha) y la expansión de los cultivos de regadío— a fin de evitar una mayor expansión de las tierras de cultivo (deforestación y conversión de pastizales) y evitar el aumento de la dependencia de las importaciones de granos básicos.

Esto no significa que, para mediados del siglo XXI, el África subsahariana no pueda alcanzar una mayor seguridad alimentaria y dar cabida a otros mil millones de personas, sino que hacerlo exigirá esfuerzos complejos y continuados que deben ir mucho más allá de la mejora de las cosechas en los campos existentes, y que seguirán siendo necesarias importaciones sustanciales de alimentos de América y Eurasia. Pocos retos mundiales son más importantes que garantizar que África reduzca finalmente la brecha entre producción y demanda. Las razones fundamentales (más allá de las limitaciones naturales señaladas) del retraso son evidentes desde hace décadas: malos gobiernos, inestabilidad política generalizada, conflictos transfronterizos aparentemente interminables, guerras civiles en demasiados países (Sudán, Sudán del Sur, Eritrea, Etiopía, Somalia, Ruanda, Burundi, República Democrática del Congo, Angola, Nigeria, Níger, Mali, Liberia, Sierra Leona y Mozambique) y tensiones intranacionales (crónicas en las dos naciones más pobladas del continente, Etiopía y Nigeria), combinadas con profundas desigualdades económicas y una excesiva dependencia de las importaciones. Si no se eliminan, o al menos se reducen, estos obstáculos básicos al progreso económico solo conseguirán empeorar la preocupante situación del suministro de alimentos que, en un círculo vicioso, podría agravar algunas de estas crisis crónicas.

ALERTA MUNDIAL

Por supuesto, está el reto aún mayor que supone la interacción del calentamiento global con la producción de alimentos. Esto implica muchos acontecimientos indeseables que van desde alteraciones en el ciclo global del agua (habrá un incremento de lluvia y nieve en un mundo más cálido, pero no necesariamente en los lugares que realmente lo necesitan) hasta cambios en las temporadas de cultivo (las fechas más tempranas de las vendimias francesas son una excelente documentación de este hecho) y efectos en el contenido nutricional de los cultivos básicos.[61] Sin embargo, el aumento de las concentraciones atmosféricas de CO_2 también ha beneficiado a las plantas, especialmente a los cultivos, y ha dado lugar a un indiscutible reverdecimiento de la biosfera.

El seguimiento por satélite muestra que, durante las dos primeras décadas del siglo XXI, la mitad de las zonas de vegetación globales disfrutaron de un reverdecimiento significativo (follaje más denso observado desde el espacio) y que este incremento de la superficie foliar de las plantas (cultivos, praderas y árboles) fue equivalente a la superficie cubierta por todas las selvas amazónicas; no obstante, menos del 4 por ciento de la Tierra se oscureció, y un estudio sobre el rendimiento reciente del maíz en entornos favorables reveló que casi la mitad de ese crecimiento estaba asociado a una tendencia climática decenal, frente a cerca del 40 por ciento por avances agronómicos y solo el 13 por ciento por mejoras en el potencial genético.[62] Además, el efecto del reverdecimiento puede ser aún más pronunciado en el futuro, porque los modelos actuales de absorción de CO_2 por parte de las plantas no reflejan las últimas investigaciones sobre fisiología, incluida la aclimatación de las plantas al incremento de las temperaturas, los cambios debidos a la velocidad con que el CO_2 se desplaza a los lugares que contienen Rubisco y la redistribución del nitrógeno foliar. La inclusión de estos efectos indica que el reverdecimiento global puede alcanzar hasta un 20 por ciento más durante las últimas décadas del siglo XXI de lo que indican los modelos anteriores.[63]

Nuestra comprensión de estas complejidades e interacciones sigue evolucionando y mejorando, pero los exámenes más detallados de sus efectos se basan en modelos de previsión a largo plazo que (como acaban de indicar las recientes revisiones del alcance del futuro reverdecimiento) están sujetos a los problemas habituales, que van desde las hipótesis básicas y los límites impuestos por nuestro conocimiento de las particularidades del cambio climático y su interacción con la productividad fotosintética hasta el alcance desconocido de las medidas de mitigación y adaptación que tomaremos durante las próximas décadas con el fin de gestionar los impactos esperados. Estas soluciones abarcan desde la modificación de las fechas de siembra, el acortamiento de los periodos de maduración de los cultivos y la expansión de los cultivos dobles y, en los lugares donde sea posible, triples hasta la introducción de variedades más resistentes a la sequía y la adopción de importantes ajustes dietéticos.

Inevitablemente, el aumento de las temperaturas y de las concentraciones de CO_2 provocará diferencias sustanciales entre plantas y regiones. Un modelo reciente predice que, en 2050, un escenario de altas emisiones podría reducir el rendimiento del maíz en China y Brasil hasta en 1,5-2 t/ha, y el del arroz en Asia y América Latina en 0,5-1 t/ha, pero aumentaría el del trigo en latitudes mayores en 1-2 t/ha.[64] Aunque semejante descenso del rendimiento (de momento modelizado, no real) parece preocupante, otra evaluación mundial reciente concluyó que, si optimizamos los cultivos (cambiando a aquellos con el mayor potencial de rendimiento regional), se podrían producir alimentos suficientes para 825 millones de personas más, disminuyendo al mismo tiempo la necesidad total de agua en un 10 por ciento.[65] Y otro estudio más demostró que la adaptación oportuna de los periodos de crecimiento al cambio climático (ajustando las fechas de siembra y cosecha) reduciría sus efectos negativos y aumentaría el rendimiento real de los cultivos de todo el mundo en un 12 por ciento.[66]

Incluso si estos incrementos no fueran tan pronunciados como se ha modelado, deberíamos (como ya he argumentado) ajustar nuestros usos finales de los cereales: no necesitamos darles a los animales más de un tercio, y no tenemos por qué convertir casi el 10 por ciento en biocombustibles. Hay otro factor importante que afectará a la producción mundial de alimentos por el lado de la demanda: el envejecimiento de la población. Mientras que tanto el metabolismo basal como el gasto energético total permanecen bastante estables entre los veinte y los sesenta años, estos empiezan a disminuir a partir de esa edad, siendo más importante la reducción del gasto energético (menor actividad) que la pérdida de masa corporal.[67] No es de extrañar que en Japón, donde en 2022 el 35 por ciento de las personas tenían más de sesenta años, el suministro medio de alimentos per cápita haya disminuido alrededor de un 10 por ciento desde 1990. Cabe esperar reducciones graduales similares en otras naciones que envejecen rápidamente, un grupo que ahora incluye a China.

En consecuencia, me mantengo escéptico sobre las perspectivas a largo plazo del suministro mundial de alimentos: no están predeterminadas por el continuo crecimiento de la población o el calentamiento global, y no se verán limitadas por aquello de lo que somos capaces de hacer hoy.

Sin embargo, eso sería tema para otro libro muy extenso. En este se han abordado sobre todo los determinantes biofísicos básicos (eficiencia fotosintética, necesidades nutricionales y tasas de conversión de alimentos) y los resultados y usos de la producción alimentaria (necesidades nutricionales, suministro de alimentos y la naturaleza del sistema alimentario mundial). A ello se han sumado breves evaluaciones sobre las transformaciones prometidas que (a mi juicio) no tienen grandes posibilidades de cambiar drásticamente el suministro mundial de alimentos hasta 2050, y sobre medidas que funcionarían y cuyo seguimiento perseverante podría acercarnos a ese objetivo ideal de alimentar a toda la humanidad sin impactar con gravedad el medio ambiente.

Mi objetivo ha sido profundizar en la comprensión de las limitaciones fundamentales y las complejidades propias de la producción alimentaria, entre las que destacan los límites biofísicos de la productividad fotosintética y la contumacia de los cambios en el comportamiento humano, en especial en lo que se refiere a las dietas predominantes. Estas cuestiones reducen el abanico de opciones para hallar soluciones a la seguridad alimentaria que puedan garantizarse sin perjudicar aún más el medio ambiente. Sin embargo, a pesar de esta falta de alternativas, las perspectivas realistas para mantener un suministro adecuado siguen siendo prometedoras.

No se necesitan avances inauditos ni soluciones radicales no probadas para poder proporcionarlo a las próximas generaciones; solo tenemos que seguir mejorando la eficiencia de la producción, reducir los residuos, ajustar las dietas y promover medidas que reduzcan el impacto medioambiental de los alimentos.

El declive demográfico (actualmente lo habitual en todos los países de renta alta que no permiten la inmigración a gran escala), el descenso de las tasas de fecundidad (que incluye a todos los países más poblados, con las tasas asiáticas ya por debajo o cerca del nivel de reemplazo, pero con los países africanos todavía muy por encima) y la moderación de la demanda de alimentos (típica de todas las sociedades que envejecen) deberían hacer que estas metas sean más fáciles de alcanzar de lo que pensábamos hace una generación, cuando las mejores previsiones a largo plazo afirmaban que la población mundial superaría con creces los 10.000 millones de personas. Ahora, la predicción más probable es que se alcance un máximo de 9.700 millones a mediados de la década de 2060, seguido de un descenso a unos 8.800 millones en 2100, un total de unos 2.000 millones inferior a algunas previsiones anteriores.[68]

Al mismo tiempo, la distribución desigual de las consecuencias climáticas del calentamiento global traerá consigo una combinación de cambios negativos y positivos, por lo que las metas serán más complicadas de lograr en algunas regiones y para determinadas variedades. Aunque el potencial de ventajas radicales debidas a la modificación genética de cultivos y animales parece impresionante, las fechas de su adopción comercial a gran escala siguen siendo una incógnita, al igual que las perspectivas de cualquier transformación voluntaria sustancial de las dietas predominantes. Las transiciones globales llevan mucho tiempo.

No hay ninguna novedad en lo que se refiere a cómo enfrentarse a estos cambios. Escribí este libro para ofrecer hechos y no especulaciones, y resulta que los hechos son tranquilizadores. Debemos seguir desconfiando de cualquier previsión cuantitativa a largo plazo, pero —teniendo en cuenta las realidades biofísicas básicas, los continuos aumentos de rendimiento y la evaluación realista de las mejoras futuras— es razonable argumentar que, dejando aparte conflictos masivos y una descomposición social sin precedentes, el mundo será capaz de alimentar a su población creciente más allá de mediados del siglo XXI, cuando la combinación de las distintas realidades demográficas y de los últimos avances científicos pueda presentarnos opciones totalmente nuevas.

Notas

1. ¿Qué ha hecho la agricultura por nosotros?

1. El carroñeo en los chimpancés está bien documentado, pero es poco frecuente, al igual que los casos de canibalismo: D. P. Watts, «Scavenging by chimpanzees at Ngogo and the relevance of chimpanzee scavenging to early hominin behavioral ecology», *Journal of Human Evolution*, 54, 2008, pp. 125-133; J. Goodall, «Infant killing and cannibalism in free-living chimpanzees», *Folia Primatologica*, 28, 1977, pp. 259-289; H. Nishie y M. Nakamura, 2017, «A newborn infant chimpanzee snatched and cannibalized immediately after birth: Implications for "maternity leave" in wild chimpanzees», *Revista Americana de Antropología Biológica*, 165 (1), pp. 104-109. Para las mejores pruebas de canibalismo neandertal, véase H. Rougier *et al.*, «Neandertal cannibalism and Neandertal bones used as tools in Northern Europe», *Scientific Reports*, 6, 2016, p. 29005.

2. He aquí algunos ejemplos notables de estudios sobre la dieta de los chimpancés: R. W. Wrangham y E. Z. B. Riss, «Rates of predation on mammals by Gombe chimpanzees, 1972-1975», *Primates*, 31, 1990, pp. 157-170; A. K. Basabose, «Diet composition of chimpanzees inhabiting the montane forest of Kahuzi Democratic Republic of Congo», *American Journal of Primatology*, 58, 2002, pp. 1-21; D. P. Watts *et al.*, «Diet of Chimpanzees (*Pan troglodytes schweinfurthii*) at Ngogo, Kibale National Park, Uganda, 1. Diet composition and diversity», *American Journal of Primatology*, 74, 2012, pp. 114-129; A. K. Piel *et al.*, «The diet of open-habitat chimpanzees (*Pan troglodytes schweinfurthii*) in the Issa valley, western Tanzania», *Journal of Human Evolution*, 112, 2017, pp. 57-69; J. Moore *et al.*, «Chimpanzee vertebrate consumption: Savanna and

forest chimpanzees compared», *Journal of Human Evolution*, 112, 2017, pp. 30-40.

3. J. D. Pruetz y P. Bertolani, «Savanna chimpanzees, *Pan troglodytes verus*, hunt with tools», *Current Biology*, 17, 2007, pp. 412-417.

4. E. G. Wessling *et al.*, «Chimpanzee (*Pan troglodytes verus*) density and environmental gradients at their biogeographical range edge», *Journal of Primatology*, 41, 2020, pp. 822–848; A. B. Chitayat *et al.*, «Ecological correlates of chimpanzee (*Pan troglodytes schweinfurthii*) density in Mahale Mountains National Park, Tanzania», *PLoS ONE*, 16 (2), 2021, e0246628.

5. B. L. Pobiner, «The zooarchaeology and paleoecology of early hominin scavenging», *Evolutionary Anthropology*, 29, 2020, pp. 68-82.

6. M. Ben-Dor *et al.*, «The evolution of the human trophic level during the Pleistocene», *Yearbook of Physical Anthropology*, 175 (supl. 72), 2021, pp. 27–56.

7. Para la historia de la hipótesis del exceso de caza, véase P. S. Martin, «Pleistocene ecology and biogeography of North America», *Zoogeography*, 151, 1958, pp. 375-420; *id.*, *Twilight of the Mammoths*, Berkeley, University of California Press, 2005. Para una crítica, véase V. Smil, *Harvesting the Biosphere*, Cambridge, MA, MIT Press, pp. 78-87.

8. Los estudios etnográficos sobre obtención de comida se revisan y resumen en G. P. Murdock, «Ethnographic atlas», *Ethnology*, 6, 1967, pp. 109-236; R. L. Kelly, *The Lifeways of Hunter-Gatherers: The Foraging Spectrum*, Cambridge, Cambridge University Press, 2013; V. Cummings *et al.* (eds.), *The Oxford Handbook of The Archaeology and Anthropology of Hunter-Gatherers*, Oxford, Oxford University Press, 2018.

9. F. W. Marlowe, «Hunter-gatherers and human evolution», *Evolutionary Anthropology*, 14, 2005, pp. 54-67.

10. E. D. G. Maschner y B. M. Fagan, «Hunter-gatherer complexity on the west coast of North America», *Antiquity*, 65, 1991, pp. 921–923; K. M. Ames, «Complex hunter-gatherers, ecology, and social evolution», *Annual Review of Anthropology*, 23, 1994, pp. 209-229.

11. C. D. Huffa *et al.*, «Mobile elements reveal small population size in the ancient ancestors of Homo sapiens», *Proceedings of the National Academy of Sciences*, 107, 2010, pp. 2147-2152.

12. M. Tallavaaraa *et al.*, «Human population dynamics in Europe over the Last Glacial Maximum», *Proceedings of the National Academy of Sciences*, 112, 2015, pp. 8232-8237.

13. R. C. Bailey, G. Head, M. Jenike *et al.*, «Hunting and gathering in tropical rain forest: Is it possible?», *American Anthropologist*, 91, 1989, pp. 59-82; R. C. Bailey y T. N. Headland, «The tropical rain forest: Is it a productive environment for human foragers?», *Human Ecology*, 19, 1991, pp. 261-285.

14. G. W. Sheehan, «Whaling as an organizing focus in Northwestern Eskimo society». En T. D. Price y J. A. Brown (eds.), *Prehistoric Hunter-Gatherers*, Orlando, FL, Academic Press, 1985, pp. 123-154; I. I. Krupnik y S. Kan, «Prehistoric Eskimo whaling in the Arctic: Slaughter of calves or fortuitous Ecology?», *Arctic Anthropology*, 3, 1993, p. 112.

15. V. G. Childe, *Man Makes Himself*, Londres, Watts & Company, 1963, p. 61. Sobre la prolongada coexistencia de la agricultura y el forrajeo, véase V. Smil, *Energy and Civilization: A History*, Cambridge, MA, MIT Press, 2017. [Hay trad. cast.: *Energía y civilización: una historia*, Arpa Editores, Barcelona, 2021]; Z. Bharucha y J. Pretty, «The roles and values of wild foods in agricultural systems», *Philosophical Transactions of the Royal Society B*, 365, 2010, pp. 2913-2926.

16. E. Lo Cascio, «The size of the Roman population: Beloch and the meaning of the Augustan census figures», *Journal of Roman Studies*, 84, 1994, pp. 23-40; W. Scheidel, *Roman Population Size: The Logic of the Debate*, Stanford, C, Princeton/Stanford Working Papers in Classics, 2007.

17. M. Zeder, «Central questions in the domestication of plants and animals», *Evolutionary Anthropology*, 15, 2006, pp. 105-117. Hodder justifica esta explicación inversa como un proceso de entrelazamiento entre humanos y objetos: I. Hodder, *Entangled: An Archaeology of the Relationships between Humans and Things*, Hoboken, NJ, John Wiley, 2012.

18. P. J. Richerson *et al.*, «Was agriculture impossible during the Pleistocene but mandatory during the Holocene? A climate change hypothesis», *American Antiquity*, 66, 2001, pp. 387-412.

19. L. R. Binford, *Constructing Frames of Reference: An Analytical Method for Archaeological Theory Building Using Ethnographic and Environmental Data Sets*, Berkeley, CA, University of California Press, 2001.

20. K. W. Butzer, *Early Hydraulic Civilization in Egypt*, Chicago, University of Chicago Press, 1976; *id.*, «Long-term Nile flood variation and political discontinuities in Pharaonic Egypt», en J. D. Clark y S. A. Brandt (eds.), *From Hunters to Farmers*, Berkeley, CA, University of California Press, 1984, pp. 102-112.

21. J. L. Buck, 1937, *Land Utilization in China*, Nanking, University of Nanking; D. S. Perkins, *Agricultural Development in China, 1368-1968*, Chicago, University of Chicago Press, 1969.

22. G. P. H. Chorley, «The agricultural revolution in Northern Europe, 1750-1880: Nitrogen, legumes, and crop productivity», *Economic History Review*, 34, 1981, pp. 71-93; G. Clark, «Yields per acre in English agriculture, 1250-1850: Evidence from labour inputs», *Economic History Review*, 44, 1991, pp. 445-460; J. Bieleman, *Five Centuries of Farming: A Short History of Dutch Agriculture*, Wageningen, Wageningen University, 2010.

23. Estos son los totales mundiales redondeados de 2021 (en miles de millones de hectáreas) según la FAO: <https://www.fao.org/faostat/en/#data/RL>: tierra agrícola 4,82; tierra cultivada 1,58; tierra cultivable 1,40; cultivos perennes 0,18; pastos y praderas 3,20. El cociente se calcula dividiendo la población mundial de 7.800 millones de personas por el total de tierras cultivadas.

24. FAO, *The State of Food Security and Nutrition in the World*, 2021, <https://www.fao.org/faostat/en/#data/RL>.

25. FAO, *Human Energy Requirements*, Roma, FAO, 2001; OMS, *Protein and Amino Acid Requirements in Human Nutrition: Report of a Joint FAO/WHO/UNU Expert Consultation*, 2007.

26. Quizá la mejor fuente en línea de valores nutricionales detallados (energía, macronutrientes, micronutrientes) sea <https://www.nutritionvalue.org>. Se puede acceder a todos los datos por unidad de peso (en unidades internacionales y de Estados Unidos) o de volumen (tazas de Estados Unidos), así como por ración (una sola pieza, en su caso, en función del tamaño, según proceda); además, dispone de datos para alimentos crudos, procesados y preparados.

27. A principios de la década de 2020, más del 70 por ciento de todos los higos se producían en solo cinco países: Turquía, Marruecos, Egipto, Argelia e Irán.

28. Y también más de la cosecha anual combinada de las cinco especies de fruta más importantes del mundo: plátanos, sandías, manzanas, naranjas y uvas.

29. J. Rothman *et al.*, «Nutritional composition of the diet of the gorilla (*Gorilla beringei*): A comparison between two montane habitats», *Journal of Tropical Ecology*, 23, 2007, pp. 673-682; D. Schulz *et al.*, «Anaerobic fungi in gorilla (*Gorilla gorilla gorilla*) feces: An adaptation to a high-fiber diet?», *International Journal of Primatology*, 39, 2018, pp. 567-580.

30. J. B. Furness *et al.*, «Comparative Gut Physiology Symposium: Comparative physiology of digestion», *Journal of Animal Science*, 93, 2015.

31. E. Fry *et al.*, «Functional architecture of deleterious genetic variants in the genome of a Wrangel Island mammoth», *Genome Biology and Evolution*, 12, 2020, pp. 48-58.

32. V. Stefanson, *Not by Bread Alone*, Nueva York, Macmillan, 1946.

33. Nunavut Department of Health, *Nutrition Fact Sheet Series Inuit Traditional Foods*, Iqaluit, Nunavut Department of Health, 2013.

34. A. Tucker, «In search of the mysterious narwhal», *Smithsonian Magazine*, 2009, <https://www.smithsonianmag.com/science-nature/in-search-of-the-mysterious-narwhal-124904726/>.

35. J. H. Shaw, «How Many Bison Originally Populated Western Rangelands?», *Rangelands*, 17, 1995, pp. 148-150; A. C. Isenberg, *The Destruction of the Bison: An Environmental History, 1750-1920*, Cambridge, Cambridge University Press 2000.

36. Forest Service, «Hunting, fishing and conservation go hand in hand», 2018, <https://www.fs.usda.gov/inside-fs/delivering-mission/sustain/hunting-fishing-and-conservation-go-hand-hand>.

37. R. M. Rowell *et al.*, *Handbook of Wood Chemistry and Wood Composites*, Boca Raton, FL, CRC Press, 2012; S. S. Maleki *et al.*, «Characterization of cellulose synthesis in plant cells», *The Scientific World*, 2016.

38. La masa corporal media mundial disminuye debido a que, en muchos países de renta baja, la proporción de niños y adultos jóvenes sigue siendo bastante elevada.

39. La masa corporal media mundial del ganado vacuno disminuye por el menor tamaño de los animales en la India y Brasil, dos de los países con los mayores rebaños.

40. J. Dijkstra *et al.* (eds.), *Quantitative Aspects of Ruminant Digestion and Metabolism*, Wallingford, Centre for Agriculture and Bioscience International, 2005.

41. M. A. Khan y A. Wasim (eds.), *Termites and Sustainable Management Volume 1: Biology, Social Behaviour and Economic Importance*, Cham, Springer, 2018.

42. P. R. Zimmerman *et al.*, «Termites: A potentially large source of atmospheric methane, carbon dioxide, and molecular hydrogen», *Science*, 218, 1982, pp. 563-565.

43. Rendimiento de 40 t/ha, azúcar extraído (después de pérdidas): 10 por ciento de la caña cortada; 4 toneladas de sacarosa equivalen (a 17

MJ/kg) a 68 GJ; necesidades energéticas diarias per cápita de 9,2 MJ, lo que suma 3,35 GJ/año; 68 GJ/3,35 GJ = 20,2.

44. J. Walvin, *Sugar: The World Corrupted: From Slavery to Obesity*, Nueva York, Pegasus Books, 2018.

45. De las cuales más de la mitad son producidas por solo cinco países: Brasil, India, China, Tailandia y Estados Unidos.

2. ¿POR QUÉ COMEMOS TANTO DE ALGUNAS PLANTAS Y NADA DE OTRAS?

1. C. Barigozzi (ed.), *The Origin and Domestication of Cultivated Plants*, Ámsterdam, Elsevier, 1986; D. Zohary *et al.*, *Domestication of Plants in the Old World: The Origin and Spread of Domesticated Plants in Southwest Asia, Europe and the Mediterranean Basin*, Oxford, Oxford Scholarship Online, 2012.

2. G. J. Armelagos y K. N. Harper, «Genomics at the origins of agriculture, part one», *Evolutionary Anthropology*, 14, 2005, pp. 68-77; M. B. Kantar *et al.*, «The genetics and genomics of plant domestication», *BioScience*, 67, 2017, pp. 971-982.

3. A. B. Damama *et al.* (eds.), *The Origins of Agriculture and Crop Domestication*, Berkeley, University of California, 1998.

4. G. C. Hillman y M. S. Davies, «Domestication rates in wild-type wheats and barley under primitive cultivation», *Biological Journal of the Linnean Society*, 39, 1990, pp. 39-78.

5. B. L. Pobiner, 2020, «The zooarchaeology and paleoecology of early hominin scavenging», *Evolutionary Anthropology*, 29, 2020, pp. 68-82.

6. El nombre en inglés de biribá lo dice todo: la fruta del pastel de merengue de limón de Sudamérica es similar a la más común chirimoya. Todas las partes de una pequeña planta de *huauzontle* (ramas, hojas, flores y semillas) se pueden comer: esta verdura y herbácea mexicana es especialmente popular en la región central del país. El *noni*, una fruta de color verde clara, amarga y maloliente, solo se comía en el sudeste asiático cuando escaseaban otros alimentos.

7. FAO, «FAOSTAT: Crops and Livestock Products», 2022, <https://www.fao.org/faostat/en/#data/QCL>.

8. La producción de etanol de maíz en Estados Unidos supone actualmente cerca del 40 por ciento de la cosecha anual del cultivo, mientras

que, por su parte, cerca del 45 por ciento de la cosecha de caña de azúcar de Brasil se ha convertido recientemente en etanol: Departamento de Agricultura de Estados Unidos, «Feedgrains Sector at a Glance», 2021, <https://www.ers.usda.gov/topics/crops/corn-and-other-feed-grains/feed-grains-sector-at-a-glance/>; S. Barros, «Sugar Semi-annual», 2021.

9. Los ingenios azucareros de Brasil procesan anualmente más de 600 millones de toneladas de caña, que producen unos 160 millones de toneladas de bagazo: Tilasto, 2021, <https://www.tilasto.com/en/country/brazil/energy-and-environment/bagasse-production>.

10. E. Weiss y D. Zohary, «The Neolithic Southwest Asian founder crops: Their biology and archaeobotany», *Current Anthropology*, 52, 2011, pp. S237-S254.

11. M. Zaharieva *et al.*, «Cultivated emmer wheat (*Triticum dicoccon* Schrank), an old crop with promising future: a review», *Genetic Resources and Crop Evolution*, 2010.

12. Einkorn.com, «The history of einkorn, nature's first and oldest wheat», 2022, <https://www.einkorn.com/einkorn-history/>.

13. V. Caracuta *et al.*, «The onset of faba bean farming in the Southern Levant», *Scientific Reports*, 5, 2015, p. 14370.

14. E. J. Sedivy *et al.*, «Soybean domestication: the origin, genetic architecture and molecular bases», *New Phytologist*, 214, 2017, pp. 539-553.

15. K. Swarts *et al.*, «Genomic estimation of complex traits reveals ancient maize adaptation to temperate North America», *Science*, 2017.

16. M. Haas *et al.*, «Domestication and crop evolution of wheat and barley: Genes, genomics, and future directions», *Journal of Integrative Plant Biology*, 61, 2019, pp. 204-225.

17. La mejor fuente, con diferencia, para todo lo relacionado con el pan es N. Myhrvold y F. Migoya, *Modernist Bread*, Bellevue, WA, The Cooking Lab, 2017.

18. R. H. Ramírez-González *et al.*, «The transcriptional landscape of polyploid wheat», *Science*, 361(6089), 2018.

19. R. G. Henricks, «Fire and rain: A look at Shen Nung 神農 (The Divine Farmer) and his ties with Yen Ti 炎帝 (The Flaming Emperor or Flaming God)», *Bulletin of the School of Oriental and African Studies*, 61, 1998, pp. 102-124.

20. S. K. D'Andrea *et al.*, «Early domesticated cowpea (*Vigna unguiculata*) from Central Ghana», *Antiquity*, 81, 2007, pp. 686-698.

21. Para la composición de los alimentos, véase <https://www.nu tritionvalue.org>.

22. Esta cifra es superior a las necesidades recomendadas en función de la masa corporal y de los niveles de actividad de la población estadounidense. Para su cálculo, véase FAO, *Human Energy Requirements*, Roma, FAO, 2001.

23. Y, sin embargo, millones de personas se vieron obligadas a sobrevivir con esas raciones. La Orden 00943, del 14 de agosto de 1939, del NKVD (Comité Nacional de Seguridad Interior de la URSS; sobre la introducción de nuevas normas de nutrición y raciones de ropa para los prisioneros de campos y colonias de trabajo correccional del NKVD de la URSS) especificaba que los prisioneros que no cumplieran sus cuotas de producción, y los discapacitados, recibirían 600 gramos de pan de centeno y 100 gramos de *kasha*, así como 500 gramos de patatas y verduras y 30 gramos de carne; pero la ración de castigo era de solo 400 gramos de pan, 35 gramos de *kasha*, 400 gramos de patatas y verduras, y nada de carne. European Memories of the Gulag, «Food rations», 2022, <https://www.gulagmemories.eu/en/sound-archives/media/food-rations>.

24. Comité Mixto de Expertos FAO/OMS/ONU sobre las Necesidades de Proteínas y Aminoácidos en la Nutrición Humana, *Protein and Amino Acid Requirements in Human Nutrition: Report of a Joint FAO/WHO/ UNU Expert Consultation*, Roma, FAO, 2007.

25. Informe de un comité de expertos de la FAO, *Dietary Protein Quality Evaluation in Human Nutrition*, Roma, FAO, 2013; J. K. Mathai *et al.*, «Values for digestible indispensable amino acid scores (DIAAS) for some dairy and plant proteins may better describe protein quality than values calculated using the concept for protein digestibility-corrected amino acid scores (PDCAAS)», *British Journal of Nutrition*, 117, 2017, pp. 490-499.

26. El procesado (molienda en húmedo y coagulación para hacer cuajada de alubias, tofu) y la fermentación (para hacer *sufu*) facilitaron la digestión de la soja: B. Han *et al.*, «A Chinese fermented soybean food», *International Journal of Food Microbiology*, 65, 2001, pp. 1-10.

27. T. D. Dillehay *et al.*, «Preceramic adoption of peanut, squash, and cotton in northern Peru», *Science*, 316, 2007, pp. 1890-1893.

28. J. L. Buck, *Chinese Farm Economy*, Nanking, Nanking University Press, 1930; *id.*, *Land Utilization in China*, Nanking, Nanking University Press, 1937.

29. L. Bozhong y P. Li, *Agricultural Development in Jiangnan, 1620-1850*, Nueva York, St. Martin's Press, 1998, p. 111; L. M. Li y A. Dray-Novey, «Guarding Beijing's food security in the Qing dynasty: State, market, and police», *The Journal of Asian Studies*, 58, 1999, pp. 992-1032.

30. D. Oddy, «Food in nineteenth century England: Nutrition in the first urban society», *Proceedings of the Nutrition Society*, 29, 1970, pp. 150-157.

31. Las directrices nacionales de enriquecimiento varían, pero en la mayoría de las jurisdicciones la harina de trigo refinada (muy molida) se enriquece ahora con tiamina (vitamina B1), riboflavina (vitamina B2), niacina (vitamina B3), ácido fólico y hierro para prevenir la anemia.

32. FAO, «FAOSTAT Trade: Crops and Livestock Products», 2022, <https://www.fao.org/faostat/en/#data/TCL>.

33. V. Smil, *China's Past China's Future*, Londres, Routledge, 2004, p. 91.

34. V. Smil y K. Kobayashi, *Japan's Dietary Transition and Its Impacts*, Cambridge, MA, MIT Press, 2012.

35. M. K. Bennett, «British wheat yield per acre for seven centuries», *Economy and History*, 3, 1935, pp. 12-29; G. Stanhill, «Trends and deviations in the yield of the English wheat crop during the last 750 years», *Agro-ecosystems*, 3, 1976, pp. 1-10.

36. K. Rosentrater (ed.), *Storage of Cereal Grains and Their Products*, Ámsterdam, Elsevier, 2022.

37. D. Kumar y P. Kalita, «Reducing postharvest losses during storage of grain crops to strengthen food security in developing countries», *Foods*, 6 (8), 2017.

38. E. S. Posner y A. N. Hibbs, *Wheat Flour Milling*, Eagan, MN, Cereals and Grains Association, 2004.

39. International Rice Research Institute, Milling Yields, 2022. <http://www.knowledgebank.irri.org/step-by-step-production/posthar vest/milling/producing-good-quality-milled-rice/milling-yields>.

40. C. M. Pace, *Cassava: Farming, Uses, and Economic Impact*, Hauppauge, NY, Nova Science Publishers, 2012.

41. J. M. Peñarrieta *et al.*, «Chuño y tunta: The traditional Andean sun-dried potatoes», en C. Caprara (ed.), *Potatoes: Production, Consumption and Health Benefits*, Hauppauge, NY, Nova Science Publishers, 2011, pp. 1-12.

42. En FAO, «Crop calendar», 2022. En <https://cropcalendar.apps.

fao.org/#/home> se encuentra disponible una amplia colección de calendarios de cultivos nacionales.

43. R. B. Wong *et al.*, *Nourish the People: The State Civilian Granary System in China, 1650-1850*, Ann Arbor, MI, University of Michigan Press, 1991.

44. P. Erdkamp, *The Grain Market in the Roman Empire: A Social, Political and Economic Study*, Cambridge, Cambridge University Press, 2009.

45. S. Watanabe y A. Munakata, «China hoards over half the world's grain, pushing up global prices», 2021, <https://asia.nikkei.com/Spotlight/Datawatch/China-hoards-over-half-the-world-s-grain-pushing-up-global-prices>.

46. Agflows, A Guide to Bulk Carriers Types for Agricultural Commodities, 2022, <https://www.agflow.com/commodity-trading-101/a-guide-to-bulk-carriers-types-for-agricultural-commodities/>.

47. J. Diamond, «The worst mistake in the history of the human race», *Discovery*, mayo de 1987, pp. 64-66.

48. R. B. Lee e I. DeVore (eds.), *Man the Hunter*, Nueva York, Aldine Publishing, 1968.

49. M. Sahlins, «Notes on the original affluent society», en *Man the Hunter*, 1968, pp. 85-89.

50. L. H. Keeley, *War Before Civilization*, Oxford, Oxford University Press, 1997; D. Kaplan, «The darker side of the "Original affluent society"», *Journal of Anthropological Research*, 56, 2000, pp. 301-324; W. Buckner, «Romanticizing the hunter-gatherer», *Quillette*, 16 de diciembre de 2017.

51. J. Diamond, «The worst mistake in the history of the human race».

52. J. D'Ormesson, *The Glory of the Empire*, Nueva York, New York Review Books, 2016, p. 19. [Hay trad. cast.: *La gloria del imperio*, Euros, Barcelona, 1976].

53. J. C. Scott, *Against the Grain: A Deep History of the Earliest States*, New Haven, CT, Yale University Press, 2017.

54. W. Davis, *Wheat Belly: Lose the Wheat, Lose the Weight, and Find Your Path Back to Health*, Nueva York, Collins, 2015. [Hay trad. cast.: *Sin trigo, gracias: dile adiós al trigo, pierde peso y come de forma saludable*, Debolsillo, Barcelona, 2015].

55. Para la media anual más reciente de los balances alimentarios per

cápita, véase FAO, 2022, «Food balances (2010-)», <https://www.fao.org/faostat/en/#data/FBS>.

56. Macrotrends, World Life Expectancy 1950-2023, 2023, <https://www.macrotrends.net/countries/WLD/world/life-expectancy>.

57. J. M. G. Perry y S. L. Canington, «Primate Evolution», 2019, <https://explorations.americananthro.org/wp-content/uploads/2019/10/Chapter-8-Primate-Evolutio-2.0.pdf>.

3. EL LÍMITE DE LO QUE PODEMOS CULTIVAR

1. A. V. Barker y D. J. Pilbeam (eds.), *Handbook of Plant Nutrition*. Londres, Routledge, 2015.

2. A. Wang *et al.*, «CO_2 enrichment in greenhouse production: Towards a sustainable approach», *Frontiers in Plant Science*, 13, 2022.

3. Si quieres ver algunos resultados asombrosos, intenta calcular (entre otros muchos ejemplos posibles) los niveles de contaminación atmosférica que tendríamos que soportar ahora si la eficiencia de los sistemas de conversión de energía se hubiera mantenido en los niveles de 1950 (o, peor, en los de 1900).

4. V. Smil, *Energy and Civilization: A History*, Cambridge, MA, MIT Press, 2017. [Hay trad. cast.: *Energía y civilización: una historia*, Arpa, Barcelona, 2021].

5. V. Smil, *Prime Movers of Globalization: The History and Impact of Diesel Engines and Gas Turbines*, Cambridge, MA, MIT Press; General Electric, 2010; «GE's HA turbine recognized for powering world's most efficient power plants in both 50hz & 60hz segments», 2022, <https://www.gevernova.com/gas-power/resources/articles/2018/nishi-nagoya-efficiency-record>.

6. Energy Star, «ENERGY STAR Most Efficient 2021 - Furnaces», <https://www.energystar.gov/products/most_efficient/furnaces>, 2021.

7. B. Bowers, *Lengthening the Day: A History of Lighting Technology*, Oxford, Oxford University Press, 1998; Lumega, «Highest LED energy efficiency», 2018, <https://www.lumega.eu/laeringsmiljoe>. He aquí las comparativas en lúmenes por vatio: bombillas incandescentes, 10; tubos fluorescentes, 80-100; led, 100-200.

8. W. Shockley y H. J. Queisser, «Detailed balance limit of efficiency of p-n junction solar cells», *Journal of Applied Physics*, 32, 1961, pp. 510-519.

9. EnBW Company, «Biggest solar park without state funding inaugurated», 2021, <https://www.enbw.com/company/press/enbw-inaugurates-germany-s-largest-solar-park.html>; National Renewable Energy Laboratory, «Best Research-Cell Efficiency Chart», 2022, <https://www.nrel.gov/pv/cell-efficiency.html>.

10. F. Benedict y E. Cathcart, *Muscular Work: A Metabolic Study with Special Reference to the Efficiency of the Human Body as a Machine*, Washington D. C., Carnegie Institute, 1913; M. I. Lindinger y S. A. Ward, «A century of exercise physiology: Key concepts in...», *European Journal of Applied Physiology*, 122, 2022, pp. 1-4.

11. I. N. Forseth, «The Ecology of Photosynthetic Pathways», *Nature Education Knowledge*, 3 (10), 2010, p. 4.

12. Encyclopedia of the Environment, RubisCO, 2022, <https://www.encyclopedie-environnement.org/en/zoom/rubisco/>.

13. US Department of Agriculture, «Winter wheat yield», 2021, <https://www.nass.usda.gov/Charts_and_Maps/graphics/wwyld.pdf>.

14. Véase <https://globalsolaratlas.info/>.

15. G. Zucchelli *et al.*, «The calculated in vitro and in vivo chlorophyll a absorption band shape», *Biophysical Journal*, 82, 2002, pp. 378-390; M. Möttus *et al.*, «Photosynthetically active radiation: Measurement and modeling», en R. Meyers (ed.), *Encyclopedia of Sustainability Science and Technology*, Berlín, Springer, 2011, pp. 7970-8000.

16. C. Bathellier, *et al.*, «Ribulose 1,5-bisphosphate carboxylase/oxygenase activates O2 by electron transfer», *Proceedings of the National Academy of Sciences*, 117(39).

17. J. S. Amthor y D. D. Baldocchi, «Terrestrial higher plant respiration and net primary production», en J. Roy, B. Saugier y H. A. Mooney (eds.), *Terrestrial Global Productivity*, San Diego, Academic Press, 2001, pp. 33-59.

18. X. Zhu *et al.*, «What is the maximum efficiency with which photosynthesis can convert solar energy into biomass?», *Current Opinion in Biotechnology*, 19, 2008, pp. 153-159.

19. J. A. Bassham y M. Calvin, *The Path of Carbon in Photosynthesis*, Engelwood Cliffs, NJ, Prentice-Hall, 1957; M. Calvin, «Forty years of photosynthesis and related activities», *Photosynthesis Research*, 211, 1989, pp. 3-16.

20. L. G. Nickell, «A tribute to Hugo P. Kortschak: The man, the scientist and the discoverer of C4 photosynthesis», *Photosynthesis Research*, 35, 1993, pp. 201-204.

21. M. D. Hatch, «C4 photosynthesis: an unlikely process full of surprises», *Plant Cell Physiology*, 4, 1992, pp. 333-342.

22. C. M. Donald y J. Hamblin, «The biological yield and harvest index of cereals as agronomic and plant breeding criteria», *Advances in Agronomy*, 28, 1976, pp. 361-405; V. Smil, «Crop residues: Agriculture's largest harvest», *BioScience*, 49, 1999, pp. 299-308.

23. Obviamente, estos cultivos tan altos eran muy susceptibles a que se partieran, a causa de los fuertes vientos y las lluvias de las tormentas. Agriculture and Horticulture Development Board, *An introduction to lodging in cereals*, 2022, <https://ahdb.org.uk/knowledge-library/an-introduction-to-lodging-in-cereals>.

24. T. A. Lumpkin, «How a Gene from Japan Revolutionized the World of Wheat: CIMMYT's Quest for Combining Genes to Mitigate Threats to Global Food Security», en Y. Ogihara *et al.* (eds.), *Advances in Wheat Genetics: From Genome to Field*, Berlín, Springer-Verlag, 2015, pp. 13-20.

25. U. Thiyam-Holländer *et al.*, *Canola and Rapeseed Production, Processing, Food Quality, and Nutrition*, Londres, Routledge, 2012.

26. International Rice Research Institute, «Milling», 2022, <http://www.knowledgebank.irri.org/step-by-step-production/postharvest/milling>.

27. M. P. Miracle, «The introduction and spread of maize in Africa», *The Journal of African History*, 6, 1965, pp. 39-55; O. Ekpa *et al.*, «Sub-Saharan African maize-based foods: Processing practices, challenges and opportunities», *Food Reviews International*, 35, 2019, pp. 609-639.

28. C. M. Clark *et al.*, «Ethanol production in the United States: The roles of policy, price, and demand», *Energy Policy*, 161, 2022, p. 2713; L. M. Rossi *et al.*, «Ethanol from sugarcane and the Brazilian biomass-based energy and chemicals sector», *Sustainable Chemical Engineering*, 9, 2021, pp. 4293-4295.

29. Agricultural Marketing Resource Center, «Sweet corn», 2021, <https://www.agmrc.org/commodities-products/vegetables/sweet-corn>.

30. D. E. Cursi *et al.*, «History and current status of sugarcane breeding, germplasm development and molecular genetics in Brazil», *Sugar Technology*, 24, 2022, pp. 112-133.

31. T. N. Buckley, «How do stomata respond to water status?», *New Phytologist*, 224, 2019, pp. 21-36.

32. J. L. Hatfield y C. Dold, «Water-use efficiency: Advances and challenges in a changing climate», *Frontiers in Plant Science*, 10, 2019.

33. C. Grossiord *et al.*, «Plant response to rising vapor pressure deficit», *New Phytologist*, 226, 2020, pp. 1550-1566.

34. L. J. Briggs y H. L. Shantz, *The Water Requirements of Plants. I. Investigation in the Great Plains in 1910 and 1911*, Washington D. C., Bureau of Plant Industry, 1913.

35. V. O. Sadras *et al.*, *Status of Water Use Efficiency of Main Crops*, Roma, FAO, 2012.

36. M. M. Mekonnen y A. Y. Hoekstra, «The green, blue and grey water footprint of crops and derived crop products», *Hydrology and Earth System Sciences*, 15, 2011, pp. 1577-1600.

37. Los frutos secos son especialmente intensivos en el consumo de agua: las nueces sin cáscara suponen más de 9.000 t/t y las almendras unas 16.000 t/t: M. M. Mekonnen y A. Y. Hoekstra, *The Green, Blue and Grey Water Footprint of Crops and Derived Crop Products*, volumen 1: Informe principal, Enschede, Universidad de Twente, 2010.

38. G. D. Farquhar, «Carbon dioxide and vegetation», *Science*, 278, 1997, p. 1411.

39. B. A. Kimball, «Crop responses to elevated CO_2 and interactions with H2O, N, and temperature», *Current Opinion in Plant Biology*, 31, 2016, pp. 36-43; B. Basso *et al.*, «Soil Organic Carbon and Nitrogen Feedbacks on Crop Yields under Climate Change», *Agricultural and Environmental Letters*, 2018.

40. DutchGreenhouses, «Dutch Greenhouses», 2022, <https://dutchgreenhouses.com/en>.

41. V. Smil, *Enriching the Earth: Fritz Haber, Carl Bosch, and the Transformation of World Food Production*, Cambridge, MA, MIT Press, 2001; A. Mosier *et al.* (eds.), *Agriculture and the Nitrogen Cycle: Assessing the Impacts of Fertilizer Use on Food Production and the Environment*, Washington D. C., Island Press, 2004.

42. J. Heard y D. Hay, *Nutrient Content, Uptake Pattern and Carbon: Nitrogen Ratios of Prairie Crops*, 2006, <https://umanitoba.ca/agricultural-food-sciences/school-agriculture/school-manitoba-agronomists-conference>.

43. K. C. Cameron *et al.*, «Nitrogen losses from the soil/plant system: a review», *Annals of Applied Biology*, 162, 2013, pp. 145-173; M. Anas *et al.*, «Fate of nitrogen in agriculture and environment: agronomic,

eco-physiological and molecular approaches to improve nitrogen use efficiency», *Biogical Research*, 53, 2020, p. 47.

44. EU Nitrogen Expert Panel, *Nitrogen Use Efficiency (NUE) - An Indicator for the Utilization of Nitrogen in Agriculture and Food Systems*, Wageningen, Wageningen University, 2015.

45. O. Sadras y D. F. Calderini, *Crop Physiology Case Histories for Major Crops*, Ámsterdam, Elsevier, 2021.

46. J. Liu *et al.*, «A high-resolution assessment on global nitrogen flows in cropland», *Proceedings of the National Academy of Sciences*, 107, 2010, pp. 8035-8040.

47. R. T. Conant *et al.*, «Patterns and trends in nitrogen use and nitrogen recovery efficiency in world agriculture», *Global Biogeochemical Cycles*, 27, 2013, pp. 558-566.

48. L. Lassaletta *et al.*, «50-year trends in nitrogen use efficiency of world cropping systems: The relationship between yield and nitrogen input to cropland», *Environmental Research Letters*, 9, 2014, 105011.

49. N. Kuosmanen, «Estimating stocks and flows of nitrogen: Application of dynamic nutrient balance to European agriculture», *Ecological Economics*, 108, 2014, pp. 68-78.

4. ¿POR QUÉ COMEMOS ALGUNOS ANIMALES Y NO OTROS?

1. En Estados Unidos, el 5 por ciento de las personas (el 4 por ciento de los hombres y el 6 por ciento de las mujeres) se identifican como vegetarianos: Z. Hrynowski, «What percentage of Americans are vegetarian?», 2019, <https://news.gallup.com/poll/267074/percentage-ame ricans-vegetarian.aspx>. El porcentaje en el Reino Unido es muy similar, mientras que en Francia solo el 2,2 por ciento de las personas sigue una dieta sin carne: <https://www.vegecantines.fr/influenceurs-cantines-agir-militer-comprendre-chiffres-ressources-journalistes/chiffres-clefs-menus-vege-a-la-cantine>.

2. C. S. Troy *et al.*, «Genetic evidence for Near-Eastern origins of European cattle», *Nature*, 410, 2001, pp. 1088-1091; M. A. Zeder, «Domestication and early agriculture in the Mediterranean Basin: Origins, diffusion, and impact», *Proceedings of National Academy of Sciences*, 105, 2008, pp. 11597-11604.

3. T. Jansen *et al.*, «Mitochondrial DNA and the origins of the do-

mestic horse», *Proceedings of the National Academy of Sciences*, 99, 2002, pp. 10905-10910.

4. C. J. Burgin *et al.*, «How many species of mammals are there?», *Journal of Mammalogy*, 99, 2018, 1-14; C. T. Callaghan *et al.*, «Global abundance estimates for 9,700 bird species», *Proceedings of the National Academy of Sciences 2021*: e2023170118

5. FAO, «Crops and livestock products», 2022, <https://www.fao.org/faostat/en/#data/QCL>.

6. China posee las mayores poblaciones de patos y ocas (casi 700 millones y más de 300 millones de aves, respectivamente); en Estados Unidos hay casi 250 millones de pavos.

7. Los patos consumen una parte importante de alimentos de origen animal. Además de hierba y plantas acuáticas (raíces y tallos de enea), las distintas especies de patos silvestres comen lombrices de tierra, caracoles, anfibios (renacuajos, ranas), muchos tipos de insectos (larvas de mosquito, ninfas de efímeras, pequeños crustáceos y peces pequeños y sus huevos).

8. D. Hui, «Food web: Concept and applications», *Nature Education Knowledge*, 3 (12), 2012, p. 6.

9. M. Clauss, «No evidence for different metabolism in domestic mammals», *Nature Ecology and Evolution*, 3, 2019, p. 322.

10. P. Faas, *Around the Roman Table: Food and Feasting in Ancient Rome*, Chicago, University of Chicago Press, 1994, pp. 290-291.

11. D. J. Goldstein, «The delicacy of raising and eating guinea pig», en H. R. Haines y C. A: Sammells (eds.), *Adventures in Eating: Anthropological Experiences in Dining from around the World*, Boulder, CO, University Press of Colorado, 2010, pp. 59-77.

12. También se ha propuesto producir carne de conejo mediante pastoreo a gran escala: N. Carangelo, *Raising Pastured Rabbits for Meat*, Chelsea, VT, Chelsea Green Publishing, 2019.

13. B. Chessa *et al.*, «Revealing the history of sheep domestication using retrovirus integrations», *Science*, 324, 2009, pp. 532–536; F. J. Alberto *et al.*, «Convergent genomic signatures of domestication in sheep and goats», *Nature Communications*, 9, 2018, p. 813.

14. G. M. Landsberg y S. Denenberg, Social behavior of sheep, *Merck Vet Manual*, 2016, <https://www.merckvetmanual.com/behavior/normal-social-behavior-and-behavioral-problems-of-domestic-animals/social-behavior-of-sheep>.

15. D. M. Fessler y C. D. Navarette, «Meat is good to taboo: Dietary

proscriptions as a product of the interaction of psychological mechanisms and social processes», *Journal of Cognition and Culture*, 3, 2009, pp. 1-40; J. Contreras, «Meat consumption throughout history and across cultures», *Consommer mediterràneen*, Europeo, Dossier EMS.97.004, 2008.

16. La proporción de músculo disminuye y la de grasa aumenta a medida que los cerdos crecen de 45 a 135 kilogramos, tanto en los de tipo magro como en los de tipo graso: a los 45 kilogramos, los canales de tipo graso tienen casi un 14 por ciento de grasa (las de tipo magro solo un 10 por ciento); con 135 kilogramos, las proporciones respectivas son aproximadamente del 44 y del 30 por ciento: S. M. Lonergan *et al.*, «Growth curves and growth patterns», *The Science of Animal Growth and Meat Technology*, Ámsterdam, Elsevier, 2019, pp. 71-109.

17. B. F. Sowell *et al.*, «Social behavior of grazing beef cattle: Implications for management», *Proceedings of the American Society of Animal Science*, 1999, pp. 1-6.

18. Los bovinos italianos de la raza Chianina (2 metros de altura y más de 1,7 toneladas de masa) son los más altos y pesados, seguidos de cerca por los de la raza South Devon (más de 1,6 toneladas de masa máxima), que se usan tanto para la leche como para la carne: AgronoMag, 2022, «Top 10 biggest cows in the world-largest cow breeds», <https://agrono mag.com/biggest-cows-world/>. En el otro extremo se encuentran las vacas Gyr de la India, que pesan menos de 300 kilos en su primer parto.

19. V. Smil, *Energy and Civilization: A History*, Cambridge, MA, MIT Press, 2017, pp. 87-110. [Hay trad. cast.: *Energía y civilización. Una historia*, Barcelona, Arpa Editores, 2021].

20. J. J. Liebowitz, «The persistence of draft oxen in Western agriculture», *Material Culture Review*, 36 (1), 1992, <https://journals.lib.unb. ca/index.php/MCR/article/view/17512>.

21. J. H. Moore, «The ox on the Middle Ages», *Agricultural History*, 35, 1961, p. 93.

22. P. Faas, *Around the Roman Table: Food and Feasting in Ancient Rome*, Chicago, University of Chicago Press, 1994; F. M. Eden, *The State of the Poor*, Londres, J. Davis, 1797.

23. V. Smil y K. Kobayashi, *Japan's Dietary Transition and Its Impacts*, Cambridge, MA, MIT Press, 2011.

24. L. Rogin, *The Introduction of Farm Machinery*, Berkeley, University of California Press, 1931.

25. V. Smil, *op. cit.*, 2017, p. 111.

26. J. Specht, *Red Meat Republic: A Hoof-to-Table History of How Beef Changed America*, Princeton, NJ, Princeton University Press, 2019.

27. US Department of Agriculture, «Livestock and Meat Domestic Data», 2022, <https://www.ers.usda.gov/data-products/livestock-and-meat-domestic-data/>.

28. H. McKay, «Mega farms called CAFOs dominate animal agriculture industry», 2021, <https://sentientmedia.org/cafo>.

29. La mayor empresa de engorde de ganado del mundo cuenta con once corrales de engorde en seis estados de Estados Unidos y una capacidad de alimentación de más de 985.000 animales: Five Rivers, «Cattle Feeding», 2022, <https://www.fiveriverscattle.com/>.

30. Compassion in World Farming, «About chickens farmed for meat», 2022, <https://www.ciwf.org.uk/farm-animals/chickens/meat-chickens/>.

31. H. McKay, art. cit., 2021.

32. Estos datos se publican anualmente en Agricultural Statistics, publicado por el Departamento de Agricultura de Estados Unidos; la última versión está disponible en <https://downloads.usda.library.cornell.edu/usda-esmis/files/j3860694x/z890sn81j/cv43pq78m/Ag_Stats_2020_Complete_Publication.pdf>.

33. V. Smil, *Should We Eat Meat? Evolution and Consequences of Modern Carnivory*, Chichester, John Wiley, 2013, pp. 109-111. [Hay trad. cast.: *¿Deberíamos comer carne? Evolución y consecuencias de la dieta carnívora moderna*, Madrid, FCE, 2023].

34. A. Mottet *et al.*, «Livestock: On our plates or eating at our table? A new analysis of the feed/food debate», *Global Food Security*, 14, 2017, pp. 1-8.

35. S. Bonhommeau *et al.*, «Eating up the world's food web and the human trophic level», *Proceedings of the National Academy of Sciences*, 110, pp. 20617-20620.

36. FAO, «Global Livestock Environmental Assessment Model (GLEAM)», 2022, <https://www.fao.org/gleam/en/>.

37. M. M. Mekonnen y A. Y. Hoekstra, *The Green, Blue and Grey Water Footprint of Farm Animals and Animal Products*, Enschede, University of Twente, 2010.

38. Farm Transparency Project, «Age of animals slaughtered», 2022, <https://www.farmtransparency.org/kb/food/abattoirs/age-animals-slaughtered>.

39. E. Dennis, *Forage Production, Beef Cows and Stocking Density and Their Implications for Partial Herd Liquidation Due to Drought*, 2021, <https://beef.unl.edu/beefwatch/2021/forage-production-beef-cows-and-stocking-density-and-their-implications-partial-herd>.

40. J. A. Dillon *et al.*, «Current state of enteric methane and the carbon footprint of beef and dairy cattle in the United States», *Animal Frontiers*, 11, 2021, pp. 57-68.

41. FAO, «Global Livestock Environmental Assessment Model (GLEAM)», 2017.

42. FAO, *The State of World Fisheries and Aquaculture*, Roma, FAO, 2022, <https://www.fao.org/fishery/en/statistics/global-production/query/en>.

43. J. P. Fry *et al.*, «Feed conversion efficiency in aquaculture: Do we measure it correctly?», *Environmental Research Letters*, 13, 2018, 02401.

44. A. G. J. Tacon y M. Metian, «Global overview on the use of fish meal and fish oil in industrially compounded aquafeeds: Trends and future prospects», *Aquaculture*, 285, 2008, pp. 146-158.

45. A. Jackson, «Fish in-fish out ratios explained», *Aquaculture in Europe*, 34(3), 2009, pp. 5-10. <http://iffo.net.769soon2b.co.uk/downloads/100.pdf>.

46. Comisión Europea, *Fishmeal and Fish Oil,* 2021, <https://eumofa.eu/documents/20178/432372/Fishmeal+and+fish+oil.pdf?>.

47. B. Kok *et al.*, «Fish as feed: Using economic allocation to quantify the Fish In: Fish Out ratio of major fed aquaculture species», *Aquaculture*, 528, 2020, 735474.

48. N. Auchterlonie, «Fish In-Fish Out Ratios», 2019, <https://effop.org/wp-content/uploads/2019/10/5-IFFO-EUFM-FIFO-251019.pdf>.

49. M. Nichiro, «Fish farming», 2022, <https://effop.org/wp-content/uploads/2019/10/5-IFFO-EUFM-FIFO-251019.pdf>; B. Waycott, «Japan's quest to conquer bluefin farming», 2020, <https://www.hatcheryinternational.com/japans-quest-to-conquer-bluefin-farming/>.

50. D. D. Benetti *et al.* (eds.), *Advances in Tuna Aquaculture*, Ámsterdam, Elsevier, 2016.

51. AquaBounty, A Better Way to Raise Atlantic Salmon, 2022, <https://aquabounty.com>.

52. G. Nardi, *et al.*, «Atlantic cod aquaculture: Boom, bust, and rebirth?», *Journal of World Aquaculture Society*, 2, 2021, pp. 672-690.

53. N. Zangwill, «Why you should eat meat», 2022, <https://aeon.co/essays/if-you-care-about-animals-it-is-your-moral-duty-to-eat-them>.

54. G. Franciones, «We must not own animals», 2022, <https://aeon.co/essays/why-morality-requires-veganism-the-case-against-owning-animals>.

55. T. Dobzhansky, «Nothing in biology makes sense except in the light of evolution», *The American Biology Teacher*, 35 (3), 1973, pp. 125-129.

5. ¿QUÉ ES MÁS IMPORTANTE, LOS ALIMENTOS O LOS *SMARTPHONES*?

1. World Bank, «GDP growth (annual %)», 2022, <https://data.worldbank.org/indicator/NY.GDP.MKTP.KD.ZG>.

2. World Bank, Agriculture, forestry, and fishing, value added (% of GDP), 2022, <https://data.worldbank.org/indicator/NV.AGR.TOTL.ZS>.

3. World Bank, GFP (dólares US actuales), 2022, <https://data.worldbank.org/indicator/NY.GDP.MKTP.CD?locations=1W>.

4. Mercado mundial de *smartphones*: <https://www.marketdataforecast.com/market-reports/smartphone-market>. Precios del trigo y del arroz: <https://www.indexmundi.com>.

5. Para las prácticas y habilidades de la primera metalurgia del hierro, véase V. Smil, *Still the Iron Age*, Oxford, Butterworth-Heinemann, 2016, pp. 1-17.

6. Universidad de Southampton, «Roman amphorae: A digital resource», 2014, <https://archaeologydataservice.ac.uk/archives/view/amphora_ahrb_2005/info_intro.cfm>.

7. Sobre la ubicuidad de la *thermopolia*, véase Pompeya, «Thermopolium», 2022, <http://pompeiisites.org/en/archaeological-site/thermopolium>. Y la tumba no imperial mejor conservada de Roma pertenece a Marcus Vergilius Eurysaces, propietario de una gran panadería: L. H. Petersen, «The baker, his tomb, his wife, and her breadbasket: The monument of Eurysaces in Rome», *The Art Bulletin*, 85, 2003, pp. 230-257.

8. World Trade Organization, *World Trade Statistical Review 2021*, 2022, <https://www.wto.org/english/res_e/statis_e/wts2021_e/wts2021_e.pdf>.

9. B. Bell, *Farm Machinery*, Aldwick, Old Pond Books, 2020; G. Chen, *Advances in Agricultural Machinery and Technologies*, Londres, Routledge, 2018. Para conocer la variedad que ofrece el mayor productor estadounidense de maquinaria agrícola, véase <https://www.deere.com.ar/es/agricultura/>.

10. La gestión eficaz de los residuos es una condición previa esencial para el funcionamiento de una fuente tan altamente concentrada de residuos orgánicos. Para saber en qué se traduce esto en las naves avícolas, véase Ross, *Environmental Management in the Broiler House*, 2010.

11. D. Miller, «Machinery Link», 2021, <https://www.dtnpf.com/agriculture/web/ag/blogs/machinerylink/blog-post/2021/01/22/machinery-industry-sees-growth-2020>.

12. Departamento de Agricultura de Estados Unidos, *Farm Production Expenditures 2020 Summary*, 2021, <https://www.nass.usda.gov/Publications/Todays_Reports/reports/fpex0721.pdf>.

13. Departamento de Agricultura de Estados Unidos, Ag and food sectors and the economy, 2022, <https://www.ers.usda.gov/data-products/ag-and-food-statistics-charting-the-essentials/ag-and-food-sectors-and-the-economy/>.

14. Los últimos datos chinos sobre empleo por sectores están disponibles en <https://www.ceicdata.com/en/china/no-of-employee-by-industry-monthly/no-of-employee-agricultural--sideline-food-processing>.

15. E. Engel, *Die Productions- und Consumtionsverhältnisse des Königreichs Sachsen. Zeitschrift des statistischen Bureaus des Königlich Sächsischen Ministerium des Inneren*, 8-9, 1857, pp. 28-29.

16. Departamento de Agricultura de Estados Unidos, «Food prices and spending», 2022, <https://www.ers.usda.gov/data-products/ag-and-food-statistics-charting-the-essentials/food-prices-and-spending>; Eurostat, «How much are households spending on food», 2020, <https://ec.europa.eu/eurostat/web/products-eurostat-news/-/ddn-20201228-1>.

17. M. Van Nieuwkoop, «Do the costs of the global food system outweigh its monetary value?», *World Bank Blogs*, 17 de junio de 2019, <https://blogs.worldbank.org/voices/do-costs-global-food-system-outweigh-its-monetary-value>.

18. Agencia Internacional de la Energía, *World Energy Balances*, París, IEA, 2021, <https://www.iea.org/reports/world-energy-balances-overview>.

19. C. Hitaj y S. Suttles, *Trends in U.S. Agriculture's Consumption and Production of Energy: Renewable Power, Shale Energy, and Cellulosic Biomass*, Washington D. C., Departamento de Agricultura, Servicio de Investigación Económica, 2016, <https://www.ers.usda.gov/publications/pub-details/?pubid=74661>.

20. P. Canning *et al.*, *Energy Use in the U.S. Food System*, 2010, <https://www.ers.usda.gov/webdocs/publications/46375/8144_err94_1_.pdf?v=2360>.

21. USDA, «Food prices and spending», 2022, <https://www.ers.usda.gov/data-products/ag-and-food-statistics-charting-the-essentials/food-prices-and-spending>.

22. Environmental Protection Agency, *Advancing Sustainable Materials Management: 2018 Fact Sheet Assessing Trends in Materials Generation and Management in the United States*, 2021, <https://www.epa.gov/sites/default/files/2021-01/documents/2018_ff_fact_sheet_dec_2020_fnl_508.pdf>.

23. National Bureau of Statistics, *2021 China Statistical Yearbook*, Pekín, National Statistics Press, 2022.

24. V. Smil, *Energy in Nature and Society*, Cambridge, MA, MIT Press, 2008, pp. 291-306.

25. FAO, *Energy Smart Food People and Climate*, Roma, FAO, 2011.

26. Cosechas globales de FAOSTAT, 2022, «Crops and livestock products». Coste energético del transporte, suponiendo 3 MJ/tonelada-kilómetro (tkm) para el transporte en camiones, 1 MJ/tkm para el marítimo y 0,5 MJ/tkm para el ferroviario: <https://www.eea.europa.eu/publications/ENVISSUENo12/page027.html>.

27. Lo que se traduce anualmente en unos 1,4 GJ/habitante: Eurostat, «Energy consumption in households», 2021, <https://ec.europa.eu/eurostat/statistics-explained/index.php?title=Energy_consumption_in_households>; T. J. Hager y R. Morawicki, «Energy consumption during cooking in the residential sector of developed nations: A review», *Food Policy*, 40, pp. 54-63.

28. Cocinar en la China urbana consume alrededor de 3 GJ/habitante, y en la China rural, alrededor de 5 GJ/habitante: X. Zheng *et al.*, «Characteristics of residential energy consumption in China: Findings from a household survey», *Energy Policy*, 75, 2014, pp. 126-135. Para la India, véase T. Eckholm *et al.*, «Determinants of household energy consumption in India», *Energy Policy*, 38, 2010, pp. 5696-5707.

29. Asumo unas cifras medias de 1,5-2 GJ en todos los países ricos y de renta media, y de 3-4 GJ en las naciones de renta baja.

30. C. Barthel y T. Götz, *The overall worldwide saving potential from domestic refrigerators and freezers*, 2012, <https://bigee.net/media/filer_public/2012/12/04/bigee_doc_2_refrigerators_freezers_worldwide_potential_20121130.pdf>; Global Data Lab, «Households with a Refrigerator», 2022, <https://globaldatalab.org/areadata/fridge/>.

31. FAO, *The State of the World's Land and Water Resources for Food and Agriculture – Systems at breaking point. Synthesis report 2021*, Roma, FAO, 2021.

32. FAOSTAT, «Land, inputs and sustainability», 2022, <https://www.fao.org/faostat/en/#data>.

33. D. Fowler *et al.*, «The global nitrogen cycle in the twenty-first century», *Philosophical Transactions of the Royal Society B* 368, 2013, 20130164.

34. F. Lepori y F. Keck, «Effects of atmospheric nitrogen deposition on remote freshwater ecosystems», *Ambio*, 41, 2012, pp. 235-246; National Oceanic and Atmospheric Administration, «Larger-than-average Gulf of Mexico "dead zone" measured», 2021, <https://www.noaa.gov/news-release/larger-than-average-gulf-of-mexico-dead-zone-measured>.

35. J. Lynch *et al.*, «Agriculture's contribution to climate change and role in mitigation is distinct from predominantly fossil CO_2-emitting sectors», *Frontiers in Sustainable Food Systems*, 4, 2021, 518039; F. N. Tubiello *et al.*, *Methods for estimating greenhouse gas emissions from food systems – Part III: energy use in fertilizer manufacturing, food processing, packaging, retail and household consumption*, Roma, FAO, 2021.

36. M. Crippa *et al.*, «Food systems are responsible for a third of global anthropogenic GHG emissions», *Nature Food*, 2, 2021, pp. 198-209.

37. E. Cunningham, «Cows, methane and the climate threat», 2021, <https://fidelityinternational.com/editorial/article/esgenius-cows-methane-/and-the-climate-threat-e222b8-en5/>; R. Waite *et al.*, «6 Pressing Questions About Beef and Climate Change, Answered», 2022, <https://www.wri.org/insights/6-pressing-questions-about-beef-and-climate-change-answered>.

38. M. Van Nieuwkoop, «Do the costs of the global food system Outweigh its monetary value», *World Bank Blogs*, 17 de junio de 2019, <https://blogs.worldbank.org/voices/do-costs-global-food-system-outweigh-its-monetary-value>.

39. OMS, «World Obesity Day: All countries significantly off track to meet 2025 WHO targets on Obesity», 2020, <https://www.world obesity.org/news/world-obesity-day-all-countries-significantly-off-track-to-meet-2025-who-targets-on-obesity>.

40. Para los intentos de poner en valor el derroche de alimentos, véase M. von Massow *et al.*, «Valuing the multiple impacts of household food waste», *Frontiers in Nutrition*, 6, 2019, p. 143; Z. Conrad, «Daily cost of consumer food wasted, inedible, and consumed in the United States, 2001-2016», *Nutrition Journal*, 19, 2020, p. 35. Conrad concluyó que en 2017 un estadounidense medio gastó más en comida desperdiciada que en gasolina, ropa, calefacción doméstica o impuestos sobre la propiedad.

41. K. Gillingham, «Carbon calculus», *Finance & Development*, 7, 2019, p. 11.

42. E. M. Tegtemeier y M. D. Duffy, «External costs of agricultural production in United States», *International Journal of Agricultural Sustainability*, 2, 2004, pp. 1-20.

43. FAO, *El estado de los recursos de tierras y aguas del mundo para la alimentación y la agricultura (SOLAW) – La gestión de los sistemas en situación de riesgo*, Roma, FAO, 2011.

44. FAO, *El estado de los recursos de tierras y aguas del mundo para la alimentación y la agricultura (SOLAW) – Sistemas al límite. Informe de síntesis 2021*, Roma, FAO, 2021.

45. M. Teixeira, «Deforestation in the Brazilian Amazon has reached a 10-year high», 2018, <https://www.weforum.org/agenda/2018/11/deforestation-in-the-brazilian-amazon-reaches-decade-high/>.

46. R. Heilmayr *et al.*, «Brazil's Amazon Soy Moratorium reduced deforestation», *Nature Food*, 1, 2020, pp. 801-810.

47. D. V. Spracklen y L. García-Carreras, «The impact of Amazonian deforestation on Amazon basin rainfall», *Geophysical Research Letters*, 42, 2015, pp. 9546-9552.

48. S. Dangar *et al.*, «Causes and implications of groundwater depletion in India: A review», *Journal of Hydrology*, 596, 2020, 126103

49. S. N. Bhanjaa y A. Mukherjee, «In situ and satellite-based estimates of usable groundwater storage across India: Implications for drinking water supply and food security», *Advances in Water Resources*, 126, 2019, pp. 15-23.

50. C. O. Delang, «Heavy metal contamination of soils in China:

standards, geographic distribution, and food safety considerations. A review», *Die Erde*, 4, 2018, pp. 261-268; T. H. Sodango *et al.*, «Review of the spatial distribution, source and extent of heavy metal pollution of soil in China: Impacts and mitigation approaches», *Journal of Health & Pollution*, 8, 2018, pp. 53-70.

51. FAOSTAT, «Crops and livestock products», 2022.

52. Eurostat, «Agri-environmental indicator-livestock patterns», 2022, <https://ec.europa.eu/eurostat/statistics-explained/index.php?-title=Agri-environmental_indicator_-_livestock_patterns>.

53. Foreign Agriculture Service, «New Government Coalition Accord Reached in the Netherlands Country: Netherland», 2021.

54. US Drought Monitor, «Map releases: March 31, 2022», 2022, <https://droughtmonitor.unl.edu/>.

55. A. P. Williams *et al.*, «Large contribution from anthropogenic warming to a developing North American megadrought», *Science*, 368, 2020, pp. 314-318; *id.*, *et al.*, «Rapid intensification of the emerging southwestern North American megadrought in 2020-2021», *Nature Climate Change*, 12, 2022, pp. 232-234.

56. National Oceanic and Atmospheric Administration, 2023, «Spring Outlook: California drought cut by half with more relief to come», <https://www.noaa.gov/news-release/spring-outlook-california-drought-cut-by-half-with-more-relief-to-come>.

6. ¿QUÉ DEBES COMER PARA ESTAR SANO?

1. D. Mozaffarian *et al.*, «History of modern nutrition science-implications for current research, dietary guidelines, and food policy», *British Medical Journal*, 361, 2018.

2. Las directrices en Estados Unidos se detallan en Institute of Medicine, *Dietary Reference Intakes for Energy, Carbohydrate, Fiber, Fat, Fatty Acids, Cholesterol, Protein, and Amino Acids*, Washington D. C., The National Academies Press, 2005.

3. Estos cálculos se aplican a medias esperadas. Algunas diferencias ya conocidas en las tasas metabólicas individuales pueden dar lugar a efectos sorprendentemente grandes

4. FAO, *Food Balance Sheets: A Handbook*, Roma, 2004, <https://www.fao.org/3/x9892e/x9892e00.htm>.

5. FAO, *Food Balance Sheets*, Roma, 2022, <https://www.fao.org/faostat/en/#data/FBSH>.

6. FAO, *The State of Food Security and Nutrition in the World*, Roma, 2021.

7. World Food Programme, Our work, 2022, <https://www.wfp.org/our-work>.

8. Institute of Medicine, *Dietary Reference Intakes for Energy, Carbohydrate, Fiber, Fat, Fatty Acids, Cholesterol, Protein, and Amino Acids*, Washington D. C., The National Academies Press, 2005; S. B. Seidelmann *et al.*, «Dietary carbohydrate intake and mortality: a prospective cohort study and meta-analysis», *Lancet Public Health*, 3, 2018, e419-28.

9. Organización Mundial de la Salud, *Protein and Amino Acid Requirements in Human Nutrition: Report of a Joint FAO/WHO/UNU Expert Consultation*, 2007.

10. J. Boye *et al.*, «Protein quality evaluation twenty years after the introduction of the protein digestibility corrected amino acid score method», *British Journal of Nutrition*, 108 (S2), 2012, S183-S211.

11. V. Smil, *Grand Transitions*, Nueva York, Oxford University Press, 2020.

12. Estados Unidos ha sido líder en esta obsesión por las dietas, pero las pruebas del éxito han sido esquivas: el país tiene más personas con sobrepeso (índice de masa corporal 25-30) y obesidad (IMC > 30) que cualquier otra de las naciones más pobladas: The World Obesity Federation, *World Obesity Atlas 2022*, 2022, <http://s3-eu-west-1.amazonaws.com/wof-files/World_Obesity_Atlas_2022.pdf>.

13. L. Moreno *et al.*, «Perspective: Striking a balance between planetary and human health-Is there a path forward?», *Advances in Nutrition*, 13, 2022, pp. 355-375.

14. S. B. Eaton *et al.*, 1997, «Paleolithic nutrition revisited: A twelve-year retrospective on its nature and implications», *European Journal of Clinical Nutrition*, 51, 1997, pp. 207-216; The Paleo Diet, 2022, <https://thepaleodiet.com/>; Harvard T. H. Chan School of Public Health, *Diet review: paleo diet for weight loss*, Cambridge, MA, Harvard T. H.; Chan School of Public Health, 2022, <https://www.hsph.harvard.edu/nutritionsource/healthy-weight/diet-reviews/paleo-diet/>; M. Crippa *et al.*, «Food systems are responsible for a third of global anthropogenic GHG emissions», *Nature Food*, 2, 2021, pp. 198-209.

15. Estos porcentajes se basan en los balances alimentarios de la FAO:

los porcentajes reales de consumo (ajustados al derroche en la venta al por mayor, al por menor y en el hogar) serían de entre un 20 y un 30 por ciento inferiores.

16. Aun sin tener en cuenta su impacto en la generación de gases de efecto invernadero, sería difícil mantener siquiera el doble de la producción actual de carne vacuna y de otros rumiantes.

17. Como se explicó en el capítulo 1, incluso las variedades no mejoradas producen suficiente azúcar por hectárea para alimentar a unas 20 personas durante todo el año; en el caso de las variedades modernas, sería habitualmente el doble.

18. R. D. Phillips, «Starchy legumes in human nutrition, health and culture», *Plant Foods and Human Nutrition*, 44, 1993, pp. 195-211.

19. R. Polak *et al.*, «Legumes: Health benefits and culinary approaches to increase intake», *Clinical Diabetes*, 33 (4), 2015, pp. 198-205.

20. Quizá los factores antinutricionales fundamentales de las legumbres sean los inhibidores de la tripsina, que reducen la digestión y absorción de las proteínas alimentarias, pero su desactivación provoca la pérdida de nutrientes, afecta a sus propiedades funcionales y requiere elevados aportes de energía: S. Avilés-Gaxiola *et al.*, «Inactivation methods of trypsin inhibitor in legumes: A review», *Journal of Food Science*, 83, 2018, pp. 17-29.

21. R. Alves, «The economics behind feijoada, Brazil's signature dish», 2021.

22. A. Selvi y N. Das, *Fermented Soybean Food Products as Sources of Protein-rich Diet: An Overview*, Boca Raton, FL, CRC Press, 2020.

23. K. Pavan *et al.*, «Meat analogues: Health promising sustainable meat substitutes», *Critical Reviews in Food Science and Nutrition*, 57 (5), 2017, pp. 923-932.

24. S. van Vliet *et al.*, «Plant-based meats, human health, and climate change», *Frontiers in Sustainable Food Systems*, 4, 2020, p. 128.

25. Grandview Research, *Tofu Market Size, Share & Trends Analysis Report By Distribution Channel (Supermarkets & Hypermarkets, Grocery Stores, Online, Specialty Stores), By Region, And Segment Forecasts, 2019-2025*, 2019, <https://www.grandviewresearch.com/industry-analysis/tofu-market>; Otsuka Pharmaceutical, «Soybean consumption», 2022, <https://www.otsuka.co.jp/en/nutraceutical/about/soylution/encyclopedia/consumption.html>.

26. F. Richter, «Meat Substitutes Still a Tiny Sliver of U.S. Meat

Market», 2022, <https://www.statista.com/chart/26695/meat-substitute-sales-in-the-us/>.

27. H. L. Tuomisto *et al.*, «Effects of environmental change on population nutrition and health: A comprehensive framework with a focus on fruits and vegetables», *Wellcome Open Res.* 2, 2017, p. 21.

28. Center for Urban Education about Sustainable Agriculture, «Seasonality charts: Vegetables», 2022, <https://foodwise.org/eat-seasonally/seasonality-charts/>.

29. M. M. Mekonnen y A. Y. Hoekstra, *The Green, Blue and Grey Water Footprint of Crops and Derived Crop Products, Volume 1: Main Report*, Enschede, Universidad de Twente, 2010.

30. D. P. Neira *et al.*, «Energy use and carbon footprint of the tomato production in heated multi-tunnel greenhouses in Almeria within an exporting agri-food system context», *Science of the Total Environment*, 628, 2018, pp. 1627-1636.

31. La col tiene aproximadamente tres veces más vitamina C que un tomate fresco y, a diferencia de los tomates, puede almacenarse durante semanas tras su recolección. También se transforma fácilmente en chucrut (fermentado por bacterias del ácido láctico), que conserva casi la mitad del contenido original de vitamina C.

32. M. M. Mekonnen y A. Y. Hoekstra, *op. cit.*, 2010.

33. A. G. Hullings *et al.*, «Whole grain and dietary fiber intake and risk of colorectal cancer in the NIH-AARP Diet and Health Study cohort», *The American Journal of Clinical Nutrition*, 112, 2020, pp. 603-612.

34. D. Kahleova *et al.*, «A plant-based high-carbohydrate, low-fat diet in overweight individuals in a 16-week randomized clinical trial: The role of carbohydrates», *Nutrients*, 10, 2018, p. 1302.

35. S. A. Khan *et al.*, «Effect of omega-3 fatty acids on cardiovascular outcomes: A systematic review and meta-analysis», *EClinicalMedicine*, 2021.

36. M. Amini *et al.*, «Trend analysis of cardiovascular disease mortality, incidence, and mortality-toincidence ratio: results from global burden of disease study 2017», *BMC Public Health*, 21, 2021, p. 401.

37. S. S. Mahmood *et al.*, «The Framingham Heart Study and the epidemiology of cardiovascular diseases: A historical perspective», *Lancet*, 383, 2014, pp. 999-1008.

38. A. Keys, *Seven Countries: A Multivariate Analysis of Death and Coronary Heart Disease*, Cambridge, MA, Harvard University Press, 1980;

A. Keys y M. Keys, *How to Eat Well and Stay Well the Mediterranean Way*, Nueva York, Doubleday, 1975.

39. Las grasas líquidas se convierten en sólidas mediante la adición de hidrógeno con el fin de alargar la vida útil de los alimentos procesados y reducir los costes de producción.

40. J. Ferrières, «The French paradox: Lessons for other countries», *Heart*, 90, 2004, pp. 107-111; S. Renaud y M. de Lorgeril, «Wine, alcohol, platelets, and the French paradox for coronary heart disease», *Lancet*, 339, 1992, pp. 1523-1526.

41. R. Chowdhury *et al.*, «Association of dietary, circulating, and supplement fatty acids with coronary risk: A systematic review and meta-analysis», *Annals of Internal Medicine*, 160, 2014, pp. 398-406; R. J. de Souza *et al.*, «Intake of saturated and trans unsaturated fatty acids and risk of all cause mortality, cardiovascular disease, and type 2 diabetes: Systematic review and meta-analysis of observational studies», *British Medical Journal*, 2015.

42. American Heart Association, «Dietary Cholesterol and Cardiovascular Risk. A Science Advisory from the American Heart Association», *Circulation*, 141, 2020, e39-e53.

43. D. M. Bier, «Saturated fats and cardiovascular disease: Interpretations not as simple as they once were», *Critical Reviews in Food Science and Nutrition*, 56 (12), 2016, pp. 1943-1946; P. W. Siri-Tarino *et al.*, «Saturated fat, carbohydrate, and cardiovascular disease», *American Journal of Clinical Nutrition*, 91, 2010, pp. 502-509.

44. S. B. Seidelmann *et al.*, «Dietary carbohydrate intake and mortality: a prospective cohort study and meta-analysis», *Lancet Public Health*, 3, 2018, e419-28.

45. A Hu lo cita A. O'Connor, «Study doubts saturated fat's link to heart disease», *New York Times*, 18 de marzo de 2014, p. A3.

46. Por ejemplo, en Europa. Finlandia y Grecia están muy alejadas (tanto espacial como nutricionalmente), pero sus esperanzas de vida (79,2 y 79,5 para los hombres; 84,5 para ambos países en el caso de las mujeres) son prácticamente idénticas.

47. Eurostat, «Life expectancy across EU regions in 2020», 2022, <https://ec.europa.eu/eurostat/web/products-eurostat-news/-/ddn-20220427-1>.

48. España no fue la única. La dieta mediterránea se hizo cada vez menos mediterránea también en Francia, Italia, Croacia y Grecia: V. Smil,

«Addio to the mediterranean diet», *IEEE Spectrum*, septiembre de 2016, p. 24.

49. FAO, Food Balance Sheets, 2022; Landgeist, «Meat consumption», 2021, <https://landgeist.com/2021/10/05/meat-consumption-in-europe/>.

50. L. Serra-Majem *et al.*, «How could changes in diet explain changes in coronary heart disease mortality in Spain – The Spanish Paradox», *American Journal of Clinical Nutrition*, 61, 1995, S1351-S1359.

51. L. Cayuela *et al.*, «¿Se está desacelerando el ritmo de disminución de la mortalidad cardiovascular en España?», *Revista Española de Cardiología*, 74, 2021, pp. 750-756.

52. H. Xiao *et al.*, «The puzzle of the missing meat: Food away from home and China's meat statistics», *Journal of Integrative Agriculture*, 14(6), 2015, pp. 1033-1044.

53. H. Chen *et al.*, «Understanding the rapid increase in life expectancy in Shanghai, China: A population-based retrospective analysis», *BMC Public Health*, 18, 2018, p. 256.

54. Un estudio reciente también ha demostrado que los suplementos dietéticos solo desempeñan un papel mínimo en los intentos de pérdida de peso: J. A. Batsis *et al.*, «A systematic review of dietary supplements and alternative therapies for weight los», *Obesity*, 29 (7), 2021, 1102-1113.

55. R. Olson *et al.*, «Food fortification: The advantages, disadvantages and lessons from Sight and Life programs», *Nutrients*, 13, 2021, p. 1118.

56. Johns Hopkins University, *Methodology Report: Decade of Vaccines Economics (DOVE) Return on Investment Analysis* 2019, <https://static1.squarespace.com/static/556deb8ee4b08a534b8360e7/t/5d56d54c6dae8d00014ef72d/1565971791774/DOVE-ROI+Methodology+Report+16AUG19.pdf>.

57. R. L. Bailey *et al.*, «The epidemiology of global micronutrient deficiencies», *Annals of Nutrition and Metabolism*, 66 (supl. 2), 2015, pp. 22-33; Z. A. Bhutta *et al.*, «Meeting the challenges of micronutrient malnutrition in the developing world», *British Medical Bulletin*, 106, 2013, pp. 7-17.

58. J. P. Wirth *et al.*, «Vitamin A supplementation programs and country-level evidence of vitamin A deficiency», *Nutrients*, 9, 2017, p. 190.

59. En África solo un puñado de países, entre ellos la República Sudafricana, Kenia y Uganda, disponían de datos recopilados desde 2010.

60. S. Safri *et al.*, «Burden of anemia and its underlying causes in 204 countries and territories, 1990-2019: Results from the Global Burden of Disease Study 2019», *Journal of Hematological Oncology*, 14, 2021, p. 185.

61. J. L. Miller, «Iron deficiency anemia: A common and curable disease», *Cold Spring Harbor Perspectives in Medicine*, 3, 2013, a011866/.

62. X. Zhu *et al.*, «Correlates of nonanemic iron deficiency in restless legs syndrome», *Frontiers in Neurology*, 30 de abril de 2020.

63. Z. Mei *et al.*, «Physiologically based serum ferritin thresholds for iron deficiency in children and non-pregnant women: a US National Health and Nutrition Examination Surveys (NHANES) serial cross-sectional study», *Lancet Haematology*, 8 (8), 2021, e572-e582.

64. B. G. Biban y C. Lichiaropol, «Iodine deficiency, still a global problem?», *Current Health Sciences Journal*, 43, 2017, pp. 103-111.

65. J. R. Rah *et al.*, «Towards universal salt iodisation in India: achievements, challenges and future actions», *Maternal and Child Nutrition*, 11, 2015, pp. 483-496.

66. S. Gupta *et al.*, «Zinc deficiency in low- and middle-income countries: prevalence and approaches for mitigation», *Journal of Human Nutrition and Dietetics*, 33, 2020, pp. 624-643.

67. L. E. Caulfield y R. E. Blacky, «Zinc deficiency. Comparative quantification of health risks: global and regional burden of disease attributable to selected major risk factors», *World Health Organization*, 1, 2003, pp. 257-280; D. B. Kumssa *et al.*, «Dietary calcium and zinc deficiency risks are decreasing but remain prevalent», *Scientific Reports*, 5, 2015, 10974-10984; K. R. Wessells y K. H. Brown, «Estimating the global prevalence of zinc deficiency: Results based on zinc availability in national food supplies and the prevalence of stunting», *PLoS ONE*, 7, 2012, pp. 1-11.

68. A. Belay *et al.*, «Zinc deficiency is highly prevalent and spatially dependent over short distances in Ethiopia», *Scientific Reports*, 11, 2021, p. 6510.

69. B. Kashi *et al.*, «Multiple micronutrient supplements are more cost-effective than iron and folic acid: Modeling results from 3 high-burden Asian countries», *The Journal of Nutrition*, 149, 2019, pp. 1222-1229.

70. FAO, *El estado de la seguridad alimentaria y la nutrición en el mundo*, Roma, 2021.

71. V. Tarasuk y A. Mitchell, *Household Food Insecurity in Canada, 2017-18*, Toronto, 2020. Research to identify policy options to reduce food insecurity (PROOF), <https://proof.utoronto.ca>.

72. Departamento de Agricultura de Estados Unidos, *Methodology Report: Decade of Vaccine Economics*, Supplemental Nutrition Assistance Program (SNAP), 2022; L. Kim, «France considers giving out food subsidies amid rising prices», *Forbes*, 22 de marzo de 2022; T. Josling, *Global Food Stamps: An Idea Worth Considering?*, Geneva, International Centre for Trade and Sustainable Development, 2011.

73. Global Yield Gap Atlas, Lincoln, NE, Universidad de Nebraska, 2022, <https://www.yieldgap.org>.

74. Departamento de Agricultura de Estados Unidos, *Nigeria: Grain and Feed Update*, 2021.

75. The International Crops Research Institute for the Semi-Arid Tropics, «Groundnut pyramids in Nigeria: Can they be revived?», 2022.

76. Y. Ji *et al.*, «Will China's fertilizer use continue to decline? Evidence from LMDI analysis based on crops, regions and fertilizer types», *PLoS ONE* 15 (8), 2020, e0237234.

77. The Global Economy, «Political Stability in Sub Sahara Africa», 2022, <https://www.theglobaleconomy.com/rankings/wb_political_sta bility/Sub-Sahara-Africa/>.

78. Nippon.com, «Japan's Food Self-Sufficiency Rate Matches Record Low», 2021, <https://www.nippon.com/en/japan-data/h01101/>.

79. OCDE/FAO, *OECD-FAO Agricultural Outlook 2021-2030*, París, OECD Publishing, 2021.

80. J. Hoddinott, «The Economic Cost of Malnutrition», 2013, <https://www.nutri-facts.org/content/dam/nutrifacts/media/media-book/RTGN_chapter_05.pdf>.

7. Alimentar a una población en aumento con un impacto medioambiental reducido: soluciones dudosas

1. Naciones Unidas, *2019 Revision of World Population Prospects*, Nueva York, ONU, 2019, <https://population.un.org/wpp/>.

2. D. Bricker, «Bye, bye, baby? Birthrates are declining globally–here's why it matters», 2021, <https://www.weforum.org/agenda/2021/06/birthrates-declining-globally-why-matters/>.

3. FAO, «FAOSTAT–Food Balances (2010-)», 2022.

4. En 2020 y 2021, las importaciones chinas de trigo y otros cerea-

les alcanzaron el nivel más alto desde el año 2000, impulsadas por una fuerte demanda de piensos.

5. FAO, «FAOSTAT – Crops and Livestock Products», 2022.

6. OCDE/FAO, *OECD-FAO Agricultural Outlook 2021-2030*, París, OECD Publishing, 2021.

7. *Ibid.*

8. He analizado casos importantes de innovaciones técnicas fallidas o muy exageradas en V. Smil, *Invention and Innovation: A Brief History of Hype and Failure*, Cambridge, MA, MIT Press, 2023.

9. Para las evaluaciones críticas de la práctica, véase H. Kirchmann y L. Bergström (eds.), *Organic Crop Production – Ambitions and Limitations*, Berlín, Springer, 2008.

10. D. A. Russel y G. W. Williams, «History of chemical fertilizer development», *Soil Science Society of America Journal*, 1977.

11. FAO, «FAOSTAT – Fertilizers by Nutrient», 2022.

12. C. Badgley *et al.*, «Organic agriculture and the global food supply», *Renewable Agriculture and Food Systems*, 22, 2007, pp. 86-108.

13. T. de Ponti *et al.*, «The crop yield gap between organic and conventional agriculture», *Agricultural Systems*, 108, 2012, pp. 1-9.

14. R. Álvarez, «Comparing productivity of organic and conventional farming systems: A quantitative review», *Archives of Agronomy and Soil Science*, 2021.

15. L. Bergström *et al.*, «Widespread Opinions About Organic Agriculture–Are They Supported by Scientific Evidence?», en H. Kirchmann y L. Bergström (eds.), *Organic Crop Production–Ambitions and Limitations*, Berlín, Springer, 2008, p. 3.

16. K-J. Hülsbergen *et al.*, *Umwelt- und Klimawirkungen des ökologischen Landbaus*, Berlín, Verlag Dr. Köster, 2023.

17. J. Packroff, «Eat less meat, we need space for biofuels, German producer says», 2023, <https://www.euractiv.com/section/politics/news/eat-less-meat-we-need-space-for-biofuels-german-producer-says/>.

18. S. Estel *et al.*, «Mapping cropland-use intensity across Europe using MODIS NDVI time series», *Environmental Research Letters*, 11, 2016, 024015; S-J. Jeong *et al.*, «Effects of double cropping on summer climate of the North China Plain and neighbouring regions», *Nature Climate Change*, 4, 2014, pp. 615-619; K. Waha *et al.*, «Multiple cropping systems of the world and the potential for increasing cropping intensity», *Global Environmental Change*, 64, 2020, 102131

19. S. Siebert *et al.*, «Global patterns of cropland use intensity», *Remote Sensing*, 2, 2010, pp. 1625-1643.

20. F. Nadeem *et al.*, «Crop rotations, fallowing, and associated environmental benefits», *Environmental Science*, 2019, <https://doi.org/10.1093/acrefore/9780199389414.013.197>.

21. G. E. Roesch-McNally *et al.*, «The trouble with cover crops: Farmers' experiences with overcoming barriers to adoption», *Renewable Agriculture and Food Systems*, 33 (4), 2017, pp. 322-333.

22. M. Leavitt y M. Smith, «Nine things that can go wrong with cover crops: prevention and management», 2020, <https://alseed.com/nine-things-that-can-go-wrong-with-cover-crops-prevention-and-management>.

23. Para más detalles sobre la agronomía de las especies leguminosas de cobertura, véase R. Islam y B. Sherman (eds.), *Cover Crops and Sustainable Agriculture*, Boca Ratón, FL, CRC Press, 2021.

24. B. C. Runck *et al.*, «The hidden land use cost of upscaling cover crops», *Communications Biology*, 3, 2020, p. 300.

25. G. P. H. Chorley, «The agricultural revolution in Northern Europe, 1750-1880: Nitrogen, legumes, and crop productivity», *Economic History*, 34, 1981, pp. 71-93.

26. V. Smil, *China's Past, China's Future*, Nueva York, Routledge Curzon, 2004.

27. FAO, «FAOSTAT- Livestock Manure», 2022.

28. Esto provocaría una demanda de mano de obra especialmente elevada en la mayor parte del África subsahariana y en aquellas partes de Asia donde los cultivos básicos son realizados sobre todo por pequeños agricultores.

29. R. de O. Bordonal *et al.*, «Sustainability of sugarcane production in Brazil», *Agronomy for Sustainable Development*, 38, 2018, artículo 13.

30. P. Wagoner y J. R. Schaeffer, «Perennial grain development: Past efforts and potential for the future», *Critical Reviews in Plant Sciences*, 9, 1990, pp. 381-408; W. Jackson, *New Roots for Agriculture*, Lincoln, NE, University of Nebraska Press, 1980; M. B. Kantar *et al.*, «Perennial grain and oilseed crops», *Annual Review of Plant Biology*, 67, 2016, pp.703-729.

31. Land Institute, «Transforming Agriculture, Perennially», 2022, <https://landinstitute.org/our-work/perennial-crops/kernza/>; Kernza, «Kernza goes to market», 2022, <https://kernza.org/the-state-of-kernza/>.

32. D. Rudoy *et al.*, «Review and analysis of perennial cereal crops at different maturity stages», *IOP Conf. Series: Earth and Environmental Science*, 937, 2021, 022111.

33. Y. Shen *et al.*, «Can ratoon cropping improve resource use efficiencies and profitability of rice in central China?», *Field Crops Research*, 234, 2019, pp. 66-72.

34. Y. Zhang *et al.*, «An innovated crop management scheme for perennial rice cropping system and its impacts on sustainable rice production», *European Journal of Agronomy*, 122, 2021, 126186.

35. S. Zhang *et al.*, «Sustained productivity and agronomic potential of perennial rice», *Nature Sustainability*, 6, 2023, pp. 28-38.

36. Shaobing Peng, Profesor y Director, Centro de Fisiología y Producción de Cultivos, Huazhong Agricultural University Wuhan, Hubei, correo electrónico del 27 de abril de 2022.

37. K. G. Cassman y D. J. Connor, «Progress towards perennial grains for prairies and plains», *Outlook on Agriculture*, 51 (1), 2022.

38. A. C. McAlvay *et al.*, «Cereal species mixtures: an ancient practice with potential for climate resilience. A review», *Agronomy for Sustainable Development*, 42, 2022, p. 100.

39. R. S. Loomis, «Perils of production with perennial polycultures», *Outlook on Agriculture*, 51 (1), 2022.

40. V. C. S. Pankiewicz *et al.*, «Are we there yet? The long walk towards the development of efficient symbiotic associations between nitrogen-fixing bacteria and non-leguminous crops», *BMC Biology*, 17, 2019, p. 99; S. E. Bloch *et al.*, «Harnessing atmospheric nitrogen for cereal crop production», *Current Opinion in Biotechnology*, 62, 2020, pp. 181-188; R. Huisman y R. Geurts, «A roadmap toward engineered nitrogen fixing nodule symbiosis», *Plant Communications*, 1 (1), 2020.

41. Giles Oldroyd, citado en R. Arnason, «The search for the holy grail: nitrogen fixation in cereal crops», *The Western Producer*, 2015.

42. M. T. Lin *et al.*, «A faster Rubisco with potential to increase photosynthesis in crops», *Nature*, 513, 2014, pp. 547-550; E. Carmo-Silva *et al.*, «Optimizing Rubisco and its regulation for greater resource use efficiency», *Plant, Cell and Environment*, 38, 2015, pp. 1817-1832.

43. C. R. Somerville, «Future prospects for genetic manipulation of Rubisco», *Philosophical Transaction of the Royal Society B 313*, 1986, pp. 459-469.

44. J. Hennacy y M. C. Jonikas, «Prospects for engineering biophy-

sical CO_2 concentrating mechanisms into land plants to enhance yields», *Annual Review of Plant Biology*, 71, 2020, pp. 461-485.

45. A. P. de Souza *et al.*, «Soybean photosynthesis and crop yield are improved by accelerating recovery from photoprotection», *Science*, 377, 2022, pp. 851-854.

46. T. Sinclair *et al.*, «Soybean photosynthesis and crop yield are improved by accelerating recovery from photoprotection», *Science*, 379, 2023.

47. K. Kupferschmidt, «Here it comes [...] The $375,000 lab-grown beef burger», *Science*, 2013, <https://www.science.org/content/article/here-it-comes-375000-lab-grown-beef-burger>; S. Ramani *et al.*, «Technical requirements for cultured meat production: a review», *Journal of Animal Science Technology*, 63, 2021, pp. 681-692; R. Phua, 2020, «Lab-grown chicken dishes to sell for S$23 at private members' club 1880 next month», 2020, <1880-eat-just-price-customers-495251>.

48. Good Food Institute, *Cultivated Meat and Seafood*, Washington D. C., Good Food Institute, 2021.

49. Good Food Institute, *Alternative Seafood*, Washington D. C., Good Food Institute, 2021.

50. Good Food Institute, *Deep Dive: Cultivated Meat Bioprocess Design*, Washington D. C., Good Food Institute, 2021.

51. Good Food Institute, *Cultivated Meat Scaffolding*, Washington D. C., Good Food Institute, 2022.

52. R. Vergeer *et al.*, *TEA of cultivated meat Future projections of different scenarios*, Delft, CE Delft, 2021.

53. H. Hughes, *Review of Techno-Economic Assessment of Cultivated Meat*, 2021, <https://www.linkedin.com/pulse/cultivated-meat-myth-reality-paul-wood-ao>.

54. D. Humbird, «Scale-up economics for cultured meat», *Biotechnology and Bioengineering*, 118, 2021, pp. 3239-3250.

55. C. Wittman *et al.* (eds.), *Industrial Biotechnology: Products and Processes*, Weinheim, Wiley VCH, 2017.

56. C. S. Mattick *et al.*, «Anticipatory life cycle analysis of in vitro biomass cultivation for cultured meat production in the United States», *Environmental Science and Technology*, 49, 2015, pp. 11941-11949.

57. L. Belkhir y A. Elmeligi, «Carbon footprint of the global pharmaceutical industry and relative impact of its major players», *Journal of Cleaner Production*, 214, 2019, pp. 185-194.

58. K. Tiseo *et al.*, «Global trends in antimicrobial use in food ani-

mals from 2017 to 2030», *Antibiotics*, 9 (12), 2020, p. 918; T. P. Van Boeckel *et al.*, «Global trends in antimicrobial use in food animals», *Proceedings of the National Academy of Sciences*, 112, 2015, pp. 5649-5654.

59. Good Food Institute, *Cultivated Meat and Seafood*, Washington D. C., Good Food Institute, 2021.

60. ResearchAndMarkets, *Global Market for Cultured Meat-Market Size, Trends, Competitors, and Forecasts*, 2022, <https://www.researchand markets.com/reports/5515331/global-market-for-cultured-meat-mar ket-size>.

61. Delft University of Technology, «Dutch government confirms €60M investment into cellular agriculture», 2022, <https://www.tudelft. nl/en/2022/tnw/dutch-government-confirms-eur60m-investment- into-cellular-agriculture>.

62. Good Food Institute, *Cultivated Meat and Seafood*, Washington D. C., Good Food Institute, 2023.

63. Plant-Based Food Association, 2023, <https://members.plant basedfoods.org/checkout/2022-summary-report>.

64. S. van Vliet *et al.*, «Plant-based meats, human health, and climate change», *Frontiers in Sustainable Food Systems*, 4, 2020, p. 128.

65. V. Smil, *Invention and Innovation: A Brief History of Hype and Failure*, Cambridge, MA, MIT Press, 2023.

8. Alimentar a una población en aumento: lo que sí podría funcionar

1. B. Flac y M. Selten, «Dutch Parliament approves law to reduce nitrogen emissions», *Global Agricultural Information Network*, 7 de enero de 2021.

2. M. M. Bomgardner y B. E. Erickson, «How soil can help solve our climate problem», *Chemical and Engineering News*, 99, 2021, p. 18.

3. S. Khan *et al.*, «Development of drought-tolerant transgenic wheat: Achievements and limitations», *International Journal of Molecular Sciences*, 20 (13), 2019, 3350.

4. I. Cisternas *et al.*, «Systematic literature review of implementations of precision agriculture», *Computers and Electronics in Agriculture*, 2020; B. Nowak *et al.*, «Precision agriculture: Where do we stand? A review of the adoption of precision agriculture technologies on field crops

farms in developed countries», *Agricultural Research*, 10, 2021, pp. 515-522.

5. He aquí uno de los muchos ejemplos, en este caso del norte de Ghana: G. Danso-Abbeam *et al.*, «Agricultural extension and its effects on farm productivity and income: Insight from Northern Ghana», *Agriculture & Food Security*, 7, 2018, p. 74.

6. Esto, por supuesto, se aleja de la creencia generalizada de que son las transformaciones radicales, no los avances graduales, lo que se ha convertido en la norma. He abordado estas cuestiones en el libro ya citado sobre invención e innovación.

7. US Environmental Protection Agency, *Advancing Sustainable Materials Management: 2018 Fact Sheet Assessing Trends in Materials Generation and Management in the United States*, Washington D. C., US EPA, 2020.

8. Food Share, Shelf-Life guide, 2022, <https://foodshare.com/wp-content/uploads/2018/06/Food-Shelf-Life-Guide.pdf>.

9. Incluso en Canadá, el código nacional de construcción propuesto no exigirá triple panel hasta 2030: <https://www.usglassmag.com/canada-code-updates-what-you-need-to-know/>.

10. Menos del 10 por ciento del plástico generado anualmente se recicla: T. Letcher (ed.), *Plastic Waste and Recycling*, Amsterdam, Elsevier, 2020.

11. J. Gustavsson *et al.*, *Global Food Losses and Food Waste*, Roma, FAO, 2011. [Hay trad. cast.: *Pérdidas y desperdicio de alimentos en el mundo*, <https://www.fao.org/3/a-i2697s.pdf>].

12. FAO, *Global Initiative on Food Loss and Waste Reduction*, Roma, FAO, 2014. [Hay trad. cast.: *SAVE FOOD: iniciativa mundial sobre la reducción de la pérdida y el desperdicio de alimentos*].

13. Waste and Resources Action Program (WRAP). *The Food We Waste*, Banbury, WRAP, 2007. https://wrap.s3.amazonaws.com/the-food-we-waste.pdf

14. WRAP, *Household Food and Drink Waste in the United Kingdom, 2012*, 2012.

15. D. Gunders, *Wasted: How America Is Losing Up to 40 Percent of Its Food from Farm to Fork to Landfill*, Washington D. C., NRDC, 2012.

16. L. Nikkel *et al.*, *The Avoidable Crisis of Food Waste: Roadmap*, Toronto: Second Harvest and Value Chain Management International, 2019.

17. PubMed.gov, «Food waste», 2022, <https://pubmed.ncbi.nlm.nih.gov/?term=food+waste>.

18. M. F. Bellemare *et al.*, «On the measurement of food waste», *American Journal of Agricultural Economics*, 99, 2017, pp. 1148-1158.

19. Z. Conrad, «Daily cost of consumer food wasted, inedible, and consumed in the United States, 2001-2016», *Nutrition Journal*, 19, 2020, p. 35.

20. M. Verma *et al.*, «Consumers discard a lot more food than widely believed: Estimates of global food waste using an energy gap approach and affluence elasticity of food waste», *PLoS ONE* 15 (2), 2020, e0228369.

21. E. López Barrera *et al.*, «Global food waste across the income spectrum: Implications for food prices, production and resource use», *Food Policy*, 98, 2021, 101874.

22. C. Li *et al.*, «A systematic review of food loss and waste in China: Quantity, impacts and mediators», *Journal of Environmental Management*, 303, 2022.

23. L. Gao *et al.*, «Vanity and food waste: Empirical evidence from China», *Journal of Consumer Affairs*, 55, 2021, pp. 1211-1225.

24. Y. Luo *et al.*, «Household food waste in rural China: A noteworthy reality and a systematic analysis», *Waste Management & Research*, 39, 2021, pp. 1389-1395.

25. Asamblea Popular Nacional de la República Popular China, *Orden del Presidente de la República Popular China n.º 78*; 2021, <http://www.npc.gov.cn/englishnpc/c23934/202112/f4b687aa91b-0432baa4b6bdee8aa1418.shtml/>.

26. K. Liljestrand, «Logistics solutions for reducing food waste», *International Journal of Physical Distribution & Logistics Management*, 47, 2017, pp. 318-339.

27. Eurostat, «Daily calorie supply per capita by source», 2022.

28. AKCP, «Importance of Monitoring Food Storage Warehouse Environmental Conditions», 2020, <https://www.akcp.com/blog/how-to-monitor-food-storage-warehouse-conditions/#:~:text=Importance%20of%20Monitoring%20Food%20Storage%20Warehouse%20Environmental%20Conditions>.

29. R. A. Neff *et al.*, «Wasted food: U. S. consumers' reported awareness, attitudes, and behaviors», *PLoS ONE* 10 (6), 2015, e0127881.

30. K. Verghese *et al.*, «Packaging's role in minimizing food loss and waste across the supply chain», *Packaging Technology and Science*, 28, 2015, pp. 603-620; D. Evans, «Blaming the consumer once again: The social

and material contexts of everyday food waste practices in some English households», *Critical Public Health*, 21, 2011, pp. 429-440.

31. Véase, por ejemplo: J. L. Davis, «French Secrets to Staying Slim: U.S. and French Portion Sizes Vary Vastly», 2003, <https://www.webmd.com/diet/news/20030822/french-secrets-to-staying-slim>.

32. S. Stöckli *et al.*, «Normative prompts reduce consumer food waste in restaurants», *Waste Management*, 77, 2018, pp. 532-536.

33. Y, como muestra Japón (con un aporte medio diario de solo 2.700 kcal/habitante), sin efectos negativos en la esperanza de vida.

34. A. Malito, «Grocery stores carry 40,000 more items than they did in the 1990s», *MarketWatch*, 2017, <https://www.marketwatch.com/story/grocery-stores-carry-40000-more-items-than-they-did-in-the-1990s-2017-06-07>.

35. B. Houck, «There's too much yogurt», *Eater*, 9 de abril de 2019, <https://www.eater.com/2019/4/9/18303432/yogurt-decline-us-sales>.

36. E. Zeballos y W. Sinclair, «Average Share of Income Spenton Food in the United States Remained Relatively Steady From 2000 to 2019», 2020, <https://www.ers.usda.gov/amber-waves/2020/november/average-share-of-income-spent-on-food-in-the-united-states-remained-relatively-steady-from-2000-to-2019/>; Eurostat, «How much are households spending on food», 2020, <https://ec.europa.eu/eurostat/web/products-eurostat-news/-/ddn-20201228-1>; StatisticsBureau of Japan, «Summary of the Latest Month on FamilyIncome and Expenditure Survey», 2022, <https://www.stat.go.jp/english/data/kakei/156.html>; National Bureau of Statistics of China, «Households' Income and Consumption Expenditure in 2021», 2022, <http://www.stats.gov.cn/english/PressRelease/202201/t20220118_1826649.html>.

37. Las primeras reacciones han sido en gran medida catastróficas, como el *Informe mundial sobre las crisis alimentarias* de 2022 del Programa Mundial de Alimentos, <https://es.wfp.org/noticias/informe-crisis-alimentarias-aumenta-a-258-millones-numero-de-personas-en-inseguridad-alimentaria-aguda>.

38. Para una comparativa internacional extensiva, véase A. Regmi y J. L. Seale, Jr., *Cross-Price Elasticities of Demand Across 114 Countries*, Washington D. C., USDA, 2010.

39. Para las tendencias posteriores a 1960, véase FAOSTAT, «Food balances», 2022, <https://www.fao.org/faostat/en/#data/FBSH>. Para

los datos más recientes, véase <https://landgeist.com/2021/10/05/meat-consumption-in-europe/>.

40. Viande, «La consommation de viande diminue régulièrement», 2018, <https://www.franceagrimer.fr/fam/content/download/66996/document/NCO-VIA-Consommation_viandes_France_2020.pdf?version=2>.

41. En 2021, la media per cápita para aves de corral, cerdo y vacuno era de aproximadamente 42 kilogramos: OCDE, «Consumo de carne», 2022.

42. H. K. Gibbs y J. M. Salmon, «Mapping the world's degraded lands», *Applied Geography*, 57, 2015, pp. 12-21.

43. J. F. Vallentine, *Grazing Management*, San Diego, Academic Press, 1990; V. Smil, *Should We Eat Meat?*, Chichester, Wiley-Blackwell, 2013. [Hay trad. cast.: *¿Deberíamos comer carne? Evolución y consecuencias de la dieta carnívora moderna*, Madrid, FCE, 2022]

44. L. Brown, «How China could starve the world: its boom is consuming global food supplies», *Washington Post*, sección Outlook, 24 de agosto de 1994; *id.*, *Who Will Feed China?: Wake-Up Call for a Small Planet*, Nueva York, W. W. Norton, 1995.

45. V. Smil, «Who will feed China?», *China Quarterly*, 143, 1995, pp. 801-813.

46. National Bureau of Statistics, *2021 China Statistical Yearbook*, Pekín, National Statistics Press, 2022.

47. G. Monbiot, «Contagious collapse», 2022, <https://www.monbiot.com/2022/05/20/contagious-collapse/>.

48. De hecho, la mayor quiebra de 2008 no fue, con diferencia, la de un banco, sino la de una empresa de servicios financieros, cuando Lehman Brothers, con activos de más de 600.000 millones de dólares, quebró el 15 de septiembre de 2008; pero, al contrario de la opinión generalizada, esta no fue la causa de la crisis financiera: D. Skeel, 2018, «History credits Lehman Brothers' collapse for the 2008 financial crisis. Here's why that narrative is wrong», <https://www.brookings.edu/articles/history-credits-lehman-brothers-collapse-for-the-2008-financial-crisis-heres-why-that-narrative-is-wrong/>.

49. J. Huang *et al.*, «The prospects for China's food security and imports: Will China starve the world via imports?», *Journal of Integrative Agriculture*, 16, 2017, pp. 2933-2944.

50. A. Grimmelt *et al.*, «For love of meat: Five trends in China that

meat executives must grasp», 2023, <https://www.mckinsey.com/industries/consumer-packaged-goods/our-insights/for-love-of-meat-five-trends-in-china-that-meat-executives-must-grasp>.

51. N. Deng *et al.*, «Closing yield gaps for rice self-sufficiency in China», *Nature Communications*, 10, 2019, p. 1725.

52. Global Network Against Food Crises, *Global Report on Food Crises*, Roma, FAO 2022. [Hay trad. cast.: *Informe mundial sobre las crisis alimentarias*, <https://es.wfp.org/noticias/informe-crisis-alimentarias-aumenta-a-258-millones-numero-de-personas-en-inseguridad-alimentaria-aguda>].

53. H. F. M. ten Berge *et al.*, «Maize crop nutrient input requirements for food security in sub-SaharanAfrica», *Global Food Security*, 23, 2019, pp. 9-21.

54. K. Saito *et al.*, «Yield-limiting macronutrients for rice in sub-Saharan Africa», *Geoderma*, 338, 2019, pp. 546-554.

55. K. Setilkhumar *et al.*, «Quantifying rice yield gaps and their causes in Eastern and Southern Africa», *Journal of Agronomy and Crop Science*, 206, 2020, pp. 478-490.

56. N. Guilpart *et al.*, «Rooting for food security in Sub-Saharan Africa», *Environmental Research Letters*, 12, 2017, 114036.

57. D. Harahagazwe *et al.*, «How big is the potato (*Solanum tuberosum L.*) yield gap in Sub-SaharanAfrica and why? A participatory approach», *Open Agriculture*, 3 (2), 2018, pp. 180-189.

58. F. N. Anago *et al.*, «Cultivation of cowpea. Challenges in West Africa for food security: Analysis of factors driving yield gap in Benin», *Agronomy*, 11, 2021, p. 1139.

59. F. M. Dzanku *et al.*, «Yield gap-based poverty gaps in rural Sub-Saharan Africa», *World Development*, 67, 2015, pp. 336-362.

60. M. K. van Ittersum *et al.*, «Can sub-Saharan Africa feed itself?», *Proceedings of the National Academy of Sciences*, 113, 2016, pp. 14964-14969.

61. Sobre la intensificación del ciclo del agua: E. Olmedo *et al.*, «Increasing stratification as observed by satellite sea surface salinity measurements», *Scientific Reports*, 12, 2022, 6279. Para las fechas cambiantes de las vendimias de la uva de vino: T. Labbé *et al.*, «The longest homogeneous series of grape harvest dates, Beaune 1354-2018, and its significance for the understanding of past and present climate», *Climates of the Past*, 15, 2019, pp. 1485-1501. Y para el cambio en el contenido nutri-

cional (carencias de zinc y proteínas): M. R. Smith y S. S. Myers, «Impact of anthropogenic CO_2 emissions on global human nutrition», *Nature Climate Change*, 8, 2018, pp. 834-839.

62. Para el reverdecimiento de la biosfera, véase Z. Zhu *et al.*, «Greening of the Earth and its drivers», *Nature Climate Change*, 6, 2016, pp. 791-795. Un ejemplo de mayor rendimiento de los cultivos: J. F. Degener, «Atmospheric CO_2 fertilization effects on biomass yields of 10 crops in northern Germany», *Environmental Science*, 3, 2015. Para los rendimientos del maíz: G. Rizzo *et al.*, «Climate and agronomy, not genetics, underpin recent maize in favorable environments», *Proceedings of the National Academy of Sciences*, 119 (4), 2022, e2113629119.

63. J. Knauer *et al.*, «Higher global gross primary productivity under future climate with more advanced representations of photosynthesis», *Science Advances*, 9, 2023, eadh9444/.

64. T. A. M. Pugh *et al.*, «Climate analogues suggest limited potential for intensification of production on current croplands under climate change», *Nature Communications*, 2016.

65. K. F. Davis *et al.*, «Increased food production and reduced water use through optimized crop distribution», *Nature Geoscience*, 10, 2017, pp. 919-924.

66. S. Minoli *et al.*, «Global crop yields can be lifted by timely adaptation of growing periods to climate change», *Nature Communications*, 13, 2022, p. 7079.

67. H. Pontzer *et al.*, «Daily energy expenditure through the human life course», *Science*, 373, 2021, pp. 808-812.

68. E. Vollset *et al.*, «Fertility, mortality, migration, and population scenarios for 195 countries and territories from 2017 to 2100: A forecasting analysis for the Global Burden of Disease Study», *Lancet*, 396, 2020, pp. 1285-1306.

Índice alfabético